数学分析典型问题选讲

刘海鸿　胥成林　闫　芳　李成仙　编著

科学出版社

北京

内 容 简 介

本书系统地汇集了数学分析各个部分的一些典型例题,并对这些例题的解(证)题方法、思路进行了深入的分析和总结,使读者能从例题分析中提高自己对课程内容的理解、分析和解决问题的能力.每章都附有一定数量的习题,供读者学习时进行练习.

本书可作为大学数学分析课程的教学参考书或考研辅导教材,尤其可供考研同学自学、复习.

图书在版编目(CIP)数据

数学分析典型问题选讲/刘海鸿等编著. —北京:科学出版社,2016.12
ISBN 978-7-03-049221-0

Ⅰ. ①数… Ⅱ. ①刘… Ⅲ. ①数学分析-高等学校-教学参考资料 Ⅳ. ①O17

中国版本图书馆 CIP 数据核字 (2016) 第 147101 号

责任编辑:王胡权 / 责任校对:邹慧卿
责任印制:张 伟 / 封面设计:迷底书装

科 学 出 版 社 出版
北京东黄城根北街 16 号
邮政编码:100717
http://www.sciencep.com

北京威通商印快线网络科技有限公司 印刷
科学出版社发行 各地新华书店经销
*

2016 年 12 月第 一 版　开本:720×1000 1/16
2022 年 1 月第四次印刷　印张:12 1/4
字数:247 000
定价:39.00 元
(如有印装质量问题,我社负责调换)

前 言

分析方法选讲是数学与应用数学专业的一门重要的专业课程,是学生提高学习《数学分析》及其系列课程的重要基础,对锻炼和提高学生的思维能力具有重要意义,是报考硕士研究生同学的必修课程.

本书编者从 2006 年起,多次讲授分析方法选讲课程,试用过多套教材,这些教材都很经典,但有些太难或太繁琐,不太适合本校学生实际需要.因此,本书结合学生实际及编者多年从事数学分析和分析方法选讲教学经验,全面、系统地总结和归纳了数学分析问题的基本类型,每种类型的基本方法,对每种方法先概括数学思想,再选取典型而难度适中的例题,逐层剖析,分类讲解.然后再配备相应的习题,本书的思路及讲义初稿已在数学学院数学各专业本科教学中试用过 3 次,效果良好,师生均认为适合分析方法选讲课程的教学要求和教学实际.

读者通过本书的学习,能对数学分析的内容融会贯通,全面、深刻地理解数学分析各基本概念、基本理论之间的相互关系.同时,本书不仅可以帮助读者温故而知新,更重要的是对数学分析在理解和运用两个方面有质的提高,尤其可以帮助报考硕士研究生的本科高年级学生系统而又重点地复习数学分析.

本书共八讲,每讲由知识结构、内容精析、解(证)题方法分析及练习题四部分组成.每章内容用知识结构的形式简明地罗列写出;在内容精析部分,涉及一些重要的定义、定理、公式,用以引起读者对所学知识的回顾和复习.在解(证)题方法分析中,通过典型题目的分析、求解、论证和评注,帮助读者掌握分析问题、处理问题和解决问题的方法,提高解(证)题的能力.每讲最后均配有一定数量的练习题,这些练习题选自《数学分析的范例与习作》及云南师范大学历年来硕士研究生数学分析的入学试题,供读者测试自己对所学知识的理解和掌握情况,准备考研的同学可借此测试自己的水平.

本书的出版,得到了云南师范大学数学学院的大力支持,科学出版社编辑为本书的出版做出了大量编校工作.在此一并表示感谢!

由于编者水平有限,本书难免有不足之处,恳请读者和同行批评指正.

编 者

2016 年 6 月

目 录

第1讲 极限 1
    1.1 知识结构 1
    1.2 内容精析 1
    1.3 解 (证) 题方法分析 4
    练习题 1 21

第2讲 连续函数 24
    2.1 知识结构 24
    2.2 内容精析 24
    2.3 解 (证) 题方法分析 25
    练习题 2 38

第3讲 一元函数微分学 40
    3.1 知识结构 40
    3.2 内容精析 40
    3.3 解 (证) 题方法分析 43
    练习题 3 58

第4讲 一元函数积分学 62
    4.1 知识结构 62
    4.2 内容精析 63
    4.3 解 (证) 题方法分析 65
    练习题 4 82

第5讲 级数 86
    5.1 知识结构 86
    5.2 内容精析 87
    5.3 解 (证) 题方法分析 89
    练习题 5 115

第6讲 多元函数微分学 119
    6.1 知识结构 119
    6.2 内容精析 119
    6.3 解 (证) 题方法分析 122
    练习题 6 136

第 7 讲　多元函数积分学 ································· 139
　　7.1　知识结构 ································· 139
　　7.2　内容精析 ································· 140
　　7.3　解 (证) 题方法分析 ······················ 145
　　练习题 7 ······································· 165
第 8 讲　含参量积分 ································· 167
　　8.1　知识结构 ································· 167
　　8.2　内容精析 ································· 168
　　8.3　解 (证) 题方法分析 ······················ 170
　　练习题 8 ······································· 180
部分练习答案或提示 ································· 182
参考文献 ··· 189

第1讲 极 限

1.1 知识结构

极限
- 基本概念
  - 数列极限("ε-N"语言)
  - 函数极限("ε-δ"语言)
- 基本理论与基本方法
  - 单调有界定理
  - 夹挤定理
  - 柯西(Cauchy)准则
  - 施笃兹(Stolz)定理
  - 由导数定义求极限
  - 利用积分和求极限
  - 两个重要极限
  - 洛必达(L'Hospital)法则
  - 利用等价无穷小求极限(泰勒(Taylor)展开)
  - 利用级数收敛的必要条件

1.2 内容精析

1. 数列 $\{x_n\}$ 极限 $\lim\limits_{n\to\infty} x_n = a$ 的定义.

(1) **ε-N 定义** $\forall \varepsilon > 0, \exists N > 0, \forall n > N$, 有 $|x_n - a| < \varepsilon$.

(2) **邻域形式** $\forall \varepsilon > 0, \exists N > 0, \forall n > N$, 有 $x_n \in U(a, \varepsilon)$, 或 $\forall \varepsilon > 0$, 在点 a 的 ε 邻域 $U(a, \varepsilon)$ 之外至多只有 $\{x_n\}$ 中的有限项.

在上述定义 (1) 中, 正数 N 一般与 ε 相关, 可以记为 $N(\varepsilon)$, 但这并不意味着 N 由 ε 唯一确定. 从定义 (2) 中可以看出, 数列 $\{x_n\}$ 极限 $\lim\limits_{n\to\infty} x_n = a$ 的几何意义是: 在点 a 的任意邻域内聚集了数列 $\{x_n\}$ 中的几乎所有项.

2. 收敛数列的基本性质.

唯一性; 有界性; 保号性与保不等式性; 四则运算性; 迫敛性以及数列敛散性与数列前面有限项的无关性.

3. 数列收敛的充要条件.

(1) 数列 $\{x_n\}$ 收敛的充分条件: $\forall \varepsilon > 0, \exists N > 0, \forall n, m > N$, 有 $|x_m - x_n| <$

ε (柯西收敛准则).

(2) 极限 $\lim\limits_{n\to\infty} x_n = a \Leftrightarrow$ (a) 极限 $\lim\limits_{n\to\infty}(x_n - a) = 0$.

$\Leftrightarrow$ (b) 数列 $\{x_n\}$ 的任意子列 $\{x_{n_k}\}$ 都以 a 为极限.

$\Leftrightarrow$ (c) $\lim\limits_{n\to\infty} x_{2n-1} = \lim\limits_{n\to\infty} x_{2n} = a$.

充要条件 (b) 主要用来证明数列 $\{x_n\}$ 不收敛. 方法是寻找数列 $\{x_n\}$ 的两个收敛子列, 而它们的极限不相等, 则数列 $\{x_n\}$ 必不收敛. 充要条件 (c) 既能证明数列 $\{x_n\}$ 收敛, 又能证明数列 $\{x_n\}$ 不收敛.

4. 数列收敛的充分条件.

递增有上界数列必收敛, 递减有下界数列必收敛 (单调有界原理).

5. 无穷小数列与无穷大数列的定义及性质.

(1) 若 $\lim\limits_{n\to\infty} x_n = 0$, 则称数列 $\{x_n\}$ 为无穷小数列.

(2) 若数列 $\{x_n\}$ 满足: $\forall G > 0, \exists N > 0, \forall n > N$, 有 $|x_n| > G$, 则称数列 $\{x_n\}$ 为无穷大数列, 记 $\lim\limits_{n\to\infty} x_n = \infty$. 类似可以定义 $\lim\limits_{n\to\infty} x_n = +\infty$ 与 $\lim\limits_{n\to\infty} x_n = -\infty$.

(3) 性质: 数列 $\{x_n\}$ 为无穷小数列 $(x_n \neq 0) \Leftrightarrow$ 数列 $\left\{\dfrac{1}{x_n}\right\}$ 为无穷大数列.

(4) 无穷大数列阶的比较:

以 $\log_a n (a > 1), n^a (a > 1), a^n (a > 1), n!, n^n$ 为通项的数列都是正无穷大数列, 它们的阶有下列关系

$$\log_a n \ll n^a \ll a^n \ll n! \ll n^n,$$

其中 $a_n \ll b_n$ 表示 a_n 与 b_n 都是正无穷大数列, 且有 $\lim\limits_{n\to\infty} \dfrac{a_n}{b_n} = 0$.

6. $\lim\limits_{x\to a} f(x) = A$ 的 ε-δ 定义是: $\forall \varepsilon > 0, \exists \delta > 0$, 当 $0 < |x - a| < \delta$ 时, 有

$$|f(x) - A| < \varepsilon.$$

$\lim\limits_{x\to a} f(x) = A$ 的定义的邻域形式是: $\forall \varepsilon > 0, \exists \delta > 0, \forall x \in U^\circ(a, \delta)$ 有 $f(x) \in U(A, \varepsilon)$.

7. 极限 $\lim\limits_{x\to a} f(x) = A$ 的充要条件是: $\lim\limits_{x\to a^+} f(x) = A = \lim\limits_{x\to a^-} f(x)$; 极限 $\lim\limits_{x\to\infty} f(x) = A$ 的充要条件是: $\lim\limits_{x\to +\infty} f(x) = A = \lim\limits_{x\to -\infty} f(x)$.

8. 函数极限的基本性质是: 唯一性; 局部有界性; 局部保号性; 不等式性; 四则运算法则以及迫敛性.

9. 归结原则 (海涅定理): $\lim\limits_{x\to a} f(x) = A$ 的充要条件是对任一数列 $\{x_n\} \subset U^\circ(a), x_n \to a(n \to \infty)$, 有 $\lim\limits_{x\to\infty} f(x) = A$. 事实上, 归结原则的条件可以减弱为: $\lim\limits_{x\to a} f(x) = A$ 的充要条件是对任一数列 $\{x_n\} \subset U^\circ(a), x_n \to a(n \to \infty)$, 数列

$\{f(x_n)\}$ 收敛.

10. 函数极限的柯西准则.

极限 $\lim\limits_{x \to a} f(x)$ 存在的充要条件是: $\forall \varepsilon > 0, \exists \delta > 0, \forall x', x'' \in U^\circ(a,b)$, 有 $|f(x') - f(x'')| < \varepsilon$.

11. 函数极限中有两个重要极限, 它们是 $\lim\limits_{x \to 0} \dfrac{\sin x}{x} = 1$ 与 $\lim\limits_{x \to \infty} \left(1 + \dfrac{1}{x}\right)^x = \mathrm{e}$. 由此可以导出下列基本结果:

$$\lim_{x \to 0} \frac{\tan x}{x} = 1, \quad \lim_{x \to 0} \frac{\arctan x}{x} = 1, \quad \lim_{x \to 0} \frac{1 - \cos x}{x^2} = \frac{1}{2},$$

$$\lim_{x \to 0}(1+x)^{\frac{1}{x}} = \mathrm{e}, \quad \lim_{x \to 0}\frac{\ln(1+x)}{x} = 1, \quad \lim_{x \to 0}\frac{a^x - 1}{x} = \ln a \,(a > 0).$$

结合复合函数求极限的方法, 还有

(1) 若 $\lim\limits_{x \to a} \varphi(x) = 0$, 且当 $x \neq a$ 时, $\varphi(x) \neq 0$, 就有 $\lim\limits_{x \to a} \dfrac{\sin \varphi(x)}{\varphi(x)} = 1$;

(2) 若 $\lim\limits_{x \to a} \varphi(x) = \infty$, 就有 $\lim\limits_{x \to a}\left(1 + \dfrac{1}{\varphi(x)}\right)^{\varphi(x)} = \mathrm{e}$.

12. 二元函数重极限 $\lim\limits_{\substack{P \to P_0 \\ P \in D}} f(P) = A$ 的定义: $\forall \varepsilon > 0, \exists \delta > 0$, 使得当 $P \in U^\circ(P_0, \delta) \cap D$ 时, 有 $|f(P) - A| < \varepsilon$. 为了方便, 简记为 $\lim\limits_{P \to P_0} f(P) = A$, 或 $\lim\limits_{(x,y) \to (a,b)} f(x,y) = A$.

13. 设 E_1 与 $E_2 \subset D$, P_0 是它们的聚点, 若存在极限 $\lim\limits_{\substack{P \to P_0 \\ P \in E_1}} f(P) = A_1$, $\lim\limits_{\substack{P \to P_0 \\ P \in E_2}} f(P) = A_2$, 但 $A_1 \neq A_2$, 则极限 $\lim\limits_{\substack{P \to P_0 \\ P \in D}} f(P)$ 不存在. 这一命题常用来判定极限不存在.

14. 二元函数重极限 $\lim\limits_{\substack{P \to P_0 \\ P \in D}} f(P) = A$ 的归结原则如下. 二元函数重极限 $\lim\limits_{\substack{P \to P_0 \\ P \in D}} f(P)$ 存在的充要条件是: 对于 D 中的任一满足条件 $P_n \neq P_0$, 且 $P_n \to P_0(n \to \infty)$ 的点列 $\{P_n\}$, 它所对应的函数列 $\{f(P_n)\}$ 都收敛.

15. 二元函数的累次极限的定义是: 设 $E_x, E_y \subset \mathbf{R}$, x_0, y_0 分别是 E_x 与 E_y 的聚点, 二元函数 f 在 $D = E_x \times E_y$ 上有定义. 若对每一个 $y \in E_y, y \neq y_0$ 存在极限 $\lim\limits_{\substack{x \to x_0 \\ x \in E_x}} f(x,y) = \varphi(y)$, 进一步存在极限 $\lim\limits_{\substack{y \to y_0 \\ y \in E_y}} \varphi(y) = L$, 则称此极限 L 为二元函数 f 先对 $x(\to x_0)$ 再对 $y(\to y_0)$ 求累次极限, 记为 $L = \lim\limits_{y \to y_0} \lim\limits_{x \to x_0} f(x,y)$.

类似可以定义二元函数 f 先对 $y(\to y_0)$ 再对 $x(\to x_0)$ 求累次极限.

累次极限和重极限是两个不同的概念, 它们的存在性没有必然的蕴含关系, 但是, 当一个累次极限与重极限存在时, 它们必相等.

1.3 解 (证) 题方法分析

数列或函数的极限, 是数学分析的核心内容, 极为重要, 每次数学分析的硕士研究生入学试题, 一般都有关于极限方面的题目, 而且题型多种多样, 大都是多个数学分析内容的综合运用题, 解题方法具有相当大的灵活性与技巧性, 且有一定的难度, 一般说无定法可循.

为了讲解方便, 我们遴选了一些近几年全国各高等学校硕士研究生数学分析的入学试题, 加以归类, 以探明求解 (或证明) 极限类型试题的大致思路.

1. 利用单调有界原理求 (证) 极限

这一类求 (证) 极限的题目, 在全国各高校硕士研究生入学试题中较为常见.

例 1 已知 $0 < x_1 < \sqrt{3}$, $x_{n+1} = \dfrac{3(1+x_n)}{3+x_n}(n=1,2,\cdots)$, 试问: $\lim\limits_{n\to\infty} x_n$ 是否存在? 证明你的结论. 若极限存在, 求出 $\lim\limits_{n\to\infty} x_n$.

分析 本题首先用单调有界原理证明 $\lim\limits_{n\to\infty} x_n$ 存在, 然后利用已知等式 $x_{n+1} = \dfrac{3(1+x_n)}{3+x_n}$ 两边取极限, 求出 $\lim\limits_{n\to\infty} x_n$.

解 (1) 用数学归纳法证明: 对 $\forall n$, 有 $0 < x_n < \sqrt{3}$.

已知 $0 < x_1 < \sqrt{3}$, 设 $0 < x_k < \sqrt{3}$, 则有

$$0 < x_{k+1} = \frac{3(1+x_k)}{3+x_k} = 3 - \frac{6}{3+x_k} < 3 - \frac{6}{3+\sqrt{3}} = \sqrt{3}.$$

由数学归纳法, 对 $\forall n$, 有 $0 < x_n < \sqrt{3}$, 从而 $x_n^2 < 3$, 因此,

$$x_{n+1} - x_n = \frac{3(1+x_n)}{3+x_n} - x_n = \frac{3-x_n^2}{3+x_n} > 0,$$

即 $x_{n+1} > x_n$, 故 $\{x_n\}$ 为单调增加数列且上方有界. 据单调有界原理知, $\lim\limits_{n\to\infty} x_n$ 存在. 设 $\lim\limits_{n\to\infty} x_n = A$.

(2) 将等式 $x_{n+1} = \dfrac{3(1+x_n)}{3+x_n}$ 两边取极限, 得

$$A = \frac{3(1+A)}{3+A},$$

即 $A^2 = 3, A = \sqrt{3}(A = -\sqrt{3}$ 不合题意).

由此, 得 $\lim\limits_{n\to\infty} x_n = \sqrt{3}$.

说明 应用数列的单调有界定理求极限可分为下列三个步骤进行: ①证明数列 $\{x_n\}$ 单调有界, 据单调有界原理知, $\lim\limits_{n\to\infty} x_n$ 存在, 从而可设 $\lim\limits_{n\to\infty} x_n = a$; ②在递推式 $x_{n+1} = f(x_n)$ 中, 令 $n \to \infty$, 就有 $a = f(a)$; ③解关于 a 的方程 $a = f(a)$, 并用极限的唯一性确定极限 a.

例 2 证明数列 $0 < 1 + \dfrac{1}{2} + \dfrac{1}{3} + \cdots + \dfrac{1}{n} - \ln n \ (n = 1, 2, \cdots)$ 有极限, 从而有

$$1 + \frac{1}{2} + \frac{1}{3} + \cdots + \frac{1}{n} = C + \ln n + \varepsilon_n,$$

其中 $\varepsilon_n \to 0 (n \to \infty)$, C 称为欧拉 (Euler) 常数.

分析 本题先对 $f(x) = \ln x$ 在区间 $[k, k+1]$ 上利用拉格朗日 (Lagrange) 中值定理得到

$$\ln(k+1) - \ln k = \frac{1}{k + \theta_k} \quad (0 < \theta_k < 1),$$

由此推证数列 $\{x_n\}$ 是有界数列. 再指出该数列单调递减. 据单调有界原理知, $\{x_n\}$ 有极限, 由此本题即可得证.

证明 对函数 $f(x) = \ln x$ 在区间 $[k, k+1]$ 上利用拉格朗日中值定理, 得

$$\ln(k+1) - \ln k = \frac{1}{k + \theta_k} \quad (0 < \theta_k < 1).$$

于是, 得

$$\frac{1}{k+1} < \ln(k+1) - \ln k < \frac{1}{k},$$

即

$$0 < \frac{1}{k} - \ln(k+1) + \ln k < \frac{1}{k} - \frac{1}{k+1}.$$

对 k 从 1 到 n 求和得

$$0 < 1 + \frac{1}{2} + \frac{1}{3} + \cdots + \frac{1}{n} - \ln(n+1) < 1 - \frac{1}{n+1},$$

即

$$0 < 1 + \frac{1}{2} + \frac{1}{3} + \cdots + \frac{1}{n} - \ln n < 1 - \frac{1}{n+1} + \ln(n+1) - \ln n < 1 - \frac{1}{n+1} + \frac{1}{n} < 2.$$

故 $\{x_n\}$ 是有界数列. 又对任意自然数 n, 有

$$x_{n+1} - x_n = \frac{1}{n+1} - [\ln(n+1) - \ln n] < \frac{1}{n+1} - \frac{1}{n+1} = 0,$$

即 $x_{n+1} < x_n$, 故 $\{x_n\}$ 是单调递减数列. 据单调有界原理知, $\lim\limits_{n\to\infty} x_n$ 存在, 设为 C, 即

$$\lim_{n\to\infty}\left(1+\frac{1}{2}+\frac{1}{3}+\cdots+\frac{1}{n}-\ln n\right)=C.$$

由此, 得

$$1+\frac{1}{2}+\frac{1}{3}+\cdots+\frac{1}{n}-\ln n=C+\varepsilon_n \quad (\text{其中}\varepsilon_n\to 0, n\to\infty),$$

即

$$1+\frac{1}{2}+\frac{1}{3}+\cdots+\frac{1}{n}=C+\ln n+\varepsilon_n \quad (\text{其中}\varepsilon_n\to 0, n\to\infty).$$

说明 利用本例结果可以

(1) 证明 $\lim\limits_{n\to\infty}\dfrac{1}{\ln n}\left(1+\dfrac{1}{2}+\dfrac{1}{3}+\cdots+\dfrac{1}{n}\right)=1$. 事实上,

$$\lim_{n\to\infty}\frac{1}{\ln n}\left(1+\frac{1}{2}+\frac{1}{3}+\cdots+\frac{1}{n}\right)$$

$$=\lim_{n\to\infty}\left[\frac{1}{\ln n}\left(1+\frac{1}{2}+\frac{1}{3}+\cdots+\frac{1}{n}-\ln n\right)+1\right]$$

$$=0\cdot C+1=1.$$

(2) 求 $\lim\limits_{n\to\infty}\left(\dfrac{1}{n+1}+\dfrac{1}{n+2}+\cdots+\dfrac{1}{2n}\right)$.

$$\lim_{n\to\infty}\left(\frac{1}{n+1}+\frac{1}{n+2}+\cdots+\frac{1}{2n}\right)$$

$$=\lim_{n\to\infty}\left[\left(1+\frac{1}{2}+\cdots+\frac{1}{n}+\frac{1}{n+1}+\frac{1}{n+2}+\cdots+\frac{1}{2n}\right)-\left(1+\frac{1}{2}+\cdots+\frac{1}{n}\right)\right]$$

$$=\lim_{n\to\infty}[\ln 2n+C+\varepsilon_{2n}-(\ln n+C+\varepsilon_n)]$$

$$=\ln 2.$$

例 3 设连续函数 $f(x)$ 在 $[1,+\infty)$ 上是正的、单调递减的, 且

$$\alpha_n=\sum_{k=1}^n f(k)-\int_1^n f(x)\mathrm{d}x,$$

证明: $\{\alpha_n\}$ 收敛.

分析 本题结合定积分的性质, 利用单调有界原理即可证明 $\{\alpha_n\}$ 收敛.

证明 因为连续函数 $f(x)$ 在 $[1,+\infty)$ 上是正的、单调递减的, 所以, 对任意自然数 n, 有

$$\alpha_n - \alpha_{n-1} = \sum_{k=1}^{n} f(k) - \int_1^n f(x)\mathrm{d}x - \sum_{k=1}^{n-1} f(k) + \int_1^{n-1} f(x)\mathrm{d}x$$
$$= f(n) - \int_{n-1}^n f(x)\mathrm{d}x \leqslant f(n) - \int_{n-1}^n f(n)\mathrm{d}x = 0.$$

对 $\forall n$, $\alpha_n - \alpha_{n-1} \leqslant 0$, 即对 $\forall n$, 有 $\alpha_n \leqslant \alpha_{n-1}$, 故 $\{\alpha_n\}$ 单调递减.

又

$$\alpha_n = \sum_{k=1}^{n} f(k) - \int_1^n f(x)\mathrm{d}x$$
$$= \left[f(1) - \int_1^2 f(x)\mathrm{d}x\right] + \left[f(2) - \int_2^3 f(x)\mathrm{d}x\right] + \cdots$$
$$+ \left[f(n-1) - \int_{n-1}^n f(x)\mathrm{d}x\right] + f(n)$$
$$\geqslant \left[f(1) - \int_1^2 f(1)\mathrm{d}x\right] + \left[f(2) - \int_2^3 f(2)\mathrm{d}x\right] + \cdots$$
$$+ \left[f(n-1) - \int_{n-1}^n f(n-1)\mathrm{d}x\right] + f(n)$$
$$= f(n) > 0.$$

即 $\{\alpha_n\}$ 下方有界.

据单调有界原理知 $\lim\limits_{n\to\infty} \alpha_n$ 存在, 即 $\{\alpha_n\}$ 收敛.

说明 本例已知条件中指出 "连续函数 $f(x)$ 在 $[1,+\infty)$ 是正的、单调递减的", 这一提示信息使读者自然想到要用单调有界原理来证明数列 $\{\alpha_n\}$ 的敛散性.

2. 利用夹挤定理求 (证) 极限

夹挤定理, 也称迫敛性定理或两边夹定理, 本身就很形象地表明了这个定理的实质, 应用此定理求 (证) 极限的关键 (也是难点) 在于寻找不等式两端具有同一极限的式子.

例 4 求 $\lim\limits_{n\to\infty} \dfrac{1\cdot 3\cdot 5\cdot \cdots \cdot (2n-1)}{2\cdot 4\cdot 6\cdot \cdots \cdot (2n)}$.

分析 设 $x_n = \dfrac{1\cdot 3\cdot 5\cdot \cdots \cdot (2n-1)}{2\cdot 4\cdot 6\cdot \cdots \cdot (2n)} = \dfrac{1}{2}\cdot \dfrac{3}{4}\cdot \dfrac{5}{6}\cdot \cdots \cdot \dfrac{2n-1}{2n}$, 则 $x_{n+1} = \dfrac{2n+1}{2n+2} x_n$, 显然 x_n 递减有下界. 据单调有界原理知 $\lim\limits_{n\to\infty} x_n$ 存在, 但若在等式

$x_{n+1} = \dfrac{2n+1}{2n+2} x_n$ 两端取极限, 就无法求出其极限.

对于求出这种连乘 (或连加) 形式的数列通项 x_n 的极限, 常适用于先进行不等式估计, 然后应用夹挤定理求出其极限.

解　设 $x_n = \dfrac{1 \cdot 3 \cdot 5 \cdots (2n-1)}{2 \cdot 4 \cdot 6 \cdots (2n)}$, 再设

$$y_n = \frac{2}{3} \cdot \frac{4}{5} \cdots \frac{2n}{2n+1},$$

则有

$$0 < x_n < y_n.$$

从而得

$$0 < x_n^2 < x_n y_n = \frac{1}{2n+1},$$

即

$$0 < x_n < \frac{1}{\sqrt{2n+1}}.$$

因为 $\lim\limits_{n\to\infty} \dfrac{1}{\sqrt{2n+1}} = 0$, 故由夹挤定理, 得

$$\lim_{n\to\infty} x_n = \lim_{n\to\infty} \frac{1 \cdot 3 \cdot 5 \cdots (2n-1)}{2 \cdot 4 \cdot 6 \cdots (2n)} = 0.$$

说明　求解本题的关键在于不等式 $0 < x_n < \dfrac{1}{\sqrt{2n+1}}$ 的建立. 夹挤定理的优点在于: 在证明极限存在的同时, 也解决了求极限值的问题. 应用夹挤定理, 必须由已知数列 $\{c_n\}$ 构造出数列 $\{a_n\}$ 和 $\{b_n\}$, 使其满足 $a_n \leqslant c_n \leqslant b_n$. 在一般情况下, a_n 和 b_n 由 c_n 适当缩小和适当放大得到. 注意: 缩小、放大必须适当, 是指 $\{a_n\}$ 和 $\{b_n\}$ 必须具有相同的极限, 否则, 夹挤定理的结论就不成立. 还应该注意的是, 由 $\{c_n\}$ 适当缩小、放大得到的 $\{a_n\}$ 和 $\{b_n\}$, 形式上不是唯一的.

例 5　设函数 $f(x)$ 是周期为 $T(T > 0)$ 的连续函数, 证明:

$$\lim_{x\to+\infty} \frac{1}{x} \int_0^x f(t)\mathrm{d}t = \frac{1}{T} \int_0^T f(t)\mathrm{d}t.$$

分析　先考虑 $f(x)$ 是周期为 $T(T > 0)$ 的非负连续函数时, 建立不等式

$$A \leqslant \frac{1}{x} \int_0^x f(t)\mathrm{d}t \leqslant B.$$

要求 $\lim\limits_{x\to+\infty} A = \lim\limits_{x\to+\infty} B = \dfrac{1}{T} \int_0^T f(t)\mathrm{d}t$, 据夹挤定理即得结果.

再考虑 $f(x)$ 是周期为 $T(T>0)$ 的任一连续函数时, 把它转化为周期为 $T(T>0)$ 的非负连续函数

$$\varphi(t) = M - f(t) \quad (\text{其中} M = \max_{t\in(0,T)} f(t))$$

的情况, 利用前述结果即得证.

证明　对任意的实数 $x>0$, 总存在非负整数 n, 使得

$$nT \leqslant x \leqslant (n+1)T.$$

(1) 当 $f(x)$ 是周期为 $T(T>0)$ 的非负连续函数时, 有

$$\frac{1}{(n+1)T}\int_0^{nT} f(t)\mathrm{d}t \leqslant \frac{1}{x}\int_0^x f(t)\mathrm{d}t \leqslant \frac{1}{nT}\int_0^{(n+1)T} f(t)\mathrm{d}t.$$

依 $f(x)$ 的周期性, 上面的不等式可以写成

$$\frac{n}{(n+1)T}\int_0^T f(t)\mathrm{d}t \leqslant \frac{1}{x}\int_0^x f(t)\mathrm{d}t \leqslant \frac{n+1}{nT}\int_0^T f(t)\mathrm{d}t.$$

而 $\lim_{n\to\infty} \frac{n}{(n+1)T}\int_0^T f(t)\mathrm{d}t = \frac{1}{T}\int_0^T f(t)\mathrm{d}t,$

$$\lim_{n\to\infty} \frac{n+1}{nT}\int_0^T f(t)\mathrm{d}t = \frac{1}{T}\int_0^T f(t)\mathrm{d}t,$$

据夹挤定理, 得

$$\lim_{x\to+\infty} \frac{1}{x}\int_0^x f(t)\mathrm{d}t = \frac{1}{T}\int_0^T f(t)\mathrm{d}t.$$

(2) 当 $f(x)$ 是周期为 $T(T>0)$ 的任一连续函数时, 则

$$\varphi(t) = M - f(t) \quad (M = \max_{t\in[0,T]} f(t))$$

是周期为 $T(T>0)$ 的非负连续函数. 据 (1) 有

$$\lim_{x\to+\infty} \frac{1}{x}\int_0^x (M-f(t))\mathrm{d}t = \frac{1}{T}\int_0^T (M-f(t))\mathrm{d}t.$$

由此即得

$$\lim_{x\to+\infty} \frac{1}{x}\int_0^x f(t)\mathrm{d}t = \frac{1}{T}\int_0^T f(t)\mathrm{d}t.$$

说明 本例由证明"周期为 $T(T>0)$ 的连续函数 $f(x)$ 的性质"过渡到先证明"周期为 $T(T>0)$ 的非负连续函数 $f(x)$ 的性质",这种解题方法非常巧妙,望读者予以重视. 此外, 根据本题结果, 可以直接求得

$$\lim_{x\to +\infty}\frac{1}{x}\int_0^x|\sin t|\,\mathrm{d}t = \frac{1}{\pi}\int_0^\pi|\sin t|\,\mathrm{d}t = \frac{1}{\pi}\int_0^\pi\sin t\,\mathrm{d}t = \frac{2}{\pi},$$

其中 $f(x)=|\sin t|$ 是以 π 为周期的非负连续函数.

例 6 计算: $\lim\limits_{n\to\infty}\sum\limits_{k=1}^n (n^k+1)^{\frac{-1}{k}}$.

分析 本题关键在于建立不等式

$$A < \sum_{k=1}^n (n^k+1)^{\frac{-1}{k}} < B,$$

结合函数的单调性, 最终利用夹挤定理求出极限值.

解 设 $y = (n^x+1)^{\frac{-1}{x}}(x\geqslant 1)$, 则有 $\ln y = -\frac{1}{x}\ln(n^x+1)$, 求导得

$$\frac{1}{y}y' = \frac{1}{x^2}\ln(n^x+1) - \frac{1}{x}\frac{n^x\ln n}{n^x+1} > \frac{1}{x^2}\ln n^x - \frac{1}{x}\ln n = 0.$$

因为 $y>0$, 所以 $y'>0$, 由此得函数 y 是严格递增函数. 于是

$$\frac{n}{n+1} < \sum_{k=1}^n (n^k+1)^{\frac{-1}{k}} < \frac{n}{(n^n+1)^{\frac{1}{n}}}.$$

又因为有 $\lim\limits_{n\to\infty}\dfrac{n}{n+1} = \lim\limits_{n\to\infty}\dfrac{n}{(n^n+1)^{\frac{1}{n}}} = 1$, 所以由夹挤定理得

$$\lim_{n\to\infty}\sum_{k=1}^n (n^k+1)^{\frac{-1}{k}} = 1.$$

说明 本题中为了寻找数列 $\{b_n\}$ 和 $\{c_n\}$, 使用了导数的工具.

例 7 用夹挤定理证明:

$$\lim_{n\to\infty}\sqrt[n]{a_1^n + a_2^n + \cdots + a_m^n} = \max\{a_1, a_2, \cdots, a_m\},$$

其中 $a_1, a_2, \cdots, a_m$ 是 m 个正数.

证明 设 $A = \max\{a_1, a_2, \cdots, a_m\}$, 于是就有

$$A \leqslant \sqrt[n]{a_1^n + a_2^n + \cdots + a_m^n} \leqslant \sqrt[n]{mA^n} = A\sqrt[n]{m}.$$

由于 $\lim\limits_{n\to\infty}\sqrt[n]{m}=1$, 由夹挤定理得 $\lim\limits_{n\to\infty}\sqrt[n]{a_1^n+a_2^n+\cdots+a_m^n}=\max\{a_1,a_2,\cdots,a_m\}$.

说明 应用夹挤定理求 (证明) $\lim\limits_{n\to\infty}a_n=a$, 关键在于把数列 $\{a_n\}$ 适当放大和缩小, 寻找 $\{b_n\}$ 和 $\{c_n\}$, 使得: 当 $n>N$ 时, 有 $b_n\leqslant a_n\leqslant c_n$, 且有 $\lim\limits_{n\to\infty}b_n=a=\lim\limits_{n\to\infty}c_n$.

3. 未定式极限

这一类型的极限, 简单的情况可通过恒等变形或等价无穷小代换消去未定因式. 一般情况可用洛必达法则或泰勒公式加以解决.

例 8 求极限 $\lim\limits_{x\to 0}\left(\dfrac{\ln(1+x)}{x}\right)^{\frac{1}{e^x-1}}$.

分析 令 $y=\left(\dfrac{\ln(1+x)}{x}\right)^{\frac{1}{e^x-1}}$, 当 $x>0$ 时, $\ln y=\dfrac{1}{e^x-1}\cdot\ln\left(\dfrac{\ln(1+x)}{x}\right)$, 用等价无穷小 $\ln(1+x)\sim x$, $e^x-1\sim x$ 代换, 多次使用洛必达法则求极限 $\lim\limits_{x\to 0^+}\ln y$; 而当 $x<0$, $\ln y=\dfrac{\ln[-\ln(1+x)]-\ln(-x)}{e^x-1}$, 同理求 $\lim\limits_{x\to 0^-}\ln y$, 最后去掉对数求 $\lim\limits_{x\to 0}y$ 即可.

解 令 $y=\left(\dfrac{\ln(1+x)}{x}\right)^{\frac{1}{e^x-1}}$, 则当 $x>0$ 时,

$$\ln y=\dfrac{1}{e^x-1}\cdot\ln\left(\dfrac{\ln(1+x)}{x}\right)$$
$$=\dfrac{\ln(\ln(1+x))-\ln x}{e^x-1},$$

而

$$\lim_{x\to 0^+}(\ln y)=\lim_{x\to 0^+}\dfrac{\ln(\ln(1+x))-\ln x}{e^x-1}$$
$$=\lim_{x\to 0^+}\dfrac{\ln(\ln(1+x))-\ln x}{x}$$
$$=\lim_{x\to 0^+}\dfrac{\dfrac{1}{\ln(1+x)}\cdot\dfrac{1}{1+x}-\dfrac{1}{x}}{1}$$
$$=\lim_{x\to 0^+}\dfrac{x-(1+x)\cdot\ln(1+x)}{x(1+x)\cdot\ln(1+x)}$$
$$=\lim_{x\to 0^+}\dfrac{x-(1+x)\cdot\ln(1+x)}{x(1+x)\cdot x}$$

$$= \lim_{x \to 0^+} \frac{1 - \ln(1+x) - 1}{2x(1+x) + x^2}$$

$$= \lim_{x \to 0^+} \frac{-\dfrac{1}{1+x}}{2 + 6x}$$

$$= -\frac{1}{2}.$$

当 $x < 0$ 时,
$$\ln y = \frac{\ln[-\ln(1+x)] - \ln(-x)}{e^x - 1}.$$

同样可得
$$\lim_{x \to 0^-} \ln y = -\frac{1}{2}.$$

故 $\displaystyle\lim_{x \to 0} \left(\frac{\ln(1+x)}{x}\right)^{\frac{1}{e^x - 1}} = e^{-\frac{1}{2}}$.

说明 (1) 利用洛必达法则求未定式的极限时应注意以下三类:

(a) 只有 $\dfrac{0}{0}$ 及 $\dfrac{\infty}{\infty}$ 型未定式在满足条件时才能用洛必达法则.

(b) 对于 $0 \cdot \infty$ 或 $\infty - \infty$ 型未定式应通过恒等变形将其化为 $\dfrac{0}{0}$ 或 $\dfrac{\infty}{\infty}$ 型未定式后再用洛必达法则求极限.

(c) 对于 $0^0, 1^\infty$ 及 ∞^0 型未定式应先取对数将其化为 $0 \cdot \infty$ 型未定式,然后按 (b) 所述方法求出极限后再去掉对数还原成原式的极限值.

(2) 在利用洛必达法则求极限时应与两个重要极限、等价无穷小代换等方法结合在一起使用,以简化计算.

(3) 若条件满足,洛必达法则可使用任意有限次.

例 9 求 $\displaystyle\lim_{x \to 0} \left(\frac{1}{x} - \frac{1}{e^x - 1}\right)$.

分析 本题可化为函数的 $\dfrac{0}{0}$ 型极限 $\displaystyle\lim_{x \to 0} \frac{e^x - 1 - x}{x(e^x - 1)}$,可用洛必达法则求解,也可用泰勒公式解决.

解法 1 据洛必达法则,

$$原式 = \lim_{x \to 0} \frac{e^x - 1 - x}{x(e^x - 1)} \left(\frac{0}{0}\right) = \lim_{x \to 0} \frac{(e^x - 1 - x)'}{(xe^x - x)'} = \lim_{x \to 0} \frac{e^x - 1}{xe^x + e^x - 1} \left(\frac{0}{0}\right)$$

$$= \lim_{x \to 0} \frac{(e^x - 1)'}{(xe^x + e^x - 1)'} = \lim_{x \to 0} \frac{e^x}{xe^x + 2e^x} = \frac{1}{2}.$$

解法 2 利用泰勒公式，有

$$e^x = 1 + x + \frac{1}{2!}x^2 + o(x^2),$$

$$e^x - 1 - x = \frac{1}{2!}x^2 + o(x^2),$$

$$xe^x - x = x\left(1 + x + \frac{1}{2!}x^2 + o(x^2)\right) - x = x^2 + o(x^2).$$

则原式 $= \lim\limits_{x \to 0} \dfrac{e^x - 1 - x}{xe^x - x} = \lim\limits_{x \to 0} \dfrac{\frac{1}{2}x^2 + o(x^2)}{x^2 + o(x^2)} = \dfrac{1}{2}.$

例 10 设 $a > 0, b > 0, c > 0$，求 $\lim\limits_{n \to \infty} \left(\dfrac{\sqrt[n]{a} + \sqrt[n]{b} + \sqrt[n]{c}}{3}\right)^n.$

分析 本题可先对极限内的函数 $x_n = \left(\dfrac{\sqrt[n]{a} + \sqrt[n]{b} + \sqrt[n]{c}}{3}\right)^n$ 取对数运算，由 $\ln(1+x) \sim x$，求得 $\lim\limits_{n \to \infty} \ln x_n$ 的值，进而求得 $\lim\limits_{n \to \infty} \left(\dfrac{\sqrt[n]{a} + \sqrt[n]{b} + \sqrt[n]{c}}{3}\right)^n.$

解 设 $x_n = \left(\dfrac{\sqrt[n]{a} + \sqrt[n]{b} + \sqrt[n]{c}}{3}\right)^n$，有

$$\ln x_n = n \ln \frac{\sqrt[n]{a} + \sqrt[n]{b} + \sqrt[n]{c}}{3} = n \ln \left(\frac{\sqrt[n]{a} + \sqrt[n]{b} + \sqrt[n]{c}}{3} - 1 + 1\right).$$

又因为当 $x \to 0^+$ 时，$\ln(1+x) \sim x$，而对数函数是连续函数，所以

$$\lim_{n \to \infty} \ln x_n = \lim_{n \to \infty} n\left(\frac{\sqrt[n]{a} + \sqrt[n]{b} + \sqrt[n]{c}}{3} - 1\right)$$

$$= \frac{1}{3}\left(\lim_{n \to \infty} \frac{\sqrt[n]{a} - 1}{\frac{1}{n}} + \lim_{n \to \infty} \frac{\sqrt[n]{b} - 1}{\frac{1}{n}} + \lim_{n \to \infty} \frac{\sqrt[n]{c} - 1}{\frac{1}{n}}\right)$$

$$= \frac{1}{3}(\ln a + \ln b + \ln c) = \frac{1}{3}\ln(abc).$$

由此得到

$$\lim_{n \to \infty} \left(\frac{\sqrt[n]{a} + \sqrt[n]{b} + \sqrt[n]{c}}{3}\right)^n = \lim_{n \to \infty} x_n = \sqrt[3]{abc}.$$

说明 本题也可以引进函数极限 $\lim\limits_{x \to +\infty} \left(\dfrac{\sqrt[x]{a} + \sqrt[x]{b} + \sqrt[x]{c}}{3}\right)^x$，这是一个 1^∞ 型

极限, 可用洛必达法则求解, 再用归结原则得到原极限的解.

例 11 计算:
(1) $\lim\limits_{x \to 1} \left(\dfrac{3}{1-x^3} - \dfrac{2}{1-x^2} \right)$;
(2) $\lim\limits_{x \to +\infty} \left(\sqrt{x + \sqrt{x + \sqrt{x}}} - \sqrt{x} \right)$.

分析 所求极限为 $\infty - \infty$ 型. 可用通分或者分子有理化的方法化为 $\dfrac{0}{0}$ 型或 $\dfrac{\infty}{\infty}$ 型的极限问题.

解 (1) $\lim\limits_{x \to 1} \left(\dfrac{3}{1-x^3} - \dfrac{2}{1-x^2} \right) = \lim\limits_{x \to 1} \dfrac{3(1+x) - 2(1+x+x^2)}{(1-x)(1+x)(1+x+x^2)}$
$= \lim\limits_{x \to 1} \dfrac{(1-x)(1+2x)}{(1-x)(1+x)(1+x+x^2)} = \dfrac{1}{2}.$

(2) $\lim\limits_{x \to +\infty} \left(\sqrt{x + \sqrt{x + \sqrt{x}}} - \sqrt{x} \right) = \lim\limits_{x \to +\infty} \dfrac{x + \sqrt{x + \sqrt{x}} - x}{\sqrt{x + \sqrt{x + \sqrt{x}}} + \sqrt{x}}$

$= \lim\limits_{x \to +\infty} \dfrac{\sqrt{1 + \sqrt{\dfrac{1}{x}}}}{\sqrt{1 + \sqrt{\dfrac{1}{x} + \sqrt{\dfrac{1}{x^3}}}} + 1} = \dfrac{1}{2}.$

4. 利用定积分或导数的定义求 (证) 极限

由于定积分是积分和的极限, 因此求 (证) 某些和式的极限可以转化为定积分的计算, 有时也可以利用导数的定义计算极限.

例 12 计算极限
$$\lim\limits_{n \to \infty} \dfrac{1}{n^2} \left[\sqrt{n^2 - 1} + \sqrt{n^2 - 2^2} + \cdots + \sqrt{n^2 - (n-1)^2} \right].$$

分析 本题的极限可看做定积分 $\int_0^1 \sqrt{1-x^2} \mathrm{d}x$ 的积分和的极限.

解 原式 $= \lim\limits_{n \to \infty} \dfrac{1}{n} \left[\sqrt{1 - \left(\dfrac{1}{n}\right)^2} + \sqrt{1 - \left(\dfrac{2}{n}\right)^2} + \cdots + \sqrt{1 - \left(\dfrac{n-1}{n}\right)^2} \right]$

$= \lim\limits_{n \to \infty} \dfrac{1}{n} \sum\limits_{i=0}^{n} \sqrt{1 - \left(\dfrac{i}{n}\right)^2}$

$= \int_0^1 \sqrt{1 - x^2} \mathrm{d}x = \dfrac{\pi}{4}.$

例 13 求极限
$$\lim_{n\to\infty} n\left(\frac{1}{1+n^2} + \frac{1}{2^2+n^2} + \cdots + \frac{1}{n^2+n^2}\right).$$

分析 本题的极限可看做定积分 $\int_0^1 \frac{1}{1+x^2}\mathrm{d}x$ 的积分和的极限.

解
$$\lim_{n\to\infty} n\left(\frac{1}{1+n^2} + \frac{1}{2^2+n^2} + \cdots + \frac{1}{n^2+n^2}\right)$$
$$= \lim_{n\to\infty} \frac{n}{n^2}\left[\frac{1}{1+\left(\frac{1}{n}\right)^2} + \frac{1}{1+\left(\frac{2}{n}\right)^2} + \cdots + \frac{1}{1+\left(\frac{n}{n}\right)^2}\right]$$
$$= \int_0^1 \frac{1}{1+x^2}\mathrm{d}x = \arctan x\Big|_0^1 = \frac{\pi}{4}.$$

例 14 设 $P_n = \dfrac{\sqrt[n]{(n+1)(n+2)(n+3)\cdots(n+n)}}{n}$,证明 $\lim\limits_{n\to\infty} P_n = \dfrac{4}{\mathrm{e}}$.

分析 为了把所求的极限转化为某个定积分的积分和极限,例 12 的情况是把所求的极限直接看做某个定积分的积分和极限. 而本题不能这样做,本题需要先把极限 $\lim\limits_{n\to\infty} \ln P_n$ 看做定积分 $\int_0^1 \ln(1+x)\mathrm{d}x$ 的积分和极限,然后由此求出极限 $\lim\limits_{n\to\infty} P_n$.

证明
$$\lim_{n\to\infty} \ln P_n = \lim_{n\to\infty} \frac{1}{n}\left[\ln\left(1+\frac{1}{n}\right) + \ln\left(1+\frac{2}{n}\right) + \cdots + \ln\left(1+\frac{n}{n}\right)\right]$$
$$= \int_0^1 \ln(1+x)\mathrm{d}x = \ln\frac{4}{\mathrm{e}},$$

故 $\lim\limits_{n\to\infty} P_n = \dfrac{4}{\mathrm{e}}$.

注 例 12-例 14 说明了若和式极限表示为 $\lim\limits_{n\to\infty} \sum\limits_{i=1}^n f(\xi_i)\Delta x_i$ 的形式,则所求的极限可转化为某个定积分的积分和极限.

例 15 求极限 $\lim\limits_{n\to\infty} n\left(\sqrt[n]{a} - 1\right)$, $a > 1$.

分析 本题可看做函数 a^x 在 $x = 0$ 处的导数.

解 $\lim\limits_{n\to\infty} n\left(\sqrt[n]{a} - 1\right) = \lim\limits_{x\to 0} \dfrac{a^x - 1}{x} = (a^x)'\Big|_{x=0} = \ln a.$

例 16 求解 $\lim\limits_{n\to\infty}\sum\limits_{k=1}^{n}\dfrac{k}{n^2+n+k}$.

分析 因为

$$\sum_{k=1}^{n}\frac{k}{n^2+n+k}=\sum_{k=1}^{n}\left(\frac{k}{n^2+n+k}-\frac{k}{n^2}+\frac{k}{n^2}\right)$$

$$=\sum_{k=1}^{n}\frac{k}{n^2}-\sum_{k=1}^{n}\frac{k(n+k)}{(n^2+n+k)n^2}=I_n-J_n.$$

对于第一部分的极限"$\lim\limits_{n\to\infty}I_n$"可以根据定积分的定义直接求出,而第二部分"$\lim\limits_{n\to\infty}J_n$"则可以根据夹挤定理来求解,最后再把两部分的结果相减即可.

解 因为

$$\sum_{k=1}^{n}\frac{k}{n^2+n+k}=\sum_{k=1}^{n}\left(\frac{k}{n^2+n+k}-\frac{k}{n^2}+\frac{k}{n^2}\right)$$

$$=\sum_{k=1}^{n}\frac{k}{n^2}-\sum_{k=1}^{n}\frac{k(n+k)}{(n^2+n+k)n^2}=I_n-J_n.$$

用定积分的定义可求得

$$\lim_{n\to\infty}I_n=\int_{0}^{1}x\mathrm{d}x=\frac{1}{2};$$

而

$$0<J_n=\sum_{k=1}^{n}\frac{k(n+k)}{(n^2+n+k)n^2}\leqslant\sum_{k=1}^{n}\frac{\frac{k^2}{n^2}+\frac{k}{n}}{n^2}$$

$$\leqslant\sum_{k=1}^{n}\frac{2}{n^2}=\frac{2}{n}\to 0\quad(n\to\infty),$$

也就是 $\lim\limits_{n\to\infty}J_n=0$. 故 $\lim\limits_{n\to\infty}\sum\limits_{k=1}^{n}\dfrac{k}{n^2+n+k}=\dfrac{1}{2}$.

说明 因为 $\dfrac{k}{n^2+n+k}\sim\dfrac{k}{n^2}(n\to\infty)$,所以 $\dfrac{k}{n^2+n+k}-\dfrac{k}{n^2}$ 是比 $\dfrac{k}{n^2}$ 高阶的无穷小 $(n\to\infty)$,$\dfrac{k}{n^2+n+k}-\dfrac{k}{n^2}$ 的 n 项累加,仍是无穷小 $(n\to\infty)$. 此题的解法本质上是等价无穷小代换,也可用夹挤定理求解.

5. 分段处理法

例 17 证明

(1) 若 $\lim_{n\to\infty} a_n = 0$, 则 $\lim_{n\to\infty} \dfrac{a_1 + a_2 + \cdots + a_n}{n} = 0$;

(2) 若 $\lim_{n\to\infty} a_n = a$, 则 $\lim_{n\to\infty} \dfrac{a_1 + a_2 + \cdots + a_n}{n} = a$.

分析 对于题 (1), 要证 $\forall \varepsilon > 0, \exists N > 0$, 使当 $n > N$ 时有

$$\left| \frac{1}{n}(a_1 + a_2 + \cdots + a_n) - 0 \right| = \left| \frac{1}{n}(a_1 + a_2 + \cdots + a_n) \right| < \varepsilon.$$

由于 $\left| \dfrac{1}{n}(a_1 + a_2 + \cdots + a_n) \right| \leqslant \dfrac{1}{n}(|u_1| + |u_2| + |a_3| + \cdots + |a_n|)$, 所以只要证明当 $n > N$ 时 $\dfrac{1}{n}(|a_1| + |a_2| + |a_3| + \cdots + |a_n|) < \varepsilon$ 成立即可. 要证此式成立, 困难在于: ① $n \to \infty$ 时, 不等式左边的被加项为无穷多; ② $\forall \varepsilon > 0$ 并不能保证所有的 n 都有 $|a_n| < \varepsilon$, 而只能找到 $N_1 > 0$, 当 $n > N_1$ 时, 有 $|a_n| < \varepsilon$. 要解决这两个困难, 我们可以把它分段考虑:

$$\frac{1}{n}(|a_1| + |a_2| + \cdots + |a_n|) = \frac{1}{n}(|a_1| + |a_2| + |a_3| + \cdots + |a_{N_1}|) + \frac{1}{n}(|a_{N_1+1}| + \cdots + |a_n|).$$

由于这样的 N_1 已取定, 上式等号右边第一项 (第一段) 的分子 (即括号里的数) 为常数, $n \to \infty$ 时分式趋于零; 对第二项 (第二段), 其分子各项都有 $|a_{N_1+1}| < \varepsilon, \cdots, |a_n| < \varepsilon$, 由于总共只有 $n - N_1$ 个, 其综合性也小于 ε. 所以对于这两个分式来说, 可以用不等式的方法分别处理, 使它们都小于 ε.

至于题 (2), 利用 "$\lim_{n\to\infty} a_n = a$ 的充要条件是 $\lim_{n\to\infty}(a_n - a) = 0$" 及题 (1) 的结论便容易得证.

证明 (1) 因为 $\lim_{n\to\infty} a_n = 0$, 所以 $\forall \varepsilon > 0, \exists N_1 > 0$, 当 $n > N_1$ 时, 有 $|a_n| < \varepsilon$. 固定 N_1, 当 $n > N_1$ 时,

$$\left| \frac{1}{n}(a_1 + a_2 + \cdots + a_n) - 0 \right| \leqslant \frac{1}{n}(|a_1| + |a_2| + |a_3| + \cdots + |a_{N_1}|)$$
$$+ \frac{1}{n}(|a_{N_1+1}| + \cdots + |a_n|).$$

由于 $\dfrac{1}{n}(|a_1| + |a_2| + |a_3| + \cdots + |a_{N_1}|) \to 0 \ (n \to \infty)$, 所以对上述 $\varepsilon > 0$, $\exists N (> N_1)$, 当 $n > N$ 时, 有 $\dfrac{1}{n}(|a_1| + |a_2| + |a_3| + \cdots + |a_N|) < \varepsilon$; 另一方面又有

$$\frac{1}{n}(|a_{N_1+1}| + \cdots + |a_n|) \leqslant \frac{n - N_1}{n}\varepsilon < \varepsilon.$$

所以当 $n > N$ 时, 就有 $\left|\dfrac{1}{n}(a_1 + a_2 + \cdots + a_n)\right| < \varepsilon + \varepsilon = 2\varepsilon.$

综上得: $\forall \varepsilon > 0, \exists N > 0,$ 当 $n > N$ 时有

$$\left|\dfrac{1}{n}(a_1 + a_2 + \cdots + a_n) - 0\right| < 2\varepsilon.$$

按等价定义 $\lim\limits_{n \to \infty} \dfrac{1}{n}(a_1 + a_2 + \cdots + a_n) = 0$ 得证.

(2) 因 $\lim\limits_{n \to \infty} a_n = a,$ 所以 $\lim\limits_{n \to \infty}(a_n - a) = 0,$ 由 (1) 得

$$\lim\limits_{n \to \infty} \dfrac{1}{n}[(a_1 - a) + (a_2 - a) + \cdots + (a_n - a)] = 0,$$

也就是

$$\lim\limits_{n \to \infty}\left[\dfrac{1}{n}(a_1 + a_2 + \cdots + a_n) - a\right] = 0,$$

所以

$$\lim\limits_{n \to \infty} \dfrac{1}{n}(a_1 + a_2 + \cdots + a_n) = a.$$

说明 在本题证明中, 先固定 N_1, 再把 $\dfrac{1}{n}(a_1 + a_2 + \cdots + a_n)$ 分成两段, 其中一段为 $\dfrac{1}{n}(|a_1| + |a_2| + \cdots + |a_{N_1}|)$, 另一段为 $\dfrac{1}{n}(|a_{N_1+1}| + \cdots + |a_n|)$. 这样做的目的只有一个: 就是将一个整体问题分为两个易于解决的简单问题. 这一方法, 在函数极限与定积分中都有所应用, 特别适用于 "连加式" 和 "连乘式" 的极限问题. 望读者注意体会与掌握.

例 17 是一个常用的命题, 读者试用它求下列极限:

(1) $\lim\limits_{n \to \infty} \dfrac{1}{n}\left(1 + \dfrac{1}{2} + \dfrac{1}{3} + \cdots + \dfrac{1}{n}\right);$

(2) $\lim\limits_{n \to \infty} \dfrac{1}{n}\left(\sin \pi + \sin \dfrac{\pi}{2} + \cdots + \sin \dfrac{\pi}{n}\right).$

顺便指出, 利用已知极限去证明某极限式或求某极限, 是处理极限问题的一个重要方法, 例 17 用了这一方法.

6. 其他

除以上归类的几种求 (证) 极限的情况外, 下面再选几道技巧性较大, 不是以上所述类型的硕士研究生入学试题.

例 18 求极限

$$\lim\limits_{n \to \infty}\left(\dfrac{1}{n^2 + \sqrt{n}} + \dfrac{2}{n^2 + 2\sqrt{n}} + \cdots + \dfrac{n}{n^2 + n\sqrt{n}}\right).$$

分析 求解本题的思路: 因为

$$\sum_{k=1}^{n}\frac{k}{n^2+k\sqrt{n}}=\sum_{k=1}^{n}\frac{k}{n^2}+\sum_{k=1}^{n}\left(\frac{k}{n^2+k\sqrt{n}}-\frac{k}{n^2}\right),$$

而

$$\lim_{n\to\infty}\sum_{k=1}^{n}\left(\frac{k}{n^2+k\sqrt{n}}-\frac{k}{n^2}\right)=0,$$

所以, 可把所求的极限转化为极限

$$\lim_{n\to\infty}\sum_{k=1}^{n}\frac{k}{n^2}=\lim_{n\to\infty}\sum_{k=1}^{n}\frac{k}{n}\cdot\frac{1}{n}.$$

此极限可看做积分和的极限, 利用定积分即可得解.

解 因为

$$\left|\sum_{k=1}^{n}\left(\frac{k}{n^2+k\sqrt{n}}-\frac{k}{n^2}\right)\right|=\sum_{k=1}^{n}\frac{k^2\sqrt{n}}{n^2(n^2+k\sqrt{n})}\leqslant\frac{\sqrt{n}}{n^4}\sum_{k=1}^{n}k^2$$

$$=\frac{n(n+1)(2n+1)}{6n^4}\sqrt{n}\to 0\quad(n\to\infty),$$

即

$$\lim_{n\to\infty}\sum_{k=1}^{n}\left(\frac{k}{n^2+k\sqrt{n}}-\frac{k}{n^2}\right)=0.$$

故

$$原式=\lim_{n\to\infty}\left[\sum_{k=1}^{n}\frac{k}{n^2}+\sum_{k=1}^{n}\left(\frac{k}{n^2+k\sqrt{n}}-\frac{k}{n^2}\right)\right]$$

$$=\lim_{n\to\infty}\sum_{k=1}^{n}\frac{k}{n^2}=\lim_{n\to\infty}\sum_{k=1}^{n}\frac{k}{n}\cdot\frac{1}{n}$$

$$=\int_{0}^{1}x\mathrm{d}x=\frac{1}{2}.$$

注 这个例子最后也是利用积分和的极限求解的, 但它与例 12 不同. 它的难点在于要洞察到

$$\sum_{k=1}^{n}\frac{k}{n^2+k\sqrt{n}}=\sum_{k=1}^{n}\frac{k}{n^2}+\sum_{k=1}^{n}\left(\frac{k}{n^2+k\sqrt{n}}-\frac{k}{n^2}\right),\quad \lim_{n\to\infty}\sum_{k=1}^{n}\left(\frac{k}{n^2+k\sqrt{n}}-\frac{k}{n^2}\right)=0.$$

例 19 计算 $\lim\limits_{n\to\infty}\left(\dfrac{2+\sqrt[n]{64}}{3}\right)^{2n-1}$.

分析 实际上,这里求出极限 $\lim\limits_{x\to+\infty}\left(\dfrac{2+64^{\frac{1}{x}}}{3}\right)^{2x-1}$ 即可, 为了求极限

$$\lim_{x\to+\infty}\left(\dfrac{2+64^{\frac{1}{x}}}{3}\right)^{2x-1},$$

可以先求出极限

$$\lim_{x\to+\infty}(2x-1)\ln\left(\dfrac{2+64^{\frac{1}{x}}}{3}\right).$$

此极限可化为 $\dfrac{0}{0}$ 型未定式,利用洛必达法则即可求解.

解 因为

$$\lim_{x\to+\infty}(2x-1)\ln\left(\dfrac{2+64^{\frac{1}{x}}}{3}\right) = \lim_{x\to+\infty}\dfrac{\ln\left(\dfrac{2+64^{\frac{1}{x}}}{3}\right)}{\dfrac{1}{2x-1}}\left(\dfrac{0}{0}\right)$$

$$= \lim_{x\to+\infty}\dfrac{1}{-\dfrac{2}{(2x-1)^2}}\left[\dfrac{3}{2+64^{\frac{1}{x}}}\cdot\dfrac{1}{3}64^{\frac{1}{x}}\ln 64\cdot\left(-\dfrac{1}{x^2}\right)\right]$$

$$= \dfrac{2}{3}\ln 64 = \ln 16,$$

所以

$$\lim_{x\to+\infty}\left(\dfrac{2+64^{\frac{1}{x}}}{3}\right)^{2x-1} = \lim_{x\to+\infty}\exp\left\{(2x-1)\ln\left(\dfrac{2+64^{\frac{1}{x}}}{3}\right)\right\}$$

$$= \exp(\ln 16) = 16.$$

从而

$$\lim_{n\to\infty}\left(\dfrac{2+\sqrt[n]{64}}{3}\right)^{2n-1} = 16.$$

注 本题也是利用洛必达法则求解. 但它和例 9 不同, 其求解的难度加大了, 难点在哪里呢?

首先, 把原题的极限

$$\lim_{n\to\infty}\left(\dfrac{2+\sqrt[n]{64}}{3}\right)^{2n-1} \quad \text{(离散量的极限)}$$

换成计算极限
$$\lim_{x\to+\infty}\left(\frac{2+64^{\frac{1}{x}}}{3}\right)^{2x-1} \text{(连续量的极限)},$$

其次, 必须注意到, 为了求极限
$$\lim_{x\to+\infty}\left(\frac{2+64^{\frac{1}{x}}}{3}\right)^{2x-1},$$

需要先求出极限
$$\lim_{x\to+\infty}(2x-1)\ln\left(\frac{2+64^{\frac{1}{x}}}{3}\right).$$

这个极限可化为 $\frac{0}{0}$ 型未定式, 从而可用洛必达法则求解.

练 习 题 1

1. 单项选择题.

(1) 若 $\lim\limits_{n\to\infty} a_n$ 与 $\lim\limits_{n\to\infty} b_n$ 均不存在, 则 $\lim\limits_{n\to\infty} a_n b_n$ ( ).

(A) 存在;   (B) 不存在;   (C) 不能确定.

(2) 数列 $\{a_n\}$ 极限存在的充要条件是 ( ).

(A) 任意两个子列极限相等;

(B) 至少有两个子列极限相等;

(C) 有有限个子列极限相等;

(D) 有无穷多个子列极限相等.

(3) $f(x)$ 是任一在 x_0 处极限不存在的函数, 且 $f(x)+g(x)$ 在 x_0 处的极限也不存在, 则 $g(x)$ 在 x_0 处的极限 ( ).

(A) 存在;   (B) 不存在;   (C) 可能存在也可能不存在.

(4) 当 $x\to($) 时, $x\sin\frac{1}{x}\to 1$.

(A) 0;   (B) ∞;   (C) 1;   (D) 任何实数.

(5) 下面解法中 ( ) 是正确的.

(A) $\lim\limits_{x\to 0} x\sin\frac{1}{x}=\lim\limits_{x\to 0} x\cdot\lim\limits_{x\to 0}\sin\frac{1}{x}=0$;

(B) $\lim\limits_{x\to 0} x\sin\frac{1}{x}=\lim\limits_{x\to 0}\frac{\sin\frac{1}{x}}{\frac{1}{x}}=1$;

(C) 令 $t=\frac{1}{x}$, 则 $x=\frac{1}{t}$, 于是 $\lim\limits_{x\to 0} x\sin\frac{1}{x}=\lim\limits_{t\to\infty}\frac{\sin t}{t}=1$;

(D) 因为 $x\to 0$ 时, $\sin\frac{1}{x}$ 是有界函数, $x\to 0$, 因此 $\lim\limits_{x\to 0} x\sin\frac{1}{x}=0$.

(6) 下面结论中,(　) 是正确的.

(A) $\lim\limits_{x\to\infty}\left(1+\dfrac{2}{x}\right)^{x+100}=\mathrm{e}^2\cdot\mathrm{e}^{100}=\mathrm{e}^{102}$;

(B) $\lim\limits_{x\to\infty}\left(1+\dfrac{2}{x}\right)^{x+100}=\mathrm{e}^{-2}$;

(C) $\lim\limits_{x\to\infty}\left(1+\dfrac{2}{x}\right)^{x+100}=1^\infty=1$;

(D) $\lim\limits_{x\to\infty}\left(1+\dfrac{2}{x}\right)^{x+100}=\mathrm{e}^2$.

(7) 当 $x\to 0$ 时, $\ln(1+x)$ 是 (　).

(A) 较 x 高阶的无穷小量;

(B) 较 x 低阶的无穷小量;

(C) 与 x 为同阶的无穷小量;

(D) 不能与 x 进行比较的无穷小量 (注: $\lim\limits_{t\to\mathrm{e}}\ln t=1$, 假设为已知条件).

2. 求下列极限.

(1) $\lim\limits_{n\to\infty}\left(1-\dfrac{1}{2^2}\right)\left(1-\dfrac{1}{3^2}\right)\cdots\left(1-\dfrac{1}{n^2}\right)$;

(2) $\lim\limits_{n\to\infty}\dfrac{(-2)^n+3^n}{(-2)^{n+1}+3^{n+1}}$;

(3) $\lim\limits_{n\to\infty}\dfrac{1}{2}\cdot\dfrac{3}{4}\cdot\cdots\cdot\dfrac{2n-1}{2n}$;

(4) $\lim\limits_{n\to\infty}\dfrac{1}{n!}\sum\limits_{p=1}^{n}p!$;

(5) $\lim\limits_{x\to 0}\dfrac{\sqrt[3]{1+x}-1}{\sqrt{1+x}-1}$;

(6) $\lim\limits_{x\to\infty}\left(\sqrt{4x^2+2x+3}-2x\right)$;

(7) $\lim\limits_{x\to 0}\dfrac{\cos 3x-\cos x}{x^2}$;

(8) $\lim\limits_{x\to 0}\sqrt[x]{1-2x}$;

(9) $\lim\limits_{x\to 0^-}x\left[\dfrac{1}{x}\right]$;

(10) $\lim\limits_{x\to 0}\dfrac{\int_0^x \mathrm{e}^{-t^2}\mathrm{d}t}{\sin x}$;

(11) $\lim\limits_{x\to 0}(1+\sin^2 x)^{\frac{1}{x}}$;

(12) $\lim\limits_{n\to\infty}\left(\dfrac{n+1}{n-1}\right)^n$.

3. 设 $\lim\limits_{n\to\infty}a_n=a$, 证明 $\lim\limits_{n\to\infty}\sqrt[3]{a_n}=\sqrt[3]{a}$.

4. 设 $x_n\leqslant a\leqslant y_n\ (n=1,2,\cdots)$, 且 $\lim\limits_{n\to\infty}(y_n-x_n)=0$. 证明数列 $\{x_n\}$ 和 $\{y_n\}$ 都收敛, 且极限值相等.

5. 证明: 若存在自然数 N 及常数 $0<k<1$, 且 $n>N$ 时有 $0<a_{n+1}<ka_n$, 则 $\lim\limits_{n\to\infty}a_n=0$.

6. 设 $a_1=k>0, a_{n+1}=1+\dfrac{a_n}{1+a_n}\ (n=1,2,3,\cdots)$, 证明 $\lim\limits_{n\to\infty}a_n$ 存在, 并求其值.

7. 设 $\sqrt{2}-1 < x_1 \leqslant 1, x_{n+1} = \dfrac{1}{2+x_n}$,求 $\lim\limits_{n\to\infty} x_n$.

8. 应用柯西收敛准则证明下列数列 $\{x_n\}$ 收敛:

(1) $x_n = a_0 + a_1 q + a_2 q^2 + \cdots + a_n q^n$,其中 $|q| < 1, |a_n| \leqslant M\,(n=1,2,\cdots)$;

(2) $x_n = \dfrac{1}{1\cdot 2} + \dfrac{1}{2\cdot 3} + \cdots + \dfrac{1}{n(n+1)}$.

9. 应用柯西收敛准则的否定命题,证明数列 $a_n = 1 + \dfrac{1}{\sqrt{2}} + \dfrac{1}{\sqrt{3}} + \cdots + \dfrac{1}{\sqrt{n}}\,(n=1,2,3,\cdots)$ 发散.

10. 若 $\lim\limits_{n\to\infty} a_n = a$,$\lim\limits_{n\to\infty} b_n = b$. 证明
$$\lim_{n\to\infty} \frac{a_1 b_n + a_2 b_{n-1} + \cdots + a_n b_1}{n} = ab.$$

11. 按定义证明下列极限:

(1) $\lim\limits_{x\to 1} \dfrac{x+1}{5x-4} = 2$;   (2) $\lim\limits_{x\to +\infty} \dfrac{x-1}{3x+4} = \dfrac{1}{3}$;   (3) $\lim\limits_{x\to \frac{\pi}{4}} \tan x = 1$.

12. 设 $\lim\limits_{x\to x_0} f(x) = A > 0$,证明 $\lim\limits_{x\to x_0} \dfrac{1}{f(x)} = \dfrac{1}{A}$.

13. 用归结原理证明 $\lim\limits_{x\to 0} \dfrac{1+\sin\dfrac{1}{x}}{2-\sin\dfrac{1}{x}}$ 不存在.

14. 设函数 $f(x)$ 在 $(0,+\infty)$ 上满足函数方程 $f(2x) = f(x)$,且 $\lim\limits_{x\to +\infty} f(x) = A$,证明: $f(x) \equiv A$, $x \in (0,+\infty)$.

15. 设 $\lim\limits_{n\to\infty} a_n = +\infty$,证明:

(1) $\lim\limits_{n\to\infty} \dfrac{a_1 + a_2 + \cdots + a_n}{n} = +\infty$;

(2) $\lim\limits_{n\to\infty} \sqrt[n]{a_1 a_2 a_3 \cdots a_n} = +\infty\,(a_k > 0)$.

第2讲　连续函数

2.1　知识结构

$$\text{连续}\begin{cases}\text{基本概念}\begin{cases}\text{连续 (几种等价说法)}\\\text{间断}\\\text{一致连续性}\end{cases}\\\text{间断点分类}\begin{cases}\text{第一类间断点}\begin{cases}\text{可去间断点}\\\text{跳跃间断点}\end{cases}\\\text{第二类间断点}\end{cases}\\\text{连续函数性质}\begin{cases}\text{有界性定理}\\\text{最大、最小值定理}\\\text{介值性定理(根的存在定理)}\\\text{一致连续性定理}\end{cases}\end{cases}$$

2.2　内容精析

1. 函数在一点连续的定义, 有下列等价形式.

(1) **极限形式**　$\lim\limits_{x\to x_0} f(x) = f(x_0)$;

(2) **增量极限形式**　$\lim\limits_{\Delta x\to 0}\Delta y = 0$, 其中 $\Delta y = f(x_0+\Delta x) - f(x_0)$;

(3) **ε-δ 语言**　$\forall \varepsilon > 0, \exists \delta > 0$, 使得对 $\forall x\in U(x_0,\delta)$, 有 $|f(x)-f(x_0)| < \varepsilon$;

(4) **左、右极限形式**　$f(x_0+0) = f(x_0-0) = f(x_0)$;

(5) **归结为数列极限** $\forall \{x_n\}\subset U(x_0), x_n\to x_0(n\to\infty)$, 有 $\lim\limits_{n\to\infty} f(x_n) = f(x_0)$.

2. 函数在一点左连续与右连续的定义.

$\forall \varepsilon > 0, \exists \delta > 0$, 当 $x\in U_+(x_0,\delta)$ 时, 有 $|f(x)-f(x_0)| < \varepsilon$, 称函数 $f(x)$ 在点 x_0 右连续.

$\forall \varepsilon > 0, \exists \delta > 0$, 当 $x\in U_-(x_0,\delta)$ 时, 有 $|f(x)-f(x_0)| < \varepsilon$, 称函数 $f(x)$ 在点 x_0 左连续.

函数 $f(x)$ 在点 x_0 连续 $\Leftrightarrow$ 函数 $f(x)$ 在点 x_0 左连续, 且在点 x_0 右连续.

3. 若函数 $f(x)$ 在区间 I 上每一点都连续, 称函数 $f(x)$ 在 I 上连续.

4. 连续函数的局部性质有: 局部有界性; 局部保号性; 四则运算法则和复合函数与反函数的连续性.

5. 闭区间上连续函数的整体性质.

若函数 $f(x)$ 在闭区间 $[a,b]$ 上连续, 则

(1) 函数 $f(x)$ 在闭区间 $[a,b]$ 上有界 (有界性);

(2) 函数 $f(x)$ 在闭区间 $[a,b]$ 上有最大值与最小值 (最值定理); 最值定理蕴含了有界性定理;

(3) $\forall x_1, x_2 \in [a,b]$, $f(x_1) \neq f(x_2)$, 则 $f(x)$ 可取到 $f(x_1)$ 与 $f(x_2)$ 之间的一切值 (介值定理).

最值定理和介值定理相结合, 可以得到下列命题:

若函数 $f(x)$ 在闭区间 $[a,b]$ 上连续, M, m 分别是 $f(x)$ 在 $[a,b]$ 上的最大值和最小值, 则有 $f([a,b]) = [m, M]$.

6. 函数的一致连续性.

设 $f(x)$ 在区间 I 上有定义, $\forall \varepsilon > 0, \exists \delta > 0$, 使得对 $\forall x_1, x_2 \in I$, 有 $|f(x_1) - f(x_2)| < \varepsilon$, 则称函数 $f(x)$ 在区间 I 上一致连续.

函数 $f(x)$ 在闭区间 $[a,b]$ 上连续 $\Leftrightarrow$ 函数 $f(x)$ 在闭区间 $[a,b]$ 上一致连续.

函数 $f(x)$ 在区间 I 上不一致连续的定义: $\exists \varepsilon_0 > 0$, $\forall \delta > 0$, $\exists x', x'' \in I$, 使得 $|f(x') - f(x'')| \geqslant \varepsilon_0$.

7. 二元函数 $f(P)$ 在点 $P_0(x,y)$ 连续的定义.

二元函数 $f(P)$ 在点集 $D \subset \mathbf{R}^2$ 上有定义, $P_0 \in D$. $\forall \varepsilon > 0, \exists \delta > 0$, 当 $P \in D \cap U(P_0, \delta)$ 时, 有 $|f(P) - f(P_0)| < \varepsilon$, 就称函数 $f(P)$ 在点 P_0 连续.

若 P_0 是 D 的聚点, 函数 $f(P)$ 在点 P_0 连续, 等价于 $\lim\limits_{P \to P_0} f(P) = f(P_0)$.

8. 多元连续函数的局部性质与一元连续函数完全相同.

9. 多元连续函数在有界闭集上的整体性质 (包括一致连续性) 同样是一元连续函数的直接推广, 需要注意的是: 多元连续函数的介值性需要有界闭区域的连通性, 否则, 介值性不再成立.

2.3 解 (证) 题方法分析

例 1 用定义证明函数 $f(x) = \sin x$ 在 $(-\infty, +\infty)$ 上一致连续.

分析 一致连续的定义是设 $f(x)$ 在区间 I 上有定义, 若对任意给的 $\varepsilon > 0$, 总存在某正数 $\delta(\varepsilon) > 0$, 只要 $x, x' \in I$, 且 $|x - x'| < \delta$, 便有

$$|f(x) - f(x')| < \varepsilon,$$

则称函数 $f(x)$ 在区间 I 上一致连续.

本题的关键是对任给 $\varepsilon > 0$, 对任意的 $x, x' \in (-\infty, +\infty)$, 通过对 $|f(x) - f(x')|$ 的变形或放大, 找到 $\delta(\varepsilon) > 0$, 使当 $|x - x'| < \delta$ 时, 有 $|f(x) - f(x')| < \varepsilon$.

证明 对任意的 $x, x' \in (-\infty, +\infty)$, 有

$$|\sin x - \sin x'| = 2 \left|\cos \frac{x+x'}{2}\right| \cdot \left|\sin \frac{x-x'}{2}\right|$$

$$\leqslant 2 \cdot 1 \cdot \frac{|x-x'|}{2} = |x - x'|,$$

因此, 对任给 $\varepsilon > 0$, 取 $\delta(\varepsilon) = \varepsilon > 0$, 当 $x, x' \in (-\infty, +\infty)$, 且 $|x - x'| < \delta$ 时, 有

$$|\sin x - \sin x'| \leqslant |x - x'| < \varepsilon.$$

由定义知, 函数 $f(x) = \sin x$ 在 $(-\infty, +\infty)$ 上一致连续.

例 2 证明函数 $f(x) = x^3$ 在 $(-\infty, +\infty)$ 上不一致连续.

分析 函数 $f(x)$ 在区间 I 上不一致连续是指存在某个 $\varepsilon_0 > 0$, 对 $\forall \delta(\varepsilon) > 0$, 存在某两个 $x, x' \in I$, 且 $|x - x'| < \delta$, 但 $|f(x) - f(x')| \geqslant \varepsilon_0$.

本题的关键是取某个 $\varepsilon_0 > 0$, 对任何 $\delta > 0$, 取某两个 $x, x' \in I$, 且 $|x - x'| < \delta$, 但 $|f(x) - f(x')| \geqslant \varepsilon_0$.

具体证明时, 对任何 $\delta > 0$, 取某两个 x, x' 的技巧性较大, 有一定难度.

证明 取某正数 $\varepsilon_0 = \dfrac{1}{2} > 0$, 在区间 $(-\infty, +\infty)$ 上取 $x_n = \sqrt[3]{n}$, $x_{n+1} = \sqrt[3]{n+1}$, 有

$$|x_{n+1} - x_n| = \left|\sqrt[3]{n+1} - \sqrt[3]{n}\right| = \left|\frac{1}{\sqrt[3]{(n+1)^2} + \sqrt[3]{n(n+1)} + \sqrt[3]{n^2}}\right| < \frac{1}{\sqrt[3]{n^2}},$$

于是, 对任何 $\delta > 0$, 只要 $n > \sqrt{\dfrac{1}{\delta^3}}$, 取

$$x' = x_n = \sqrt[3]{n}, \quad x = x_{n+1} = \sqrt[3]{n+1} \in (-\infty, +\infty),$$

且

$$|x - x'| = |x_{n+1} - x_n| = \frac{1}{\sqrt[3]{n^2}} < \delta,$$

但

$$|f(x) - f(x')| = |f(x_{n+1}) - f(x_n)| = \left|\left(\sqrt[3]{n+1}\right)^3 - \left(\sqrt[3]{n}\right)^3\right| = 1 > \varepsilon_0,$$

故函数 $f(x)$ 在 $(-\infty, +\infty)$ 上不一致连续.

例 3 证明:

(1) 函数 $f(x) = \sqrt[3]{x}$ 在 $[0, +\infty)$ 上一致连续;

(2) 函数 $f(x) = x\sin\dfrac{1}{x}$ 在 $(0,1)$ 上一致连续.

证明 (1) 设 $x_1, x_2 \geqslant 0, x_2 > x_1$, 则有

$$\sqrt[3]{x_2} = \sqrt[3]{(x_2-x_1)+x_1} \leqslant \sqrt[3]{(x_2-x_1)} + \sqrt[3]{x_1},$$

$$\sqrt[3]{x_2} - \sqrt[3]{x_1} \leqslant \sqrt[3]{x_2-x_1},$$

同理 $x_1 > x_2$ 时, $\sqrt[3]{x_1} - \sqrt[3]{x_2} \leqslant \sqrt[3]{x_1 - x_2}$.

于是, $\forall \varepsilon > 0, \exists \delta = \varepsilon^3, \forall x_1, x_2 \geqslant 0,$ 当 $|x_1 - x_2| < \delta$ 时有

$$|\sqrt[3]{x_2} - \sqrt[3]{x_1}| \leqslant \sqrt[3]{x_2 - x_1} < \varepsilon,$$

即 $f(x) = \sqrt[3]{x}$ 在 $[0, +\infty)$ 上一致连续.

(2) 作函数

$$g(x) = \begin{cases} 0, & x = 0, \\ x\sin\dfrac{1}{x}, & 0 < x < 1, \\ \sin 1, & x = 1. \end{cases}$$

$g(x)$ 在 $(0,1)$ 内连续, 且由 $\lim\limits_{x \to 0^+} g(x) = \lim\limits_{x \to 0^+} x\sin\dfrac{1}{x} = 0 = g(0)$, $\lim\limits_{x \to 1^-} g(x) = \lim\limits_{x \to 1^-} x\sin\dfrac{1}{x} = \sin 1 = g(1)$ 知 $g(x)$ 在 $x = 0$ 右连续, 而在 $x = 1$ 左连续. 故 $g(x)$ 在 $[0, 1]$ 上连续, 从而一致连续. 由此得在 $(0, 1)$ 内 $f(x)(= g(x))$ 也一致连续.

说明 讨论连续函数在开区间上的性质 (有界性、最值性、一致连续性等) 时, 利用函数在区间端点存在极限, 把函数延拓到闭区间上, 再利用闭区间上连续函数的性质, 解决连续函数在开区间上的性质, 这是一个十分有效的方法.

例 4 已知函数 $f(x)$ 在 $(a, +\infty)$ 上一致连续 (a 为有限数), 能否断定存在极限 $\lim\limits_{x \to a^+} f(x)$ 和 $\lim\limits_{x \to +\infty} f(x)$?

分析 (1) 由函数 $f(x)$ 在 $(a, +\infty)$ 上一致连续与柯西收敛准则, 即可推出极限 $\lim\limits_{x \to a^+} f(x)$ 存在.

(2) $\lim\limits_{x \to +\infty} f(x)$ 不一定存在, 举例说明即可.

解 (1) 因为 $f(x)$ 在 $(a, +\infty)$ 上一致连续, 故对任给 $\varepsilon > 0, \exists \delta(\varepsilon) > 0$, 对一切的 $x', x'' \in (a, +\infty)$, 当 $|x' - x''| < \delta$ 时, 就有

$$|f(x') - f(x'')| < \varepsilon.$$

特别地, 这一关系对一切的 $x', x'' \in (a, a+\delta)$ 也成立, 于是, 由柯西收敛准则即知极限 $\lim\limits_{x \to a^+} f(x)$ 存在.

(2) 极限 $\lim\limits_{x\to+\infty} f(x)$ 不一定存在, 例如, $f(x) = \sin x$ 在 $(0, +\infty)$ 上一致连续, 但极限 $\lim\limits_{x\to+\infty} \sin x$ 不存在.

事实上, 取 $x_n = 2n\pi$, $x'_n = 2n\pi + \dfrac{\pi}{2}$, 则

$$\lim_{n\to+\infty} \sin x_n = 0, \quad \lim_{n\to+\infty} \sin x'_n = 1,$$

故极限 $\lim\limits_{n\to+\infty} \sin x$ 不存在.

附: 柯西收敛准则 设函数 $f(x)$ 在某个 $U^\circ(a, \delta')$ 内有定义, 那么极限 $\lim\limits_{n\to a} f(x)$ 存在的充要条件是: 对任给的 $\varepsilon > 0$, 存在某正数 $\delta(< \delta')$, 使当 $0 < |x' - a| < \delta$, $0 < |x'' - a| < \delta$ 时, 都有

$$|f(x') - f(x'')| < \varepsilon.$$

例 5 设 $f(x)$ 在 $[0, 2a]$ 上连续, $f(0) = f(2a)$, 证明: 存在 $\xi \in [0, a]$, 使

$$f(a + \xi) = f(\xi).$$

分析 作辅助函数 $F(x) = f(a+x) - f(x)$, 这样就把问题转化为证明函数 $F(x)$ 在 $[0, a]$ 上有零点. 因此, 利用闭区间上连续函数的介值性定理, 考察 $F(0) \cdot F(a)$ 的符号即可得证.

证明 作辅助函数 $F(x) = f(a+x) - f(x)$, 则 $F(x)$ 在闭区间 $[0, a]$ 上连续, 且

$$F(0) = f(a) - f(0) = f(a) - f(2a),$$
$$F(a) = f(2a) - f(a).$$

若 $f(2a) = f(a)$, 则取 $\xi = a$ 即可得证.

若 $f(2a) \neq f(a)$, 则 $F(0) \cdot F(a) < 0$, 据闭区间上连续函数的介值性定理, 存在 $\xi \in [0, a]$, 使得 $F(\xi) = 0$. 即存在 $\xi \in [0, a]$, 使

$$f(a + \xi) = f(\xi).$$

说明 (1) 构造一个辅助函数, 把所研究的问题转化为辅助函数的零点问题, 这是应用闭区间上连续函数介值性定理的一种常见的方式.

(2) 条件 $f(0) = f(2a)$ 表明: 函数 $f(x)$ 在区间 $(0, 2a)$ 内有极值点, 从而所求的点 ξ 和 $a + \xi$ 必位于该函数某个极值点的两端.

(3) 本题的结论可作如下修改: 若 $k \in (0, a)$, 则一定存在 $\xi \in [0, 2a]$, 使得

$$f(\xi) = f(\xi + k).$$

例 6 试证: 狄利克雷函数

$$D(x) = \begin{cases} 1, & x\text{为有理数}, \\ 0, & x\text{为无理数} \end{cases}$$

在区间 $(-\infty, +\infty)$ 上处处不连续.

分析 函数 $D(x)$ 在区间 $(-\infty, +\infty)$ 上不连续是指对任意的 $x_0 \in (-\infty, +\infty)$, 存在某个 $\varepsilon_0 > 0$, 对任意的 $\delta > 0$, 找到两个 x_1, x_2, 且满足 $0 < |x_1 - x_0| < \delta$, $0 < |x_2 - x_0| < \delta$, 但 $|D(x_1) - D(x_2)| \geqslant \varepsilon_0$.

解 对任意的 $x_0 \in (-\infty, +\infty)$, 取 $\varepsilon_0 = \dfrac{1}{2} > 0$, 对任意的 $\delta > 0$, 总可找到一个有理数 x_1 和一个无理数 x_2, 满足

$$0 < |x_1 - x_0| < \delta, \quad 0 < |x_2 - x_0| < \delta,$$

但

$$|D(x_1) - D(x_2)| = 1 > \varepsilon_0 = \dfrac{1}{2},$$

故由函数极限的柯西准则知, $D(x)$ 在点 x_0 处不连续. 由 x_0 的任意性可知, $D(x)$ 在 $(-\infty, +\infty)$ 上处处不连续.

例 7 试证: 黎曼 (Riemann) 函数

$$R(x) = \begin{cases} \dfrac{1}{q}, & x = \dfrac{p}{q} \left(p, q\text{为正整数}, \dfrac{p}{q}\text{为既约真分数}\right), \\ 0, & x = 0, 1 \text{及} (0,1)\text{内无理数} \end{cases}$$

在 $(0,1)$ 内任何无理点处都连续, 任何有理点处都不连续.

证明 设 $\xi \in (0,1)$ 为无理数. 任给 $\varepsilon > 0$ $\left(\text{不妨设} \varepsilon < \dfrac{1}{2}\right)$, 满足 $\dfrac{1}{q} \geqslant \varepsilon$ 的正整数 q 显然只有有限个 (但至少有一个, 如 $q = 2$), 从而使 $R(x) \geqslant \varepsilon$ 的有理数 $x \in (0,1)$ 只有有限个 $\left(\text{至少有一个, 如} \dfrac{1}{2}\right)$, 设为 $x_1, \cdots, x_n$. 取 $\delta = \min(|x_1 - \xi|, \cdots, |x_n - \xi|, \xi, 1 - \xi)$, 则对任何 $x \in U(\xi, \delta)(\subset (0,1))$, 当 x 为有理数时有 $R(x) < \varepsilon$, 当 x 为无理数时有 $R(x) = 0$. 于是, 对任何 $x \in U(\xi, \delta)$, 总有

$$|R(x) - R(\xi)| = R(x) < \varepsilon.$$

这就证明了 $R(x)$ 在无理点 ξ 处连续.

现设 $\dfrac{p}{q}$ 为 $(0,1)$ 内任一有理数. 取 $\varepsilon = \dfrac{1}{2q}$, 对任何正数 δ(无论多么小), 在

$U\left(\dfrac{p}{q},\delta\right)$ 内总可取到无理数 $x(\in(0,1))$，使得

$$\left|R(x)-R\left(\dfrac{p}{q}\right)\right|=\dfrac{1}{q}>\varepsilon_0,$$

所以 $R(x)$ 在任何有理点处都不连续.

例 8 设 $f(x)=\lim\limits_{n\to\infty}\dfrac{x^{2n-1}+ax^2+bx}{x^{2n}+1}$ 是连续函数，试求 a,b 的值.

分析 本题需先求出函数 $f(x)$ 的分段表示式，然后依据所给函数 $f(x)$ 的连续性，求出 a,b 的值.

解 因为当 $|x|<1$ 时，有

$$\lim_{n\to\infty}\dfrac{x^{2n-1}+ax^2+bx}{x^{2n}+1}=ax^2+bx;$$

当 $|x|>1$ 时，有

$$\lim_{n\to\infty}\dfrac{x^{2n-1}+ax^2+bx}{x^{2n}+1}=\dfrac{1}{x}.$$

又

$$f(1)=\dfrac{1}{2}(a+b+c),\quad f(-1)=\dfrac{1}{2}(a-b-1),$$

由此，得

$$f(x)=\begin{cases}\dfrac{1}{x}, & x<-1,\\[4pt]\dfrac{1}{2}(a-b-1), & x=-1,\\[4pt]ax^2+bx, & -1<x<1,\\[4pt]\dfrac{1}{2}(a+b+1), & x=1,\\[4pt]\dfrac{1}{x}, & x>1.\end{cases}$$

$$\lim_{x\to-1^-}f(x)=\lim_{x\to-1^-}\dfrac{1}{x}=-1,\quad \lim_{x\to-1^+}f(x)=\lim_{x\to-1^+}(ax^2+bx)=a-b,$$

$$f(-1)=\dfrac{1}{2}(a-b-1).$$

因为函数 $f(x)$ 在 $x=-1$ 处连续，所以有

$$-1=a-b=\dfrac{1}{2}(a-b-1),$$

即

$$a-b=-1.$$

同理, 由 $\lim\limits_{x\to 1^-} f(x) = \lim\limits_{x\to 1^-}(ax^2+bx) = a+b$, $\lim\limits_{x\to 1^+} f(x) = \lim\limits_{x\to 1^+}\dfrac{1}{x} = 1$, $f(1) = \dfrac{1}{2}(a+b+1)$ 及函数 $f(x)$ 在 $x=1$ 处连续, 得 $a+b=1$.

最后, 解方程组 $\begin{cases} a-b=-1, \\ a+b=1, \end{cases}$ 得

$$a=0,\quad b=1.$$

例 9 设 $f(x)$ 在 $x=0$ 处连续, 且对于任意的 $x,y\in(-\infty,+\infty)$, 有 $f(x+y) = f(x)+f(y)$, 证明:

(1) $f(x)$ 在 $(-\infty,+\infty)$ 上连续;

(2) $f(x) = f(1)x$.

证明 (1) 因 $\forall x\in(-\infty,+\infty), f(x) = f(x+0) = f(x)+f(0)$, 所以 $f(0)=0$. 由 $f(x)$ 在 $x=0$ 的连续性得

$$\lim_{\Delta x\to 0} f(\Delta x) = f(0) = 0.$$

任取 $x_0 \in (-\infty,+\infty)$, 则有 (令 $x = x_0 + \Delta x$)

$$\lim_{x\to x_0} f(x_0) = \lim_{\Delta x\to 0} f(x_0+\Delta x) = \lim_{\Delta x\to 0}[f(x_0)+f(\Delta x)]$$
$$= \lim_{\Delta x\to 0} f(x_0) + \lim_{\Delta x\to 0} f(\Delta x) = f(x_0),$$

所以 $f(x)$ 在 x_0 处连续. 由 x_0 的任意性, $f(x)$ 在 $(-\infty,+\infty)$ 上连续.

(2) 因 $\forall x,y\in(-\infty,+\infty), f(x+y) = f(x)+f(y)$, 所以对 $\forall x\in(-\infty,+\infty)$, $\forall n\in N$ 有

$$f(nx) = f[(n-1)x+x] = f[(n-1)x]+f(x) = \cdots = nf(x),$$

所以

$$f(x) = f\left(n\cdot\dfrac{x}{n}\right) = nf\left(\dfrac{x}{n}\right),\quad f\left(\dfrac{x}{n}\right) = \dfrac{1}{n}f(x).$$

从而, $\forall x\in(-\infty,+\infty), \forall m,n\in N$, 有

$$f\left(\dfrac{m}{n}x\right) = f\left(m\cdot\dfrac{x}{n}\right) = mf\left(\dfrac{x}{n}\right) = \dfrac{m}{n}f(x).$$

由于 $0 = f(0) = f(x-x) = f(x)+f(-x)$, 所以 $f(-x) = -f(x)$, 于是

$$f\left(\dfrac{-m}{n}x\right) = -f\left(\dfrac{m}{n}x\right) = -\dfrac{m}{n}f(x).$$

由此得: 对于任意有理数 r, 有 $f(rx) = rf(x)$.

对任意 $x \in (-\infty, +\infty)$, 作有理数列 $\{x_n\}$, 使 $\lim_{n \to \infty} x_n = x$, 因为 $f(x)$ 在 x 处连续, 所以

$$f(x) = \lim_{n \to \infty} f(x_n) = \lim_{n \to \infty} (x_n f(1)) = f(1) \lim_{n \to \infty} x_n = f(1)x.$$

所需结论成立.

例 10 证明方程 $\dfrac{a_1}{x - \lambda_1} + \dfrac{a_2}{x - \lambda_2} + \dfrac{a_3}{x - \lambda_3} = 0$(其中 $a_1, a_2, a_3 > 0$, 且 $\lambda_1 < \lambda_2 < \lambda_3$) 在 (λ_1, λ_2) 与 (λ_2, λ_3) 内分别各有一个根存在.

证法 1 首先, 由根的存在定理, 容易得到下面的引理.

引理 设 $f(x)$ 在开区间 (a, b) 内连续, $\lim_{x \to a^+} f(x) = +\infty$, $\lim_{x \to b^-} f(x) = -\infty$, 则 $f(x) = 0$ 在 (a, b) 内至少存在一个实根 (请读者自证).

令 $f(x) = \dfrac{a_1}{x - \lambda_1} + \dfrac{a_2}{x - \lambda_2} + \dfrac{a_3}{x - \lambda_3}$, 则 $f(x)$ 在 $(\lambda_1, \lambda_2), (\lambda_2, \lambda_3)$ 内是连续的, 且

$$\lim_{x \to \lambda_1^+} f(x) = +\infty, \quad \lim_{x \to \lambda_2^-} f(x) = -\infty,$$

$$\lim_{x \to \lambda_2^+} f(x) = +\infty, \quad \lim_{x \to \lambda_3^-} f(x) = -\infty,$$

由引理知, 原方程 $f(x) = 0$ 在 $(\lambda_1, \lambda_2), (\lambda_2, \lambda_3)$ 内分别至少有一个根.

最后, 由于 $f(x)$ 在 $(\lambda_1, \lambda_2), (\lambda_2, \lambda_3)$ 都是严格递减的 (为什么？), 所以方程 $f(x) = 0$ 在 $(\lambda_1, \lambda_2), (\lambda_2, \lambda_3)$ 内分别只有一个根.

证法 2 原方程与方程 $a_1(x - \lambda_2)(x - \lambda_3) + a_2(x - \lambda_1)(x - \lambda_3) + a_3(x - \lambda_1)(x - \lambda_2) = 0$ 为同解方程. 令

$$f(x) = a_1(x - \lambda_2)(x - \lambda_3) + a_2(x - \lambda_1)(x - \lambda_3) + a_3(x - \lambda_1)(x - \lambda_2),$$

则 $f(x)$ 在 $[\lambda_1, \lambda_2], [\lambda_2, \lambda_3]$ 上连续, 且 $f(\lambda_1) \cdot f(\lambda_2) < 0, f(\lambda_2) \cdot f(\lambda_3) < 0$, 由根的存在定理, $f(x)$ 在 $(\lambda_1, \lambda_2), (\lambda_2, \lambda_3)$ 内分别至少有一个根.

又因为 $f(x) = 0$ 是二次方程, 所以最多有两个实根, 因而在 $(\lambda_1, \lambda_2), (\lambda_2, \lambda_3)$ 内分别各有一个根存在.

说明 由本题可以看到: 若函数 $f(x)$ 在区间 I 上连续, 要证明存在 $\xi \in I$, 使得 $f(\xi) = k$(常数), 只要证存在 $x_1, x_2 \in I$ 使 $f(x_1) \leqslant k \leqslant f(x_2)$, 再由介值定理即得结论成立. 由此, 我们得到: 若函数 $f(x)$ 与 $g(x)$ 在 I 上连续, 要证存在 $\xi \in I$, 使 $f(\xi) = g(\xi)$, 只要对函数 $F(x) = f(x) - g(x)$, 证明存在 $x_1, x_2 \in I$ 使 $F(x_1) \leqslant 0 \leqslant F(x_2)$ 即可.

例 11 (1) 设 $f(x)$ 在 $(-\infty, +\infty)$ 内连续, 且 $\lim_{x \to -\infty} f(x) = \lim_{x \to +\infty} f(x) = +\infty$, 证明: $f(x)$ 在 $(-\infty, +\infty)$ 内存在最小值;

(2) 设 $f(x)$ 在 $(-\infty, +\infty)$ 内连续, 且 $\lim\limits_{x \to -\infty} f(x) = \lim\limits_{x \to +\infty} f(x) = a$(有限数). 证明: $f(x)$ 在 $(-\infty, +\infty)$ 内必有最大值或最小值. 试问 $f(x)$ 一定既能达到最大值又达到最小值吗?

分析 (1) 取定一个闭区间, 根据函数 $f(x)$ 在闭区间 $[a,b]$ 上有最小值 (最值定理), 再由点 x_0 的任意性, 证得 $f(x)$ 在 $(-\infty, +\infty)$ 内存在最小值;

(2) 利用极限存在的局部有界性定理和闭区间上连续函数的有界性定理, 可得 $f(x)$ 在 $(-\infty, +\infty)$ 上有界.

证明 (1) 因为 $\lim\limits_{x \to -\infty} f(x) = \lim\limits_{x \to +\infty} f(x) = +\infty$, 所以对于 $G = 1 + |f(0)|$, 存在 $M > 0$, 当 $|x| > M$ 时有

$$|f(x)| > G > |f(0)|.$$

又因 $f(x)$ 在 $(-\infty, +\infty)$ 连续从而在 $[-M, M]$ 上连续, 由闭区间上连续函数的最值定理, 存在某个 $x_0 \in [-M, M]$, 使对 $\forall x \in [-M, M]$ 都有

$$f(x) \geqslant f(x_0),$$

自然也有 $f(0) \geqslant f(x_0)$, 于是对 $\forall x \in (-\infty, +\infty)$ 都有 $f(x) \geqslant f(x_0)$, 即 $f(x)$ 在 x_0 取得最小值 $f(x_0)$.

(2) 利用极限存在的局部有界性定理和闭区间上连续函数的有界性定理, 可得 $f(x)$ 在 $(-\infty, +\infty)$ 上有界 (请读者作出具体的陈述).

若 $f(x) = a, x \in (-\infty, +\infty)$, 则 $f(x)$ 在 $(-\infty, +\infty)$ 内既有最大值也有最小值.

若 $f(x) \neq a, x \in (-\infty, +\infty)$, 那么存在 $x_0 \in (-\infty, +\infty)$, 使 $f(x_0) \neq a$.

如 $f(x_0) > a$, 因为 $\lim\limits_{x \to \infty} f(x) = a$, 从而对于 $\varepsilon_0 = \frac{1}{2}[f(x_0) - a] > 0, \exists M_0 > |x_0|$, 使当 $|x| > M_0$ 时有

$$|f(x) - a| < \varepsilon_0 = \frac{1}{2}[f(x_0) - a],$$

$$f(x) < \frac{1}{2}[f(x_0) - a] + a = \frac{1}{2}[f(x_0) + a] < f(x_0).$$

又在题设之下, $\exists x_0' \in [-M_0, M_0], \forall x \in [-M_0, M_0]$, 有

$$f(x_0) \leqslant f(x_0').$$

注意到 $x_0 \in [-M_0, M_0]$, 从而也有 $f(x_0) \leqslant f(x_0')$. 于是对于 $\forall x \in (-\infty, +\infty)$, 有 $f(x) \leqslant f(x_0')$, 即 $f(x)$ 在 $(-\infty, +\infty)$ 有最大值 $f(x_0')$.

如 $f(x_0) < a$, 同理可证 $f(x)$ 在 $(-\infty, +\infty)$ 上有最小值.

一般地, 在题设条件下, 最大值与最小值不一定同时存在, 如 $f(x) = \dfrac{1}{1+x^2}$ 在 $(-\infty, +\infty)$ 内只有最大值而无最小值.

注 通过例 10、例 11 的讨论, 读者可以看到, 要考虑非闭区间 I 上连续函数 f 是否有界或是否取最大 (小) 值, 或是否有零点, 关键是考虑 f 在 I 的两端点的邻域 (也可能是 $\pm\infty$ 的邻域) 内的性质.

例 12 研究函数 $f(x) = (-1)^{\left[\frac{x-\frac{\pi}{4}+\pi}{\pi}\right]}(\cos x + \sin x) + 2\sqrt{2}\left[\dfrac{x-\frac{\pi}{4}+\pi}{\pi}\right], x \in \mathbf{R}$ 的连续性.

分析 当 $x \in \left[(n-1)\pi + \dfrac{\pi}{4}, n\pi + \dfrac{\pi}{4}\right)$ 时, 函数连续; 而函数 f 在 $n\pi + \dfrac{\pi}{4}$, $n \in \mathbf{Z}$ 的每个点也连续, 于是函数在整个数轴上连续.

证明 当 x 属于半开区间 $\left[(n-1)\pi + \dfrac{\pi}{4}, n\pi + \dfrac{\pi}{4}\right)$ 时, $\left[\dfrac{x-\frac{\pi}{4}+\pi}{\pi}\right] = n$. 在每个这样的半开区间 $\left[(n-1)\pi + \dfrac{\pi}{4}, n\pi + \dfrac{\pi}{4}\right)$ $(n \in \mathbf{Z})$ 上, 函数 f 的简化形式为

$$f(x) = (-1)^n(\cos x + \sin x) + 2\sqrt{2}n, \tag{1}$$

显然连续. 接下来要论证函数在 $n\pi + \dfrac{\pi}{4}, n \in \mathbf{Z}$ 这些点上的连续性. 由 (1) 得到

$$f\left(n\pi + \frac{\pi}{4} - 0\right) = \lim_{x \to n\pi + \frac{\pi}{4} - 0}(-1)^n(\cos x + \sin x) + 2\sqrt{2}n = \sqrt{2}(2n+1),$$

$$f\left((n-1)\pi + \frac{\pi}{4}\right) = (-1)^n\left(\cos(n-1)\pi + \frac{\pi}{4}\right) + \sin\left((n-1)\pi + \frac{\pi}{4}\right) + 2\sqrt{2}n. \tag{2}$$

进一步, 用 $n+1$ 代替 (2) 中的 n, 得到

$$f\left(n\pi + \frac{\pi}{4}\right) = (-1)^{n+1}\left(\cos\left(n\pi + \frac{\pi}{4}\right) + \sin\left(n\pi + \frac{\pi}{4}\right)\right) + 2\sqrt{2}(n+1) = \sqrt{2}(2n+1).$$

于是, 函数 f 在点 $n\pi + \dfrac{\pi}{4}, n \in \mathbf{Z}$ 的值等于它在该点的左极限值. 所以函数 f 在 $n\pi + \dfrac{\pi}{4}, n \in \mathbf{Z}$ 的每个点连续. 基于前面断定的它在每个中间点的连续性, 于是它在整个数轴上连续.

例 13 如果函数 f 在区间 $(x_0, +\infty)$ 上连续并有界. 证明: 对任意的数 T, 可以找到序列 $x_n \to \infty$, 使得

$$\lim_{n \to \infty}(f(x_n + T) - f(x_n)) = 0.$$

分析 研究 $f(x+T) - f(x)$. 有两种情况:
(1) 存在有限数 $x' \geqslant x_0$, 使得对于所有的 $x > x'$, $f(x+T) - f(x)$ 保持同号;
(2) 对于任意的 $E \geqslant x_0$, 存在 $x^* > E$, 使得 $f(x^* + T) - f(x^*) = 0$.

证明 令 $T > 0$ 为任意的数, 研究差 $f(x+T) - f(x)$. 可有两种情况:

(1) 存在有限数 $x' \geqslant x_0$, 使得对于所有的 $x > x'$, $f(x+T) - f(x)$ 保持同号;

(2) 对于任意的 $E \geqslant x_0$, 存在 $x^* > E$ 使得

$$f(x^* + T) - f(x^*) = 0.$$

在第一种情况下序列 $(f(x' + nT))$ 单调, 而它又是有界的. 于是它有有限的极限 $\lim\limits_{n \to \infty} f(x' + nT) = l$, 这样

$$\lim_{n \to \infty} f(x' + (n+1)T) - f(x' + nT) = l - l = 0,$$

其中当 $n \to \infty$ 时, $x_n = x' + nT \to +\infty$.

在第二种情况下存在无穷序列 $\{x_n\}$ 且 $x > x_0$, 当 $n \to \infty$ 时, $x_n \to +\infty$, $f(x_n + T) - f(x_n) = 0$, 即

$$\lim_{n \to \infty} (f(x_n + T) - f(x_n)) = 0.$$

对于 $T < 0$ 的情况, 利用变换 $x + T = t$ 可以进行同样的分析.

例 14 函数 $f : (a,b) \to \mathbf{R}$ 的连续模是指函数 $\delta \to \omega_f(\delta)$, 其中 $\omega_f(\delta) = \sup |f(x) - f(y)|$, 而 x, y 是满足条件 $|x - y| \leqslant \delta$ 的任意两点. 证明在 (a,b) 区间上的函数 $f(x)$ 一致连续的充分必要条件是

$$\lim_{\delta \to +0} \omega_f(\delta) = 0.$$

证明 充分性. 假设 $\lim\limits_{\delta \to +0} \omega_f(\delta) = 0$, 则

$$\forall \varepsilon > 0, \quad \exists \delta_1 > 0 : \forall x, y \in (a,b) \wedge \forall \delta < \delta_1 \Rightarrow \omega_f(\delta) < \varepsilon.$$

因为 $\omega_f(\delta) = \sup\limits_{\substack{x,y \in (a,b) \\ |x-y|<\delta}} |f(x) - f(y)|$, 那么 $|f(x) - f(y)| < \varepsilon, \forall x, y \in (a,b) \wedge |x - y| < \delta$,

也就是函数 f 在 (a,b) 上一致连续.

必要性. 假设 f 在 (a,b) 上一致连续, 则

$$\forall \varepsilon > 0, \quad \exists \delta > 0 : \forall x, y \in (a,b) \wedge |x - y| < \delta \Rightarrow |f(x) - f(y)| < \frac{\varepsilon}{2}.$$

在 x 和 y 满足相同条件时, 我们有

$$\omega_f(\delta) = \sup_{\substack{x,y \in (a,b) \\ |x-y|<\delta}} |f(x) - f(y)| \leqslant \frac{\varepsilon}{2} < \varepsilon,$$

也就是 $\lim\limits_{\delta \to +0} \omega_f(\delta) = 0$.

例 15   在 (a,b) 上连续的函数 $f(x)$ 在区间 (a,b) 为一致连续的充要条件是 $f(a+0)$ 与 $f(b-0)$ 都存在.

证明   充分性. 作函数

$$F(x) = \begin{cases} f(a+0), & x = a, \\ f(x), & a < x < b, \\ f(b-0), & x = b, \end{cases}$$

可以验证, 函数 $F(x)$ 在闭区间 $[a,b]$ 上连续, 从而在闭区间 $[a,b]$ 上一致连续. 当然 $F(x)$ 在开区间 (a,b) 一致连续, 因为在开区间 (a,b), $F(x) = f(x)$, 由此得 $f(x)$ 在 (a,b) 一致连续.

必要性. 明显 $f(x)$ 在区间 (a,b) 上连续, 下证 $f(a+0)$ 存在.

由 $f(x)$ 在区间 (a,b) 上一致连续, $\forall \varepsilon > 0, \exists \delta > 0, \forall x_1, x_2 \in (a,b)$, 当 $|x_1 - x_2| < \delta$ 有 $|f(x_1) - f(x_2)| < \varepsilon$. 特别当 $\forall x_1, x_2 \in (a, a+\delta)$, 就有 $|x_1 - x_2| < \delta$, 于是有

$$|f(x_1) - f(x_2)| < \varepsilon.$$

由右极限存在的柯西准则知 $f(a+0)$ 存在.

类似可得 $f(b-0)$ 存在. 结论成立.

注   ① 此例表明, 在有限开区间上的连续函数是否一致连续取决于函数在区间端点的状况. 应用本例的结论可以判定函数 $f(x) = \dfrac{1}{x}\sin x$ 在区间 $(0,1)$ 上一致连续, 函数 $g(x) = \sin\dfrac{1}{x}$ 在区间 $(0,1)$ 上不一致连续; ② 由此例还可以看出: 若函数 $f(x)$ 在 (a,b) 上一致连续, 则 $f(x)$ 在 (a,b) 内有界, 但在有限开区间上的有界连续函数未必是一致连续的, 例如 $g(x) = \sin\dfrac{1}{x}$ 在区间 $(0,1)$ 上; ③ 当有限区间改为无限区间时, 命题的充分性仍成立, 而必要性就不再成立, 例如 $f(x) = x$ 在区间 $[a, +\infty)$ 上一致连续, 但极限 $\lim\limits_{x \to +\infty} f(x)$ 并不存在.

例 16   若函数 $f(x)$ 是区间 $[a, +\infty)$ 上的连续函数, 且 $\lim\limits_{x \to +\infty} f(x) = A$, 则 $f(x)$ 在 $[a, +\infty)$ 上一致连续.

分析   把区间分成闭区间 $[a, M+1]$ 和开区间 $(M, +\infty)$, 结合使用闭区间连续函数的性质及函数一致连续的定义.

证明   由极限 $\lim\limits_{x \to +\infty} f(x)$ 存在, 得 $\forall \varepsilon > 0, \exists M > a, \forall x_1, x_2 > M$, 有

$$|f(x_1) - f(x_2)| < \varepsilon.$$

因为 $f(x)$ 在 $[a, M+1]$ 连续, 所以对上述 $\varepsilon > 0, \exists \delta > 0 (<1), \forall x_1, x_2 \in [a, M+1]$, 只要 $|x_1 - x_2| < \delta$, 就有 $|f(x_1) - f(x_2)| < \varepsilon$. 于是 $\forall x_1, x_2 \in [a, +\infty), |x_1 - x_2| < \delta$.

第一种可能 $x_1, x_2 \in [a, M+1]$，第二种可能 $x_1, x_2 \in (M, +\infty)$，两种可能都有

$$|f(x_1) - f(x_2)| < \varepsilon.$$

由函数一致连续的定义得函数 $f(x)$ 在区间 $[a, +\infty)$ 上一致连续.

附: 函数的一致连续性 设 $f(x)$ 在区间 I 上有定义，$\forall \varepsilon > 0, \exists \delta > 0, \forall x_1, x_2 \in I$，有 $|f(x_1) - f(x_2)| < \varepsilon$，则称函数 $f(x)$ 在区间 I 上一致连续.

利用本题可以证命题函数 $f(x) = \dfrac{x+2}{x+1} \sin \dfrac{1}{x}$ 在 $[a, +\infty)$ 一致连续 $(a > 0)$.

例 17 若对于 $f(x)$ 的定义域 (a, b) 中的任意收敛数列 $\{x_n\}$，$\lim\limits_{n\to\infty} f(x_n)$ 存在，则 $f(x)$ 在 (a, b) 上一致连续.

证明 先证函数 $f(x)$ 在 (a, b) 上连续.

$\forall x_0 \in (a, b)$，作数列 $\{x_n\} \in U^\circ(x_0)$，有 $x_n \to x_0 (n \to \infty)$. 再作数列 $\{y_n\}$，使得

$$y_{2n} = x_0, \quad y_{2n-1} = x_n \quad (n = 1, 2, 3 \cdots),$$

则有 $\lim\limits_{n\to\infty} y_n = y_0$，由已知条件，极限 $\lim\limits_{n\to\infty} f(y_n)$ 存在. 由此得

$$f(x_0) = \lim_{n\to\infty} f(y_{2n}) = \lim_{n\to\infty} f(y_{2n-1}) = \lim_{n\to\infty} f(x_n),$$

由 $x_0 \in (a, b)$ 的任意性得函数 $f(x)$ 在 (a, b) 上连续.

用类似的方法可证 $f(a+0)$ 与 $f(b-0)$ 存在. 由此得函数 $f(x)$ 在 (a, b) 上一致连续.

例 18 设函数 $f(x), g(x)$ 在 $[a, b]$ 上连续，且 $g(x) > 0$，利用闭区间上连续函数性质，证明存在一点 $\xi \in [a, b]$，使

$$\int_a^b f(x)g(x)\mathrm{d}x = f(\xi)\int_a^b g(x)\mathrm{d}x.$$

证明 因为 $f(x)$ 在 $[a, b]$ 上有最大值 M 和最小值 m，即 $m \leqslant f(x) \leqslant M$，故 $mg(x) \leqslant f(x)g(x) \leqslant Mg(x)$.

$$\int_a^b mg(x)\mathrm{d}x \leqslant \int_a^b f(x)g(x)\mathrm{d}x \leqslant \int_a^b Mg(x)\mathrm{d}x,$$

$$m \leqslant \dfrac{\int_a^b f(x)g(x)\mathrm{d}x}{\int_a^b g(x)\mathrm{d}x} \leqslant M,$$

由介值定理知, 存在 $\xi \in [a,b]$, 使

$$f(\xi) = \frac{\int_a^b f(x)g(x)\mathrm{d}x}{\int_a^b g(x)\mathrm{d}x},$$

即 $\int_a^b f(x)g(x)\mathrm{d}x = f(\xi)\int_a^b g(x)\mathrm{d}x.$

说明 闭区间上连续函数的性质:

(1) 最大值和最小值定理. 设 $f(x)$ 在 $[a,b]$ 上连续, 则在 $[a,b]$ 上必存在 x_1, x_2, 使得 $f(x_1) = \max\limits_{x \in [a,b]} f(x)$, $f(x_2) = \min\limits_{x \in [a,b]} f(x)$.

(2) 有界性定理. 设 $f(x)$ 在 $[a,b]$ 上连续, 则 $f(x)$ 在 $[a,b]$ 有界, 即存在常数 $M > 0$, 使得 $|f(x)| \leqslant M$.

(3) 介值定理. 设 $f(x)$ 在 $[a,b]$ 上连续, $f(a) \neq f(b)$, 则对 $f(a)$ 与 $f(b)$ 之间的任何数 η, 必存在 $c \in (a,b)$, 使得 $f(c) = \eta$.

(4) 零点存在性定理. 设 $f(x)$ 在 $[a,b]$ 上连续, 又 $f(a)$ 与 $f(b)$ 异号, 则存在 $c \in (a,b)$, 使得 $f(c) = 0$ (c 称为 $f(x)$ 的零点).

练 习 题 2

1. 多项选择题.

(1) 函数 $f(x)$ 在 $x = 0$ 处连续的有 (　　).

(A) $f(x) = |x|$;　　　　　　(B) $f(x) = \begin{cases} \dfrac{|x|}{x}, & x \neq 0, \\ 0, & x = 0; \end{cases}$

(C) $f(x) = \begin{cases} \dfrac{\sin x}{x}, & x \neq 0, \\ 0, & x = 0; \end{cases}$　　(D) $f(x) = \begin{cases} x\sin\dfrac{1}{x}, & x \neq 0, \\ 0, & x = 0. \end{cases}$

(2) 设在 $x = x_0$ 处 $f(x)$ 连续, 而 $g(x)$ 不连续, 以下哪些函数肯定在 x_0 处不连续 (　　).
(A) $f(x) + g(x)$;　　(B) $f(x)g(x)$;　　(C) $g^2(x)$;　　(D) $\sqrt{g(x)}$.

(3) 由以下哪些情况可以断定 $f(x)$ 在 x_0 处不能连续 (　　).

(A) $f(x)$ 在 x_0 处无意义;

(B) $f(x_0 + 0)$ 与 $f(x_0 - 0)$ 至少有一个不存在;

(C) $f(x_0 + 0) \neq f(x_0 - 0)$;

(D) $f(x_0 + 0) = f(x_0 - 0) \neq f(x_0)$.

(4) 在闭区间上连续的函数, 必可取到该区间上的下述哪两个函数值之间的任一值?(　　).

(A) 最大值与最小值;　　　　　　(B) 区间的左右端点的函数值;

练习题 2

(C) 区间上任意两个函数值.

(5) 若 $f(x)$ 在 $[a,b]$ 上连续, 指出 $f(x)$ 在 $[a,b]$ 上有零点的充要条件 (　　).

(A) $f(a)f(b) < 0$; 　　　　　　　　(B) $f(a)f(b) \leqslant 0$;
(C) $f(a)f(b) > 0$; 　　　　　　　　(D) $f(a)f(c) \leqslant 0 (c \in (a,b))$.

(6) 设 $f(x)$ 在 $[a,b]$ 上连续, $f(a) < a$, $f(b) > b$, 则 $\exists \xi \in (a,b)$ 使 $f(\xi)$ 为 (　　).

(A) a;　　(B) b;　　(C) ξ;　　(D) 0.

2. 研究函数

$$f(x) = \begin{cases} \dfrac{\sin |x|}{x}, & x \neq 0, \\ 1, & x = 0 \end{cases}$$

的连续性及间断点的类型, 并画出 $y = f(x)$ 的简图.

3. 指出函数的间断点, 并说明其所属的类型.

(1) $f(x) = \begin{cases} \sin \dfrac{1}{x}, & x \neq 0, \\ 0, & x = 0; \end{cases}$ 　　(2) $f(x) = \begin{cases} \left[\dfrac{1}{x}\right], & x \neq 0, \\ 0, & x = 0. \end{cases}$

4. 证明函数

$$f(x) = \begin{cases} \sin x, & x \text{为无理数}, \\ 0, & x \text{为有理数} \end{cases}$$

在 $[-1,1]$ 内仅在 $x = 0$ 处连续.

5. 证明方程 $x^3 - 3x = 1$ 在区间 $(1,2)$ 内至少有一个根.

6. 设 $f(x)$ 在 $(a,b]$ 上连续, $f(b) > 0$, $\lim\limits_{x \to a^+} f(x) = A < 0$, 证明在 (a,b) 内至少存在一点 ξ, 使得 $f(\xi) = 0$.

7. 设 α 为满足 $0 < \alpha \leqslant 1$ 的正常数, 证明 $f(x) = x^\alpha$ 在 $[0, +\infty)$ 上一致连续.

8. 讨论函数

$$f(x) = \begin{cases} \dfrac{\sin x}{|x|}, & x \neq 0, \\ 0, & x = 0 \end{cases}$$

分别在 $\left(-\dfrac{\pi}{2}, 0\right)$, $\left(0, \dfrac{\pi}{2}\right)$, $\left(-\dfrac{\pi}{2}, \dfrac{\pi}{2}\right)$ 内的一致连续性.

9. 证明: 若函数 $f(x)$ 在 $[a,b)$ 上连续, 且 $\lim\limits_{x \to b^-} f(x) = +\infty$, 则 $f(x)$ 在 $[a,b)$ 能取到最小值.

10. 设函数 $f(x)$ 为 $[0,1]$ 上的非负连续函数, 而且 $f(0) = f(1) = 0$, 证明: 对于任意的 $L \in (0,1)$, 都 $\exists x_0 \in [0,1)$, 使 $f(x_0) = f(x_0 + L)$.

第 3 讲　一元函数微分学

3.1　知 识 结 构

$$
\text{一元函数微分学}\begin{cases}
\text{导数}\begin{cases}
\text{定义及其几何意义、切线和法线方程} \\
\text{求导法则}\begin{cases}
\text{四则运算法则} \\
\text{反函数求导} \\
\text{隐函数求导} \\
\text{复合函数求导 (链式法则)} \\
\text{参数方程求导}
\end{cases} \\
\text{性质}\begin{cases}
\text{微分中值定理(罗尔(Rolle)定理,} \\
\quad\text{拉格朗日定理,柯西中值定理)} \\
\text{单调性} \\
\text{极值} \\
\text{曲线的凹凸性与拐点} \\
\text{渐近线} \\
\text{曲率}
\end{cases} \\
\text{高阶导数 (莱布尼茨 (Leibniz)公式)} \\
\text{泰勒展开}
\end{cases} \\
\text{微分}\begin{cases}
\text{定义及其几何意义} \\
\text{一阶微分形式的不变性}: \mathrm{d}f(u) = f'(u)\mathrm{d}u \\
\text{弧微分} : \mathrm{d}s = \sqrt{\mathrm{d}x^2 + \mathrm{d}y^2}
\end{cases}
\end{cases}
$$

3.2　内 容 精 析

1. 导数的概念与求导法则.

设函数 $f(x), x \in U(x_0, \delta)$, 称极限 $\lim\limits_{\Delta x \to 0} \dfrac{f(x_0 + \Delta x) - f(x_0)}{\Delta x}$ 为函数 $f(x)$ 在点 x_0 的导数, 记为 $f'(x_0)$. 若函数 $f(x)$ 在区间 I 的每一点都可导, 称函数 $f(x)$ 在区间 I 可导. 称极限

$$f'_+(x_0) = \lim_{\Delta x \to 0^+} \frac{f(x_0 + \Delta x) - f(x_0)}{\Delta x}$$

和
$$f'_-(x_0) = \lim_{\Delta x \to 0^-} \frac{f(x_0 + \Delta x) - f(x_0)}{\Delta x}$$

分别为函数 $f(x)$ 在点 x_0 的右导数和左导数.

函数可导的充要条件: 设函数 $f(x), x \in U(x_0, \delta)$, 则 $f'(x_0)$ 存在的充要条件是 $f'_+(x_0)$ 和 $f'_-(x_0)$ 都存在且相等.

函数可导与连续的关系: 若函数 $f(x)$ 在 x_0 可导, 则函数 $f(x)$ 在 x_0 连续, 反之不一定成立.

函数的求导法要熟练掌握求导公式和四则运算法则, 要特别熟练掌握复合函数的求导法则. 复合函数的求导法则是对数求导法、参数求导法和隐函数求导法的基础. 我们列出复合函数的求导法则:

设函数 $u = g(x)$ 在点 x_0 可导, 函数 $y = f(u)$ 在点 $u_0 = g(x_0)$ 可导, 则复合函数 $(f \circ g)(x)$ 在 x_0 可导, 且

$$(f \circ g)'(x) = f'(u_0)g'(x_0) = f'(g(x_0))g'(x_0).$$

高阶导数的概念: 若函数 $f(x)$ 的导数 $f'(x)$ 在点 x_0 可导, 则称 $f'(x)$ 在点 x_0 的导数为函数 $f(x)$ 的二阶导数. 类似可以定义在点 x_0 的 n 阶导数. 二阶以及二阶以上的导数统称为高阶导数.

2. 微分的概念.

设函数 $y = f(x), x \in U(x_0, \delta), x + \Delta x \in U(x_0, \delta)$, 若

$$\Delta y = f(x_0 + \Delta x) - f(x_0) = A\Delta x + o(\Delta x),$$

则称函数 $f(x)$ 可微, 称 $A\Delta x$ 为函数 $f(x)$ 在 x_0 的微分.

函数可微的充要条件: 函数 $f(x)$ 在 x_0 可微的充要条件是 $f(x)$ 在 x_0 可导, 且有 $dy = f'(x_0)\Delta x = f'(x_0)dx$.

运用复合函数微分 $d[(f \circ g)(x)] = f'(u)g'(x)dx = f'(g(x))g'(x)dx$, 可以得到: 不论 u 是自变量还是可微函数的因变量都有 $df(u) = f'(u)du$. 这一性质称为函数的一阶微分形式不变性. 二阶和二阶以上的微分不再有一阶微分形式不变性.

3. 费马定理.

设函数 f 在点 a 的邻域有定义, 且在点 a 可导. 若点 a 是函数 f 的极值点, 则必有 $f'(a) = 0$.

使 $f'(x) = 0$ 成立的点 x 称为函数 f 的稳定点. 若点 a 是函数 f 的极值点, 则点 a 必是函数 f 的稳定点或不可导点, 但稳定点未必是函数 f 的极值点.

4. 一元函数的中值定理.

(1) 罗尔中值定理. 函数 f 在闭区间 $[a,b]$ 连续, 在开区间 (a,b) 可导, 且有 $f(a) = f(b)$, 则在区间 (a,b) 内至少存在一点 ξ, 使得 $f'(\xi) = 0$.

(2) 拉格朗日中值定理. 函数 f 在闭区间 $[a,b]$ 连续, 在开区间 (a,b) 可导, 则在区间 (a,b) 内至少存在一点 ξ, 使得 $f(a) - f(b) = f'(\xi)(b-a)$.

拉格朗日中值公式有下列几种形式, 可根据情况选择使用:

$$f(a) - f(b) = f'(a + \theta(b-a))(b-a), \quad 0 < \theta < 1,$$
$$f(a+h) - f(a) = f'(a + \theta h)h, \quad 0 < \theta < 1.$$

推论 (a) 若函数 f 是区间 I 上的可微函数, 且在区间 I 上导数恒等于零, 则函数 f 在区间 I 上是常数函数.

(b) 若函数 f 与 g 是区间 I 上的可微函数, 且有

$$f'(x) \equiv g'(x), \quad x \in I,$$

则在区间 I 上有 $f(x) = g(x) + c$, 其中 c 是常数.

(3) 柯西中值定理. 若函数 f 与 g 在区间 $[a,b]$ 连续, 在开区间 (a,b) 可导, 且有 f' 与 g' 在开区间 (a,b) 内不同时为零, $g(a) \neq g(b)$, 则在开区间 (a,b) 内至少存在一点 ξ, 使得

$$\frac{f'(\xi)}{g'(\xi)} = \frac{f(b) - f(a)}{g(b) - g(a)}.$$

更一般的中值定理是: 若函数 f, g, h 在闭区间 $[a,b]$ 连续, 在开区间 (a,b) 可导, 定义函数

$$F(x) = \begin{vmatrix} f(a) & g(a) & h(a) \\ f(b) & g(b) & h(b) \\ f(x) & g(x) & h(x) \end{vmatrix},$$

则在区间 (a,b) 内至少存在一点 ξ, 使得

$$F'(\xi) = \begin{vmatrix} f(a) & g(a) & h(a) \\ f(b) & g(b) & h(b) \\ f'(\xi) & g'(\xi) & h'(\xi) \end{vmatrix} = 0.$$

对函数 $F(x)$ 运用罗尔中值定理, 可知结论成立.

在上式中令 $g(x) = x, h(x) = 1$, 可得拉格朗日中值定理. 若令 $h(x) = 1$, 可得柯西中值定理的另一形式: $f'(\xi)(g(b) - g(a)) = g'(\xi)(f(b) - f(a))$. 事实上, 柯西中值定理中的后两个条件只是为了保证公式中的比式有意义.

5. 一元函数的泰勒定理.

函数 f 在区间 $[a,b]$ 存在直到 n 阶连续导数, 在开区间 (a,b) 内存在 $n+1$ 阶导数, 则对任何 $x \in (a,b)$, 至少存在一点 $\xi \in (a,b)$, 使得

$$f(x) = f(a) + f'(a)(x-a) + \frac{f''(a)}{2!}(x-a)^2 + \cdots$$
$$+ \frac{f^{(n)}(a)}{n!}(x-a)^n + \frac{f^{(n+1)}(\xi)}{(n+1)!}(x-a)^{n+1}.$$

带佩亚诺型余项的泰勒公式. 若函数 f 在点 a 的邻域 $U(a)$ 内有 $n-1$ 阶导数, 且 $f^{(n)}(a)$ 存在, 则对任何 $x \in U(a)$ 有

$$f(x) = f(a) + f'(a)(x-a) + \frac{f''(a)}{2!}(x-a)^2 + \cdots$$
$$+ \frac{f^{(n)}(a)}{n!}(x-a)^n + o((x-a)^n).$$

读者应该记住下列初等函数的泰勒公式:

$$e^x, \sin x, \cos x, \tan x, \ln(1+x), (1+x)^x.$$

3.3 解 (证) 题方法分析

例 1 讨论函数 $y = x|x(x-2)|$ 的可导性.

分析 讨论函数 $f(x)$ 在 $x=0$ 及 $x=2$ 处的可导性, 先去掉绝对值, 把所给函数表示成如下的分段函数:

$$f(x) = \begin{cases} x[x(x-2)], & x \leqslant 0, \\ -x[x(x-2)], & 0 < x \leqslant 2, \\ x[x(x-2)], & x > 2. \end{cases}$$

分别考察在点 $x=0$ 处和 $x=2$ 处 $f(x)$ 的左右导数是否相等.

解 首先, 把所给函数改成

$$f(x) = \begin{cases} x[x(x-2)], & x \leqslant 0, \\ -x[x(x-2)], & 0 < x \leqslant 2, \\ x[x(x-2)], & x > 2. \end{cases}$$

由此即知, 讨论函数 $f(x)$ 的可导性, 只要讨论函数 $f(x)$ 在 $x=0$ 及 $x=2$ 处的可导性.

因为
$$f'(0-0) = \lim_{x \to 0^-} \frac{f(x)-f(0)}{x-0} = \lim_{x \to 0^-} x(x-2) = 0,$$

$$f'(0+0) = \lim_{x \to 0^+} \frac{f(x)-f(0)}{x-0} = \lim_{x \to 0^+} [-x(x-2)] = 0,$$

所以 $f'(0)$ 存在, 且 $f'(0) = 0$.

因为
$$f'(2-0) = \lim_{x \to 2^-} \frac{f(x)-f(2)}{x-2} = \lim_{x \to 2^-} (-x^2) = -4,$$

$$f'(2+0) = \lim_{x \to 2^+} \frac{f(x)-f(2)}{x-2} = \lim_{x \to 2^+} x^2 = 4,$$

所以 $f(x)$ 在 $x = 2$ 处不可导.

例 2 设 $F(x) = \begin{cases} \dfrac{\int_0^x tf(t)\mathrm{d}t}{x^2}, & x \neq 0, \\ c & x = 0, \end{cases}$ 其中 $f(x)$ 具有连续导数, 且 $f(0) = 0$.

(1) 试确定 c 使 $F(x)$ 连续.

(2) 在 (1) 的结果下, 问: $F'(x)$ 是否连续?

分析 (1) 根据连续性定义, 取 $c = \lim\limits_{x \to 0} F(x)$, 即可使 $F(x)$ 在 $x = 0$ 处连续, 从而 $F(x)$ 处处连续.

(2) 先求出 $F'(0)$ 及 $x \neq 0$ 时的 $F'(x)$, 然后由 $\lim\limits_{x \to 0} F'(x)$ 与 $F'(0)$ 是否相等, 即可判定 $F'(x)$ 在 $x = 0$ 处是否连续.

解 (1) 因为
$$\lim_{x \to 0} F(x) = \lim_{x \to 0} \frac{\int_0^x tf(t)\mathrm{d}t}{x^2} = \lim_{x \to 0} \frac{xf(x)}{2x} = \frac{1}{2} \lim_{x \to 0} f(x) = \frac{1}{2}f(0) = 0,$$

所以取 $c = \lim\limits_{x \to 0} F(x) = 0$, $F(x)$ 便在点 $x = 0$ 处连续, 从而 $F(x)$ 处处连续.

(2) $F'(0) = \lim\limits_{x \to 0} \dfrac{F(x)-F(0)}{x-0} = \lim\limits_{x \to 0} \dfrac{\dfrac{\int_0^x tf(t)\mathrm{d}t}{x^2} - 0}{x} = \lim\limits_{x \to 0} \dfrac{\int_0^x tf(t)\mathrm{d}t}{x^3} = \lim\limits_{x \to 0} \dfrac{f(x)}{3x} = \dfrac{1}{3}f'(0).$

又 $x \neq 0$ 时, $F'(x) = \dfrac{f(x)}{x} - \dfrac{2\int_0^x tf(x)\mathrm{d}t}{x^3}$, 由此, 得

$$F'(x) = \begin{cases} \dfrac{f(x)}{x} - \dfrac{2\int_0^x tf(x)\mathrm{d}t}{x^3}, & x \neq 0, \\ \dfrac{1}{3}f'(0), & x = 0. \end{cases}$$

因为

$$\lim_{x \to 0} F'(x) = \lim_{x \to 0} \dfrac{x^2 f(x) - 2\int_0^x tf(t)\mathrm{d}t}{x^3}$$
$$= \lim_{x \to 0} \dfrac{2xf(x) + x^2 f'(x) - 2xf(x)}{3x^2} = \dfrac{1}{3}f'(0)$$
$$= F'(0),$$

所以 $F'(x)$ 在点 $x = 0$ 处连续, 从而处处连续.

例 3 设 $y = x|x|$, 求 $\dfrac{\mathrm{d}^2 y}{\mathrm{d}x^2}$.

分析 先去掉绝对值, 把所给函数表示成如下的分段函数:

$$y = \begin{cases} -x^2, & x < 0, \\ x^2, & x \geqslant 0, \end{cases}$$

然后求出 $\dfrac{\mathrm{d}y}{\mathrm{d}x}$, 再考察在点 $x = 0$ 处 $\dfrac{\mathrm{d}^2 y}{\mathrm{d}x^2}$ 是否存在, 由此即可求出 $\dfrac{\mathrm{d}^2 y}{\mathrm{d}x^2}$.

解 把 $y = x|x|$ 写成分段函数

$$y = \begin{cases} -x^2, & x < 0, \\ x^2, & x \geqslant 0, \end{cases}$$

于是有

$$y' = \dfrac{\mathrm{d}y}{\mathrm{d}x} = \begin{cases} -2x, & x < 0, \\ 2x, & x \geqslant 0, \end{cases}$$

又因为

$$\lim_{x \to 0^-} \dfrac{y' - y'|_{x=0}}{x - 0} = \lim_{x \to 0^-} \dfrac{-2x}{x} = -2,$$
$$\lim_{x \to 0^+} \dfrac{y' - y'|_{x=0}}{x - 0} = \lim_{x \to 0^+} \dfrac{2x}{x} = 2,$$

所以, 在点 $x=0$ 处 $\dfrac{\mathrm{d}^2 y}{\mathrm{d}x^2}$ 不存在, 从而有

$$\frac{\mathrm{d}^2 y}{\mathrm{d}x^2} = \begin{cases} -2, & x < 0, \\ 2, & x > 0. \end{cases}$$

例 4 设 $f(x)$ 于 $(-\infty, +\infty)$ 上二次可微, $f''(0)$ 为非零常数, 且对任意的 x 及 h 均有 $f(x+h) - f(x) = h f'\left(x + \dfrac{1}{2}h\right)$. 证明: $f(x)$ 必为二次函数.

分析 先在已知等式

$$f(x+h) - f(x) = h f'\left(x + \frac{1}{2}h\right)$$

中令 $x = 0$, 得

$$f(h) = h f'\left(\frac{1}{2}h\right) + f(0).$$

为了求得 $f'\left(\dfrac{1}{2}h\right)$, 对已知等式 $f(x+h) - f(x) = h f'\left(x + \dfrac{1}{2}h\right)$ 两端关于 h 求导, 然后令 $x = -\dfrac{1}{2}h$, 即可求得 $f'\left(\dfrac{1}{2}h\right)$, 代入上式即可证明 $f(x)$ 为二次函数.

证明 在已知等式 $f(x+h) - f(x) = h f'\left(x + \dfrac{1}{2}h\right)$ 中令 $x = 0$, 得

$$f(h) = h f'\left(\frac{1}{2}h\right) + f(0).$$

又由已知等式 $f(x+h) - f(x) = h f'\left(x + \dfrac{1}{2}h\right)$ 两端对 h 求导, 得

$$f'(x+h) = f'\left(x + \frac{1}{2}h\right) + \frac{1}{2}h f''\left(x + \frac{1}{2}h\right).$$

令 $x = -\dfrac{1}{2}h$, 得

$$f'\left(\frac{h}{2}\right) = \frac{1}{2}h f''(0) + f'(0),$$

由此, 得

$$f(h) = h\left(\frac{1}{2}h f''(0) + f'(0)\right) + f(0) = \frac{1}{2}f''(0)h^2 + f'(0)h + f(0).$$

于是由 h 的任意性及 $f''(0)$ 为非零常数即知, $f(x)$ 为二次函数.

例 5 设 $f_p(x) = p^2 x^2 (1-x)^p$, $p > 0$ 在区间 $[0,1]$ 上的最大值为 $g(p)$. 证明: $\lim\limits_{p \to +\infty} g(p) = 4\mathrm{e}^{-2}$.

分析 先求出 $f_p(x)$ 在 $(0,1)$ 内的极大值, 然后说明此极大值即为 $f_p(x)$ 在 $[0,1]$ 上的最大值 $g(p)$, 最后求极限 $\lim\limits_{p \to +\infty} g(p)$, 即可得证.

证明 (1) 先求 $g(p)$.

易知, $f_p(x)$ 在 $(0,1)$ 内可微, 且

$$f_p'(x) = 2p^2 x(1-x)^p - p^2 x^2 p(1-x)^{p-1}$$
$$= p^2 x(1-x)^{p-1}[2-(2+p)x], \quad x \in (0,1).$$

显然, $f_p(x)$ 在 $(0,1)$ 内有唯一驻点

$$x = \frac{2}{2+p} \quad (p > 0).$$

又当 $0 < x < \dfrac{2}{2+p}$ 时, $f_p'(x) > 0$, 当 $\dfrac{2}{2+p} < x < 1$ 时, $f_p'(x) < 0$, 故当 $f_p(x)$ 在 $x = \dfrac{2}{2+p}$ 处取得极大值

$$f_p(x)\Big|_{x=\frac{2}{2+p}} = f\left(\frac{2}{2+p}\right) = \frac{4p^2}{(2+p)^2}\left(\frac{p}{2+p}\right)^p > 0.$$

而 $f(0) = f(1) = 0$, 则此极大值即为 $f_p(x)$ 在 $[0,1]$ 上的最大值, 即

$$g(p) = \frac{4p^2}{(2+p)^2}\left(\frac{p}{2+p}\right)^p.$$

(2) 因为 $\lim\limits_{p \to +\infty} \dfrac{4p^2}{(2+p)^2} = 4$,

$$\lim_{p \to +\infty} \left(\frac{p}{2+p}\right)^p = \lim_{p \to +\infty}\left[\frac{1}{\left(1+\frac{2}{p}\right)^{\frac{p}{2}}}\right]^2 = \left(\frac{1}{\mathrm{e}}\right)^2 = \mathrm{e}^{-2},$$

故 $\lim\limits_{p \to +\infty} g(p) = \lim\limits_{p \to +\infty} \dfrac{4p^2}{(2+p)^2}\left(\dfrac{p}{2+p}\right)^p = 4\mathrm{e}^{-2}$.

例 6 设 $f(x) = \begin{cases} |x|, & x \neq 0, \\ 1, & x = 0. \end{cases}$ 证明: 不存在一个函数以 $f(x)$ 为其导函数.

分析 本题用反证法. 倘若存在一个函数 $F(x)$, 以 $f(x)$ 为其导函数, 即 $F'(x) = f(x)$, 由此导出矛盾, 即得证.

证明 用反证法. 倘若存在这样的函数 $F(x)$, 即 $F'(x) = f(x)$, 那么, 一方面,

$$F'(0) = \lim_{x \to 0} \frac{F(x) - F(0)}{x - 0} = f(0) = 1;$$

另一方面, 因为 $F(x)$ 可导, 故由中值公式得

$$\frac{F(x) - F(0)}{x} = F'(\xi) = f(\xi) \quad (0 < |\xi| < x).$$

于是,

$$\lim_{x \to 0} \frac{F(x) - F(0)}{x} = \lim_{x \to 0} f(\xi) = \lim_{x \to 0} |\xi|.$$

因为当 $x \to 0$ 时, $\xi \to 0$, 故 $|\xi| \to 0$. 从而得

$$F'(0) = \lim_{x \to 0} \frac{F(x) - F(0)}{x} = \lim_{x \to 0} |\xi| = 0,$$

引出矛盾, 故不存在一个函数以 $f(x)$ 为导函数.

例 7 设 $f'(x)$ 在 $[a,b]$ 上处处存在, $f'(a) < c < f'(b)$. 求证: 存在 $\xi \in (a,b)$, 使 $f'(\xi) = c$.

分析 (1) 考虑函数 $F(x) = f(x) - cx$, 从而有 $F'(x) = f'(x) - c$. 这样, 只要证明存在 $\xi \in (a,b)$, 使 $F'(\xi) = 0$, 从而有 $f'(\xi) = c$.

(2) 易知, $F'(x)$ 在 $[a,b]$ 上处处存在, 从而 $F(x)$ 在闭区间 $[a,b]$ 上连续, 于是 $F(x)$ 在闭区间上可取得最小值与最大值.

对此, 若能证明 $F(x)$ 的最小值不可能出现在区间 $[a,b]$ 的端点 $x = a$ 或 $x = b$, 则此最小值 (也是极小值) 在区间 (a,b) 内取得, 因此必存在 $\xi \in (a,b)$, 使 $F'(\xi) = 0$, 即得 $f'(\xi) = c$.

证明 令 $F(x) = f(x) - cx, x \in [a,b]$, 则

$$F'(x) = f'(x) - c.$$

因为 $f'(x)$ 在 $[a,b]$ 上处处存在, 所以 $F'(x)$ 在 $[a,b]$ 上也处处存在, 从而 $F(x)$ 在闭区间 $[a,b]$ 上连续, 并可取到最小值与最大值.

又 $F'(a) = f'(a) - c < 0$, 注意到

$$F'(a) = \lim_{\Delta x \to 0^+} \frac{F(a + \Delta x) - F(a)}{\Delta x} < 0,$$

于是 $F(a + \Delta x) - F(a) < 0$, 即 $F(a) > F(a + \Delta x)(\Delta x > 0)$, 因此存在 $x_1 \in [a,b]$, 使得 $F(a) > F(x_1)$.

同理, 因为 $F'(b) = f'(b) - c > 0$, 于是, 由

$$F'(x) = \lim_{\Delta x \to 0^-} \frac{F(b + \Delta x) - F(b)}{\Delta x} > 0$$

可导出 $F(b+\Delta x) - F(b) < 0$, 即 $F(b) > F(b+\Delta x)(\Delta x < 0)$. 因此存在 $x_2 \in [a,b]$, 使得 $F(b) > F(x_2)$.

由此可见, $F(x)$ 的最小值不可能出现在区间端点 $x=a$ 或 $x=b$ 处, 从而存在 $\xi \in (a,b)$, 使 $F'(\xi) = 0$, 即存在 $\xi \in (a,b)$, 使 $f'(\xi) - c = 0$, 即 $f'(\xi) = c$.

例 8 设 $f(x)$ 是可微函数, 试证明: 在函数 $f(x)$ 的任意两个零点之间必有 $f(x) + f'(x)$ 的零点.

分析 假设 a, b 是函数 $f(x)$ 的任意两个零点, 即有 $f(a) = 0, f(b) = 0$.
再考虑函数
$$g(x) = f(x)\mathrm{e}^x,$$
并对此函数在区间 $[a,b]$ 上利用罗尔定理, 即可证明在 a 与 b 之间必有 $f(x) + f'(x)$ 的零点.

证明 设 a, b 是函数 $f(x)$ 的任意两个零点, 即有 $f(a) = 0$ 与 $f(b) = 0$.
令 $g(x) = f(x)\mathrm{e}^x$, 则 $g(x)$ 在 $[a,b]$ 上可微, 且有
$$g(a) = f(a)\mathrm{e}^a = 0, \quad g(b) = f(b)\mathrm{e}^b = 0.$$
从而 $g(x)$ 在 $[a,b]$ 上满足罗尔定理的条件, 故存在点 $x_0 \in (a,b)$ 使得 $g'(x_0) = 0$. 又
$$g'(x) = \mathrm{e}^x(f(x) + f'(x)),$$
$$g'(x_0) = \mathrm{e}^{x_0}(f(x_0) + f'(x_0)) = 0,$$
由于 $\mathrm{e}^{x_0} \neq 0$, 故 $f(x_0) + f'(x_0) = 0$.

这就证明了在函数 $f(x)$ 的任意两个零点之间必有 $f(x) + f'(x)$ 的零点.

注 证明本题的关键是作出函数 $g(x) = f(x)\mathrm{e}^x$.

例 9 求函数 $y = \ln\sqrt{\dfrac{(x+2)(x+3)}{x+1}}$ 的导数 y'.

分析 根据求导法则即可求解.

解
$$y' = \frac{1}{\sqrt{\dfrac{(x+2)(x+3)}{x+1}}} \cdot \frac{1}{2\sqrt{\dfrac{(x+2)(x+3)}{x+1}}} \cdot \left[\frac{(2x+5)(x+1) - (x^2+5x+6)}{(x+1)^2}\right]$$
$$= \frac{1}{2\dfrac{(x+2)(x+3)}{x+1}} \cdot \frac{x^2+2x-1}{(x+1)^2}$$
$$= \frac{x^2+2x-1}{2(x+1)(x+2)(x+3)}.$$

例 10 证明函数
$$f(x) = \begin{cases} \mathrm{e}^{-1/x^2}, & x \neq 0, \\ 0, & x = 0 \end{cases}$$
在 $x = 0$ 处的任意阶导数都存在且都等于零.

分析 先求出 $f(x)$ 的任意阶导数, 再由归纳法原理知 $f(x)$ 在 $x = 0$ 处的任意阶导数都为零.

证明 当 $x \neq 0$ 时有
$$f'(x) = \frac{2}{x^3} \mathrm{e}^{-1/x^2},$$
$$f''(x) = \left(\frac{4}{x^6} - \frac{6}{x^4}\right) \mathrm{e}^{-1/x^2},$$
$$\cdots\cdots$$
$$f^n(x) = Q_{3n}\left(\frac{1}{x}\right) \mathrm{e}^{-1/x^2},$$

其中 $Q_{3n}\left(\dfrac{1}{x}\right)$ 是 $\dfrac{1}{x}$ 的 $3n$ 次多项式. 因此 $f'(0) = \lim\limits_{x \to 0} \dfrac{\mathrm{e}^{-1/x^2}}{x} = 0$.

假设 $f^{(n-1)}(0) = 0$, 则
$$f^n(0) = \lim_{x \to 0} \frac{f^{(n-1)}(x)}{x} = \lim_{x \to 0} \frac{Q_{3(n-1)}\left(\dfrac{1}{x}\right) \mathrm{e}^{-1/x^2}}{x} = \lim_{x \to 0} Q_{3n-2}\left(\frac{1}{x}\right) \mathrm{e}^{-1/x^2} = 0.$$

由归纳法原理知 $f(x)$ 在 $x = 0$ 处的任意阶导数都为零.

例 11 证明: 函数
$$f(x) = \begin{cases} x^2 \left|\cos \dfrac{\pi}{x}\right|, & x \neq 0, \\ 0, & x = 0 \end{cases}$$
在原点的任一邻域内存在没有导数的点, 但在 $x = 0$ 点存在有限导数.

证明 函数 $f(x) = x^2$ 处处可导. 函数 $f(x) = \left|\cos \dfrac{\pi}{x}\right|$ 除了在 $x = 0$ 及 $x = x_k = \dfrac{2}{2k+1}, k \in \mathbf{Z}$ 外处处有导数. 因此函数 f 的导数当 $x \neq 0$ 及 $x \neq x_k$ 时可由乘积求导公式得到. 而在 $x = 0$ 及 $x = x_k$ 点, 则用定义来求. 由于 $\dfrac{\Delta f(0)}{h} = h \left|\cos \dfrac{\pi}{h}\right|$, 故
$$f'(0) = \lim_{h \to 0} h \left|\cos \frac{\pi}{h}\right| = 0,$$

即 f 在 $x=0$ 点有导数. 然而

$$f'_\pm\left(\frac{2}{2k+1}\right) = \lim_{h\to\pm 0}\frac{1}{h}\left(\frac{2}{2k+1}+h\right)^2\left|\cos\frac{\pi(2k+1)}{2+(2k+1)h}\right|$$

$$= \frac{4}{(2k+1)^2}\lim_{h\to\pm 0}\frac{1}{h}\left|\cos\left(\frac{\pi(2k+1)}{2}+\left(\frac{\pi(2k+1)}{2+(2k+1)h}-\frac{\pi}{2}(2k+1)\right)\right)\right|$$

$$= \frac{4}{(2k+1)^2}\lim_{h\to\pm 0}\frac{1}{h}\left|\sin\left(\frac{\pi(2k+1)}{2+(2k+1)h}-\frac{\pi(2k+1)}{2}\right)\right|,$$

即导数 $f'(x_k)$ 不存在. 由于 $\forall \varepsilon > 0, \exists k \in \mathbf{Z}$, 使 $|x_k| < \varepsilon$, 因此在原点的任意 ε-邻域内存在没有导数的点.

例 12 证明: 假设函数 $f:[a,b]\to\mathbf{R}$ 在闭区间上连续, 在开区间内有有限导数, 且不是线性的, 则在 (a,b) 内存在点 c, 使得 $|f'(c)| > \left|\dfrac{f(b)-f(a)}{b-a}\right|$.

证明 把区间 $[a,b]$ 分割成 n 段, 端点 $a_0 = x_0 < x_1 < x_2 < \cdots < x_n = b$, 则

$$|f(b)-f(a)| = \left|\sum_{i=0}^{n-1}(f(x_{i+1})-f(x_i))\right| \leqslant \sum_{i=0}^{n-1}|f(x_{i+1})-f(x_i)|.$$

由拉格朗日中值公式, 得

$$f(x_{i+1}) - f(x_i) = f'(\xi_i)\Delta x_i, \quad x_i < \xi_i < x_{i+1}, i=0,1,\cdots,n-1,$$

其中 $\Delta x_i = x_{i+1} - x_i$, 因此可得

$$|f(b)-f(a)| \leqslant \sum_{i=0}^{n-1}|f'(\xi_i)|\Delta x_i. \tag{1}$$

由于函数 f 不是线性的, 因此存在区间 $[a,b]$ 的分割, 使得可以在 $f'(\xi_i)$ 中找到最大者, 非零, 记作 $f'(\xi)$. 由 (1) 可以得到严格的不等式

$$|f(b)-f(a)| < |f'(\xi)|\sum_{i=0}^{n-1}\Delta x_i = (b-a)|f'(\xi)|,$$

即 $|f'(\xi)| > \dfrac{|f(b)-f(a)|}{b-a}, a < \xi < b$.

例 13 证明: 如果函数 f 在区间 $[a,b]$ 上有二阶导数, 且 $f'(a) = f'(b) = 0$, 则在 (a,b) 内至少存在一点 c, 使得

$$|f''(c)| \geqslant \frac{4}{(b-a)^2}|f(b)-f(a)|.$$

分析 当函数 f 为常数, 命题显然; 当 f 不为常数, 把区间分成 $\left[a, \dfrac{a+b}{2}\right]$ 和 $\left[\dfrac{a+b}{2}, b\right]$, 在区间 $\left[a, \dfrac{a+b}{2}\right]$ 上对函数 f 和 $\varphi(x) = \dfrac{(x-a)^2}{2}$ 使用柯西中值定理, 在区间 $\left[\dfrac{a+b}{2}, b\right]$ 上再对函数 f 和 $\varphi(x) = \dfrac{(b-x)^2}{2}$ 使用柯西中值定理, 将两式相加, 变形, 再运用拉格朗日中值定理.

证明 如果函数 $f(x) = c$, c 为常数, 命题显然. 假设 f 不为常数, 由 $f'(a) = f'(b) = 0$, f 也不是线性函数. 在区间 $\left[a, \dfrac{a+b}{2}\right]$ 上对函数 f 和 $\varphi(x) = \dfrac{(x-a)^2}{2}$ 使用柯西中值定理, 在区间 $\left[\dfrac{a+b}{2}, b\right]$ 上对函数 f 和 $\varphi(x) = \dfrac{(b-x)^2}{2}$ 使用柯西中值定理, 得到

$$\dfrac{8\left(f\left(\dfrac{a+b}{2}\right) - f(a)\right)}{(b-a)^2} = \dfrac{f'(\xi_1)}{\xi_1 - a} \quad \left(a < \xi_1 < \dfrac{a+b}{2}\right);$$

$$\dfrac{8\left(f(b) - f\left(\dfrac{a+b}{2}\right)\right)}{(b-a)^2} = \dfrac{f'(\xi_2)}{b - \xi_2} \quad \left(\dfrac{a+b}{2} < \xi_2 < b\right).$$

两式相加, 得到

$$\dfrac{8(f(b) - f(a))}{(b-a)^2} = \dfrac{f'(\xi_1)}{\xi_1 - a} + \dfrac{f'(\xi_2)}{b - \xi_2}. \tag{1}$$

由于 $f'(a) = f'(b) = 0$, 上式右端可以改写为

$$\dfrac{f'(\xi_1)}{\xi_1 - a} + \dfrac{f'(\xi_2)}{b - \xi_2} = \dfrac{f'(\xi_1) - f'(a)}{\xi_1 - a} - \dfrac{f'(b) - f'(\xi_2)}{b - \xi_2} = f''(\eta_1) - f''(\eta_2), \tag{2}$$

其中 $a < \eta_1 < \xi_1$, $\xi_2 < \eta_2 < b$. 用绝对值估计 (1), 并结合 (2), 有

$$\dfrac{8|f(b) - f(a)|}{(b-a)^2} \leqslant |f''(\eta_1)| + |f''(\eta_2)|.$$

假设 $f(b) \neq f(a)$ (否则可以任取 c 使结论成立), 此时 $|f''(\eta_1)|$, $|f''(\eta_2)|$ 至少有一个不为零. 记 $|f''(c)| = \max\{|f''(\eta_1)|, |f''(\eta_2)|\}$, 则

$$\dfrac{8|f(b) - f(a)|}{(b-a)^2} \leqslant 2|f''(c)|,$$

由此 $|f''(c)| \geqslant \dfrac{4|f(b) - f(a)|}{(b-a)^2}$ (等号不能排除, 因为可能出现 $|f''(\eta_1)| = |f''(\eta_2)|$, 此时相等).

例 14 证明：若 $f(x)$ 在 $(-\infty, +\infty)$ 存在二阶导数，满足 $\lim\limits_{x\to-\infty} f(x) = \lim\limits_{x\to+\infty} f(x) = 0$，且存在 c 使 $f(c) > 0$，则至少有一实数 ξ，使 $f''(\xi) < 0$.

分析 应用拉格朗日中值定理.

证明 因为 $\lim\limits_{x\to-\infty} f(x) = \lim\limits_{x\to+\infty} f(x) = 0$，且存在 c 使 $f(c) > 0$，由极限性质知，存在 x_1 和 x_2，使得 $-\infty < x_1 < c < x_2 < +\infty$，且满足

$$f(x_1) < f(c), \quad f(x_2) < f(c).$$

又 $f(x)$ 在 $(-\infty, +\infty)$ 上存在二阶导数，对 $f(x)$ 分别于 $[x_1, c], [c, x_2]$ 上应用拉格朗日中值定理得

$$\exists \xi_1 \in (x_1, c), \quad f(x_1) - f(c) = f'(\xi_1)(x_1 - c),$$
$$\exists \xi_2 \in (c, x_2), \quad f(x_2) - f(c) = f'(\xi_2)(x_2 - c),$$

且易知 $f'(\xi_1) > 0, f'(\xi_2) < 0, \xi_1 < \xi_2$. 再对 $f'(x)$ 于 $[\xi_1, \xi_2]$ 上应用拉格朗日中值定理，又得

$$\exists \xi \in (\xi_1, \xi_2), \quad f'(\xi_2) - f'(\xi_1) = f''(\xi)(\xi_2 - \xi_1).$$

由 $f'(\xi_1) - f'(\xi_2) > 0, \xi_2 - \xi_1 > 0$，结合上式便可得 $f''(\xi) < 0$.

例 15 (1) 用罗尔定理证明：若 $f(x)$ 与 $g(x)$ 在 $[a, b]$ 上可微，且在 (a, b) 内 $g'(x) \neq 0$，则存在 $\xi \in (a, b)$，使

$$\frac{f'(\xi)}{g'(\xi)} = \frac{f(\xi) - f(a)}{g(b) - g(\xi)};$$

(2) 用柯西中值定理证明：对 $b > a > 0, \exists \xi \in (a, b)$ 使

$$b\ln a - a\ln b = (b-a)(\ln \xi - 1).$$

分析 (1) 考虑函数 $\varphi(x) = [f(x) - f(a)][g(b) - g(x)], x \in [a, b]$，再通过罗尔定理证明.

(2) 考虑函数 $f(x) = \dfrac{\ln x}{x}, g(x) = \dfrac{1}{x}$，再通过柯西中值定理证明.

证明 (1) 令 $\varphi(x) = [f(x) - f(a)][g(b) - g(x)], x \in [a, b]$，$\varphi(x)$ 在 $[a, b]$ 上满足罗尔定理条件，故存在 $\xi \in (a, b)$，使 $\varphi'(\xi) = 0$，即有

$$f'(\xi)(g(b) - g(\xi)) - g'(\xi)(f(\xi) - f(a)) = 0.$$

由于 $x \in (a, b)$ 时 $g'(x) \neq 0$，故 $g'(\xi) \neq 0, g(b) - g(\xi) \neq 0$，所以

$$\frac{f'(\xi)}{g'(\xi)} = \frac{f(\xi) - f(a)}{g(b) - g(\xi)}.$$

(试问: 为什么 $g(b) - g(\xi) \neq 0$?).

(2) 令 $f(x) = \dfrac{\ln x}{x}$, $g(x) = \dfrac{1}{x}$. 因 $b > a > 0$, 故 $f(x)$ 与 $g(x)$ 在 (a,b) 可导, 且 $g'(x) = -\dfrac{1}{x^2} \neq 0$. 于是 $f(x)$ 与 $g(x)$ 在 $[a,b]$ 上满足柯西中值定理的条件, 由此存在 $\xi \in (a,b)$, 使得

$$\dfrac{\dfrac{\ln b}{b} - \dfrac{\ln a}{a}}{\dfrac{1}{b} - \dfrac{1}{a}} = \dfrac{\dfrac{1}{\xi^2} - \dfrac{\ln \xi}{\xi^2}}{-\dfrac{1}{\xi^2}},$$

化简得 $\dfrac{b\ln a - a\ln b}{b-a} = \ln \xi - 1$, 即

$$b\ln a - a\ln b = (b-a)(\ln \xi - 1).$$

注 例 14 和例 15 告诉我们, 为证存在 ξ, 使某函数在 ξ 处的导数值满足某个关系式, 则应考虑到利用微分中值定理. 其关键是根据所给关系式, 经分析引进辅助函数. 如果要证存在 ξ, 使某函数在 ξ 处的高阶导数值满足某个关系式, 则应考虑多次使用微分中值定理.

例 16 设 $f(x)$ 在点 a 具有连续的二阶导数, 则

$$\lim_{h \to 0} \dfrac{f(a+2h) - 2f(a+h) + f(a)}{h^2} = f''(a).$$

分析 对函数进行变形, 然后运用两次拉格朗日中值定理.

证明 令 $g(x) = f(x+h) - f(x)$, 则 $g(a+h) - g(a) = f(a+2h) - 2f(a+h) + f(a)$.

$$\lim_{h \to 0} \dfrac{f(a+2h) - 2f(a+h) + f(a)}{h^2} = \lim_{h \to 0} \dfrac{g(a+h) - g(a)}{h^2}$$

$$= \lim_{h \to 0} \dfrac{g'(\xi)h}{h^2} = \lim_{h \to 0} \dfrac{f'(\xi+h) - f'(\xi)}{h}$$

$$= \lim_{h \to 0} \dfrac{f''(\eta)h}{h} = \lim_{h \to 0} f''(\eta) = f''(a)$$

(ξ 介于 a 与 $a+h$ 之间, η 介于 ξ 与 $\xi+h$ 之间, 从而在 $a-h$ 与 $a+h$ 之间, 于是 $h \to 0$ 时 $\eta \to a$).

说明 本题亦可用柯西中值定理证.

例 17 讨论函数 $f(x) = [x] + \sqrt{x - [x]}$ 在区间 $[K, K+1]$ 上的可导性, 其中 K 是整数.

分析 分别讨论开区间 $(K, K+1)$ 和两个端点的可导性.

解 $\forall x_0, x \in (K, K+1)$,

$$\lim_{x \to x_0} \frac{f(x) - f(x_0)}{x - x_0} = \lim_{x \to x_0} \frac{\sqrt{x - K} - \sqrt{x_0 - K}}{x - x_0} = \frac{1}{2\sqrt{x_0 - K}},$$

由此得到函数 $f(x) = [x] + \sqrt{x - [x]}$ 在区间 $(K, K+1)$ 上可导, 且 $f'(x_0) = \frac{1}{2\sqrt{x_0 - K}}$.

当 $x_0 = K + 1$ 时, $\forall x \in (K, K+1)$,

$$\lim_{x \to x_0^-} \frac{f(x) - f(K+1)}{x - (K+1)} = \lim_{x \to x_0} \frac{\sqrt{x - K} - 1}{x - (K+1)} = \frac{1}{2}.$$

由此得到函数 $f(x) = [x] + \sqrt{x - [x]}$ 在 $x = k + 1$ 处左导数存在, 且 $f'_-(K+1) = \frac{1}{2}$.

当 $x_0 = K$ 时, $\forall x \in (K, K+1)$,

$$\lim_{x \to K^+} \frac{f(x) - f(K)}{x - K} = \lim_{x \to K^+} \frac{1}{\sqrt{x - K}} = +\infty.$$

由此得到函数 $f(x) = [x] + \sqrt{x - [x]}$ 在 $x_0 = k$ 处不可导.

注 $\forall x_0 \in (K, K+1)$, 因为对任意的 $x \in (K, K+1)$, $f(x) = K + \sqrt{x - K}$, 所以求 $f'(x_0)$ 也可以直接用导数的公式求导.

例 18 试证 $(a^2 + b^2)^{\frac{n}{2}} e^{ax} \sin(bx + n\varphi) = \sum_{i=0}^{n} C_n^i a^{n-i} b^i e^{ax} \sin\left(bx + \frac{\pi}{2}i\right)$, 其中 $\varphi = \arctan\frac{b}{a}$.

分析 首先令 $f(x) = e^{ax} \sin bx$, 然后分别使用函数求导法则和莱布尼茨公式求出 $f^n(x)$, 令其相等即可得证.

证明 令 $f(x) = e^{ax} \sin bx$, 则

$$f'(x) = e^{ax}(a \sin bx + b\cos bx) = e^{ax}(a^2 + b^2)^{\frac{1}{2}} \sin(bx + \varphi), \quad \varphi = \arctan\frac{b}{a}.$$

一直如此做下去, 可以得到

$$f^n(x) = e^{ax}(a^2 + b^2)^{\frac{n}{2}} \sin(bx + n\varphi).$$

另一方面, 直接对函数 $f(x) = e^{ax} \sin bx$ 用莱布尼茨公式, 可以得到

$$f^n(x) = \sum_{i=0}^{n} C_n^i a^{n-i} b^i e^{ax} \sin\left(bx + \frac{\pi}{2}i\right).$$

比较函数 $f^n(x)$ 的两个表达式, 可知要证的等式成立.

注 本题通过使用莱布尼茨公式求函数的高阶导数, 证明等式成立.

例 19 $f(x)$ 是多项式函数, 方程 $f(x) = 0$ 在 $[a,b]$ 区间上有 n 重根 (重根按重数计), 则方程 $f^i(x) = 0$ 在 $[a,b]$ 区间上有 $n-i$ 个根 $(i = 1, 2, 3, \cdots, n-1)$.

分析 只要证明方程 $f'(x) = 0$ 在 $[a,b]$ 区间上有 $n-1$ 个根, 经过 i 次求导, 再应用罗尔中值定理, 结论即可成立.

证明 只要证明方程 $f'(x) = 0$ 在 $[a,b]$ 区间上有 $n-1$ 个根, 经过 i 次, 就知结论成立.

设 $a_1, a_2, \cdots, a_k \in [a,b]$ 是方程 $f(x) = 0$ 的 k 个不同的重根, 其重数分别为 $n_1, n_2, \cdots, n_k, n_1 + n_2 + \cdots + n_k = n$. 于是就有

$$f(x) = (x-a_1)^{n_1}(x-a_2)^{n_2}\cdots(x-a_k)^{n_k}f_1(x),$$

其中 $f_1(x)$ 是另一多项式, 且

$$f_1(a_i) \neq 0 \quad (i = 1, 2, 3, \cdots, k).$$

由 $f(x)$ 的表达式, 经求导运算可得

$$f'(x) = (x-a_1)^{n_1-1}(x-a_2)^{n_2-1}\cdots(x-a_k)^{n_k-1}f_2(x),$$

其中 $f_2(x)$ 是又一多项式, 且

$$f_2(a_i) \neq 0 \quad (i = 1, 2, 3, \cdots, k).$$

于是 $a_1, a_2, \cdots, a_k$ 分别是 $f'(x) = 0$ 的 $n_1 - 1, n_2 - 1, \cdots, n_k - 1$ 重根.

另一方面由罗尔中值定理, 存在 $\xi_i \in (a_i, a_{i-1}) \subset (a,b), i = 1, 2, 3, \cdots, k-1$, 使得

$$f'(\xi_i) = 0.$$

由此得 $\xi_i (i = 1, 2, 3, \cdots, k-1)$ 是方程 $f'(x) = 0$ 的 $k-1$ 个根. 因此, 方程 $f'(x) = 0$ 在 $[a,b]$ 上根的个数是

$$(n_1 - 1) + (n_2 - 1) + \cdots + (n_k - 1) + (k-1) = n - 1.$$

于是方程 $f'(x) = 0$ 在 $[a,b]$ 上有 $n-1$ 个根.

注 当所证明的命题是关于方程根的个数问题时, 常以罗尔定理为工具解决之.

例 20 设函数 f 在闭区间 $[a,b]$ 连续, 在开区间 (a,b) 可导, 且 $ab > 0$. 证明: 存在 $\xi \in (a,b)$, 使得 $\dfrac{1}{a-b}\begin{vmatrix} a & b \\ f(a) & f(b) \end{vmatrix} = f(\xi) - \xi f'(\xi).$

分析 根据题设条件 $ab > 0$, 表明区间 $[a,b]$ 不含 $x = 0$ 的点. 接下来令 $F(x) = \dfrac{f(x)}{x}$, $G(x) = \dfrac{1}{x}$, 再对这两个函数利用柯西中值定理, 本题即可得证.

证明 因为 $ab > 0$, 所以闭区间 $[a,b]$ 不含 $x = 0$ 的点.

现取 $F(x) = \dfrac{f(x)}{x}$, $G(x) = \dfrac{1}{x}$, 则 $F(x)$ 与 $G(x)$ 在区间 $[a,b]$ 上满足柯西中值定理的条件. 因此, 存在 $\xi \in (a,b)$, 使得

$$\frac{1}{a-b}\begin{vmatrix} a & b \\ f(a) & f(b) \end{vmatrix} = \frac{F(b)-F(a)}{G(b)-G(a)} = \frac{F'(\xi)}{G'(\xi)} = \frac{\dfrac{\xi f'(\xi)-f(\xi)}{\xi^2}}{-\dfrac{1}{\xi^2}} = f(\xi)-\xi f'(\xi).$$

结论成立.

注 中值定理的一个应用就是用它们来证明一些新的中值定理.

例 21 证明达布定理: 设函数 f 在闭区间 $[a,b]$ 上可导, 且 $f'(a) \neq f'(b)$, k 为介于 $f'(a)$ 与 $f'(b)$ 之间的任意实数. 则至少存在一点 $\xi \in (a,b)$, 使得 $f'(\xi) = k$.

分析 本命题的形式和介值定理的形式类似. 证法也是先证特殊情况, 再证一般情况.

证明 先证特殊情况. 不妨设 $f'(a) < 0$, $f(b)' > 0$, 因为

$$f'(a) = \lim_{x \to a^+} \frac{f(x)-f(a)}{x-a} < 0,$$

由极限的保号性, 存在 $\delta > 0$, 存在 $x_1 \in (a, a+\delta) \subset (a,b)$, 使得

$$\frac{f(x_1)-f(a)}{x_1-a} < 0.$$

因为 $x_1 - a > 0$, 所以 $f(x_1) < f(a)$. 同理, 存在一点 $x_2 \in (a,b)$, 使得 $f(x_2) < f(b)$. 由此得到, 函数 $f(x)$ 在区间 $[a,b]$ 的内部取到最小值. 由费马定理, 存在一点 $\xi \in (a,b)$, 使得 $f'(\xi) = 0$.

再证一般情况. 不妨设 $f'(a) < k < f'(b)$, 再设 $F(x) = f(x) - kx$. 对 $F(x)$ 用前面证明的命题, 可知结论成立.

注 本命题说明, 若函数 f 在闭区间 $[a,b]$ 上可导, f' 在区间 $[a,b]$ 上未必连续, 但是导函数 f' 在区间 $[a,b]$ 上有介值性.

例 22 写出函数 $f(x) = \dfrac{1+x+x^2}{1-x+x^2}$ 在 $x = 0$ 处的麦克劳林公式至 x^4 阶项.

解 $f(x) = (1+x+x^2)[1-(x-x^2)]^{-1}$
$= (1+x+x^2)[1+(x-x^2)+(x-x^2)^2+(x-x^2)^3+(x-x^2)^4+o(x^4)]$
$= (1+x+x^2)[1+x-x^3-x^4+o(x^4)]$

$$= 1 + 2x + 2x^2 - 2x^4 + o(x^4).$$

注 求函数的泰勒公式有两种方法, 一种是直接求法, 如教材上求正弦函数的泰勒公式的方法, 另一种方法称为间接法, 如本题的方法, 使用一些已知函数的泰勒公式, 去求其他函数的泰勒公式.

例 23 设函数 $f(x)$ 在闭区间 $[0,1]$ 上连续, 在开区间 $(0,1)$ 上可导, 且 $f(0) = 0, f(1) = \dfrac{1}{3}$. 证明: 存在 $\xi \in \left(0, \dfrac{1}{2}\right), \eta \in \left(\dfrac{1}{2}, 1\right)$, 使得

$$f'(\xi) + f'(\eta) = \xi^2 + \eta^2.$$

分析 若以为只要令 $F(x) = f(x) - \dfrac{1}{3}x^3$, 则 $F(0) = F(1) = 0$, 由罗尔定理就有 $\xi \in (0,1)$, 使 $F'(\xi) = 0$, 即 $f'(\xi) - \xi^2 = 0$. 再来一次便有: 存在 $\xi \in (0,1)$, $\eta \in (0,1)$, 使

$$f'(\xi) + f'(\eta) = \xi^2 + \eta^2.$$

这显然是不对的, 因无法证明 $\xi \in \left(0, \dfrac{1}{2}\right), \eta \in \left(\dfrac{1}{2}, 1\right)$.

证明 令 $F(x) = f(x) - \dfrac{1}{3}x^3$, 则 $F(0) = F(1) = 0$. 对于 $F(x)$ 在 $\left[0, \dfrac{1}{2}\right]$ 上应用拉格朗日中值定理得, 存在 $\xi \in \left(0, \dfrac{1}{2}\right)$, 使

$$F\left(\dfrac{1}{2}\right) - F(0) = \dfrac{1}{2}F'(\xi).$$

对于 $F(x)$ 在 $\left[\dfrac{1}{2}, 1\right]$ 上利用拉格朗日中值定理得, 存在 $\eta \in \left(\dfrac{1}{2}, 1\right)$, 使

$$F(1) - F\left(\dfrac{1}{2}\right) = \dfrac{1}{2}F'(\eta).$$

两式相加得 $f'(\xi) + f'(\eta) = \xi^2 + \eta^2$, 结论得证.

说明 使用中值定理需有两要素: 一是构造合适的辅助函数; 二是确定恰当的区间, 两者缺一不可.

练习题 3

1. 多项选择题.

(1) 若 $y = \ln|x|$, 则 $\dfrac{\mathrm{d}y}{\mathrm{d}x}$ 为 (   ).

练习题 3

(A) 不存在;   (B) $\dfrac{1}{x}$;   (C) $\dfrac{1}{|x|}$;   (D) $\pm\dfrac{1}{x}$.

(2) 函数 $f(x) = x|x|$ 在 $x = 0$ 处 (   ).

(A) 不连续;   (B) 连续;   (C) 不可导;   (D) 可导.

(3) 导数 $f'(a)$ 为 (   ).

(A) $\lim\limits_{x \to a} \dfrac{f(x) - f(a)}{x - a}$;   (B) $\lim\limits_{\Delta x \to 0} \dfrac{f(a) - f(a - \Delta x)}{\Delta x}$;

(C) $\lim\limits_{x \to 0} \dfrac{f(x - a) - f(a)}{x}$;   (D) $\lim\limits_{s \to 0} \dfrac{f\left(a + \dfrac{s}{2}\right) - f\left(a - \dfrac{s}{2}\right)}{s}$.

(4) 若
$$f(x) = \begin{cases} x^\lambda \sin \dfrac{1}{x}, & x \neq 0, \\ 0, & x = 0 \end{cases}$$
在 $x = 0$ 处连续, 但不可导, 则 λ 为 (   ).

(A) 0;   (B) 1;   (C) 2;   (D) 3.

(5) 函数在某点或某区间有性质 (   ).

(A) 可导一定连续;   (B) 可导一定可微;

(C) 可微一定连续;   (D) 可微一定可导.

(6) 设 $y = f(x)(x > 0)$, 且 $f'(x^2) = \dfrac{1}{x^2}$, 则 $\mathrm{d}y$ 为 (   ).

(A) $\dfrac{2}{x}\mathrm{d}x$;   (B) $\dfrac{-2}{x^3}\mathrm{d}x$;

(C) $\ln x^2 \mathrm{d}x$;   (D) $\dfrac{1}{x}\mathrm{d}x$.

(7) 若 $f(x) = \sin(1 - 2x)$, 则 $f^{(n)}(x)$ 为 (   ).

(A) $(-2)^n \sin\left(\dfrac{n\pi}{2} + 1 - 2x\right)$;   (B) $(-2)^n \sin\left(\dfrac{n\pi}{2} - 1 + 2x\right)$;

(C) $(-2)^n \cos\left(\dfrac{n\pi}{2} + 1 - 2x\right)$;   (D) $(-2)^n \cos\left(\dfrac{n\pi}{2} - 1 + 2x\right)$.

(8) 设 $f(x) = \mathrm{e}^{\tan^k x}$, 且 $f'\left(\dfrac{\pi}{4}\right) = \mathrm{e}$, 则 k 为 (   ).

(A) 1;   (B) -1;   (C) $\dfrac{1}{2}$;   (D) 2.

2. 求由参数方程
$$\begin{cases} x = \mathrm{e}^t \sin t, \\ y = \mathrm{e}^t \cos t \end{cases}$$
所表示的函数的二阶导数 $\dfrac{\mathrm{d}^2 y}{\mathrm{d} x^2}$.

3. 求下列函数的导数.

(1) $y = \sqrt[5]{\dfrac{x+1}{x-1}}(x+2)^3(x-7)^{\frac{5}{2}}\left(x + \dfrac{1}{2}\right)^{\frac{2}{3}}$;

(2) $y = x^{x^a}$.

4. 设 $f(x)$ 在 $[a,b]$ 上连续, $f(a)=f(b)=0, f'(a)f'(b)>0$, 证明: 必存在 $\xi\in(a,b)$, 使 $f(\xi)=0$.

5. 对任意 $x\in[0,2], |f(x)|\leqslant 1, |f''(x)|\leqslant 1$. 证明: 对任意的 $x\in[0,2]$, 均有 $|f'(x)|\leqslant 2$.

6. 设函数
$$f(x)=\begin{cases} x^2\sin\dfrac{1}{x}, & x\neq 0, \\ 0, & x=0, \end{cases}$$
求 $f'(x)$, 并研究 $f'(x)$ 在 $x=0$ 处的连续性.

7. 设 α,β 为正实数, 讨论函数
$$f(x)=\begin{cases} |x|^a\sin\dfrac{1}{|x|^\beta}, & x\neq 0, \\ 0, & x=0 \end{cases}$$
在 $x=0$ 处的可导性.

8. 设 $f(x)$ 为偶函数, 且 $f'(0)$ 存在, 试证明 $f'(0)=0$.

9. 设 $y=f(x)$ 由参数方程
$$\begin{cases} x=2t+|t|, \\ y=5t^2+4t|t| \end{cases}$$
确定, 求 $f'(x)$.

10. 设函数 f 在 $(-\infty,+\infty)$ 有定义, $f'(0)$ 存在, 且对任意 $x_1,x_2\in(-\infty,+\infty)$ 有 $f(x_1+x_2)=f(x_1)+f(x_2)+2x_1x_2$, 求 $f'(x)$.

11. 设 $y=\mathrm{e}^{-x}\sin x$, 求 $\mathrm{d}^3 y$.

12. 用莱布尼茨公式求 $y=\dfrac{\ln x}{x}$ 的 n 阶导数.

13. 问自然数 n 至少多大, 才能使函数
$$f(x)=\begin{cases} x^n\sin\dfrac{1}{x}, & x\neq 0, \\ 0, & x=0 \end{cases}$$
在 $x=0$ 处具有二阶导数, 并求 $f''(0)$.

14. 设函数 $f(x)$ 在 $(-\infty,+\infty)$ 有定义, 且对任意 $x_1,x_2\in(-\infty,+\infty)$, 有 $f(x_1+x_2)=f(x_1)f(x_2)$. 若 $f'(0)=1$, 证明: 对任意 $x\in(-\infty,+\infty)$, 都有 $f'(x)=f(x)$.

15. 证明: 当 $f(x)$ 与 $g(x)$ 在 $x=0$ 处可微, 且 $f(0)=g(0)$ 时, 不可能有 $f(x)g(x)\equiv x$.

16. 证明: 若 $f^{(n)}(g(a))$ 与 $g^{(n)}(a)$ 存在, 则 $(f\circ g)^{(n)}(a)$ 亦存在.

17. 证明: 若 $f(x)$ 在 $[a,b]$ 上存在二阶导数, $f(a)=f(b)=0$, 且对任意 $x\in(a,b)$, $f''(x)<0$, 则对任意 $x\in(a,b)$, 有 $f(x)>0$.

18. 设 $f(x)$ 在 $[a,b]$ 上连续, 在 (a,b) 内可导, $f(a)=f(b)=0, k$ 为给定常数, 证明: 存在 $\xi\in[a,b]$, 使 $f'(\xi)=kf(\xi)$.

19. 设 $f(x)$ 在 x_0 处可导, 记 $\bar{P}(x) = f(x_0) + f'(x_0)(x-x_0)$, $P(x) = f(x_0) + a(x-x_0)$, 其中 $a \neq f'(x_0)$, 求证: 存在 x_0 的空心邻域 $U^\circ(x_0)$, 使 $x \in U^\circ(x_0)$ 时

$$\left|f(x) - \bar{P}(x)\right| < \left|f(x) - P(x)\right|.$$

20. 设 $f(x)$ 在 $[a,b]$ 上二次可导, $f'(a) = f'(b) = 0$. 证明: 存在 $\xi \in (a,b)$, 使得

$$\left|f''(\xi)\right| \geqslant \frac{4}{(b-a)^2} \left|f(b) - f(a)\right|.$$

第4讲 一元函数积分学

4.1 知识结构

不定积分
- 基本概念
  - 原函数
  - 不定积分
- 基本积分法
  - 换元法
    - 第一换元法（凑微分法）
    - 第二换元法
  - 分部积分法
  - 有理函数积分法
  - 三角函数有理式的积分
  - 简单无理函数的积分

定积分
- 定义（分割、近似求和、取极限）
- 可积的充要条件
- 基本积分法：换元法与分部积分法
- 积分中值定理
  $$\int_a^b f(x)\mathrm{d}x = f(\xi)(b-a), \quad \xi \in [a,b]$$
  $$\int_a^b f(x)g(x)\mathrm{d}x = f(a)\int_a^\xi g(x)\mathrm{d}x + f(b)\int_\xi^b g(x)\mathrm{d}x, \quad \xi \in [a,b]$$
- 变限积分求导
- 牛顿-莱布尼茨公式
- 定积分的应用
  - 几何应用（面积、体积、弧长等）
  - 物理应用（压力、功、重心等）

$$\text{广义积分}\begin{cases}\text{无穷限积分}\begin{cases}\text{定义}\begin{cases}\int_a^{+\infty}f(x)\mathrm{d}x=\lim\limits_{A\to+\infty}\int_a^A f(x)\mathrm{d}x\\ \int_{-\infty}^b f(x)\mathrm{d}x=\lim\limits_{B\to-\infty}\int_B^b f(x)\mathrm{d}x\\ \int_{-\infty}^{+\infty}f(x)\mathrm{d}x=\int_{-\infty}^a f(x)\mathrm{d}x+\int_a^{+\infty}f(x)\mathrm{d}x\end{cases}\\ \text{收敛性判别法}\begin{cases}\text{比较原则}\\ \text{柯西判别法}\\ \text{阿贝尔 (Abel) 判别法}\\ \text{狄利克雷 (Dirichlet) 判别法}\end{cases}\end{cases}\\ \text{瑕积分}\begin{cases}\text{定义}\begin{cases}\int_a^b f(x)\mathrm{d}x=\lim\limits_{\varepsilon\to 0^+}\int_a^{b-\varepsilon}f(x)\mathrm{d}x(b\text{为瑕点})\\ \int_a^b f(x)\mathrm{d}x=\lim\limits_{\varepsilon\to 0^+}\int_{a+\varepsilon}^b f(x)\mathrm{d}x(a\text{为瑕点})\\ \int_a^b f(x)\mathrm{d}x=\int_a^c f(x)\mathrm{d}x+\int_c^b f(x)\mathrm{d}x(c\text{为瑕点})\end{cases}\\ \text{收敛性判别法: 比较原则, 柯西判别法}\end{cases}\end{cases}$$

4.2 内容精析

1. 原函数与不定积分的概念.

设函数 f 与 F 在区间 I 上有定义. 若

$$F'(x)=f(x),\quad x\in I,$$

则称 F 为 f 在区间 I 上的一个原函数.

定义中隐含了函数 F 在区间 I 上每一点处连续 (既是左连续又是右连续) 与可导 (左导数与右导数相等).

设 F 是 f 在区间 I 上的一个原函数, 则 $F+C$ 也是 f 在区间 I 上的一个原函数 (其中 C 为任意常数).

f 的任意两个原函数之间, 只可能相差一个常数.

f 在区间 I 上的原函数全体, 称为 f 在区间 I 上的不定积分.

2. 不定积分的求法.

求不定积分的基本方法是运用不定积分的线性性质和换元积分法、分部积分法. 不论运用什么方法, 都是把原来的不定积分转化为不定积分表上的基本不定积分, 由此, 积分表上的公式务必牢记.

3. 定积分的定义.

设 f 是定义在闭区间 $[a,b]$ 上的函数, J 是定数. 若对任意 $\varepsilon > 0$, 存在 $\delta > 0$, 对 $[a,b]$ 的任意分割 $T = \{x_i \mid i = 1,2,3,\cdots,n\}$, 以及在其上的任意介点集 $\{\xi_i \mid \xi_i \in [x_{i-1}, x_i], i = 1, 2, \cdots, n\}$, 只要 $\|T\| = \max\{x_i - x_{i-1} \mid i = 1, 2, \cdots, n\} < \delta$, 就有

$$\left|\sum_{i=1}^n f(\xi_i)\Delta x_i - J\right| < \varepsilon,$$

则称函数 f 在区间 $[a,b]$ 上可积; 称 J 为函数 f 在区间 $[a,b]$ 上的定积分.

4. 可积的充要条件.

函数 f 在区间 $[a,b]$ 上可积 $\Leftrightarrow \forall \varepsilon > 0$, 存在 $[a,b]$ 的一个分割 T, 使得 $S(T) - s(T) < \varepsilon$, 其中 $S(T), s(T)$ 分别是函数 f 在区间 $[a,b]$ 的上和与下和 $\Leftrightarrow \forall \varepsilon > 0$, 存在 $[a,b]$ 的一个分割 T, 使得 $\sum_T \overline{\omega}_i \Delta x_i < \varepsilon$, 其中 $\overline{\omega}_i$ 为 f 在分割 T 上第 i 个区间的振幅.

5. 可积函数类 (可积的充分条件).

下列三类函数在区间 $[a,b]$ 上可积:

(1) 函数 f 在区间 $[a,b]$ 上连续;

(2) 函数 f 在区间 $[a,b]$ 上单调;

(3) 函数 f 在区间 $[a,b]$ 上有界且只有有限个间断点.

6. 积分中值定理.

函数 f 与 g 都在 $[a,b]$ 上连续, 且 g 在 $[a,b]$ 上不变号, 则至少存在一点 $\xi \in [a,b]$, 使得

$$\int_a^b f(x)g(x)\mathrm{d}x = f(\xi)\int_a^b g(x)\mathrm{d}x.$$

当 $g(x) \equiv 1$ 时, 可得 $\int_a^b f(x)\mathrm{d}x = f(\xi)(b-a)$.

7. 变限积分与原函数存在性.

设函数 f 在区间 $[a,b]$ 上可积, 定义 $\Phi(x) = \int_a^x f(t)\mathrm{d}t, x \in [a,b]$, 则 $\Phi(x)$ 在区间 $[a,b]$ 上连续.

设函数 f 在区间 $[a,b]$ 上连续, 定义 $\Phi(x) = \int_a^x f(t)\mathrm{d}t, x \in [a,b]$, 则 $\Phi(x)$ 在区间 $[a,b]$ 上可导, 且 $\Phi'(x) = f(x)$.

8. 牛顿-莱布尼茨公式.

设函数 f 在区间 $[a,b]$ 上连续, F 是 f 在区间 $[a,b]$ 上的一个原函数, 则

$$\int_a^b f(x)\mathrm{d}x = F(b) - F(a).$$

4.3 解 (证) 题方法分析

1. 原函数和不定积分的计算

求不定积分的一般方法是利用不定积分的线性性质、换元法、分部积分方法，将所求积分化为可用基本积分公式解决的形式.

有一些类型的不定积分形式形成了有规律的解法, 如有理函数的积分化为最简分式的积分, 以及无理函数积分的几种有理化处理方法, 三角函数的几种常用代换方法、递推公式等.

但是在许多情况下, 灵活地运用恒等变换、变量代换法和其他一些技巧, 往往比照搬程式化的方法更为奏效.

例 1 下列求原函数的方法是否正确?

(1) 因为当 $x \geqslant 0$ 时, $|x|' = x' = 1$; 当 $x < 0$ 时, $|x|' = (-x)' = -1$, 所以 $|x|$ 是函数

$$f(x) = \begin{cases} 1, & x \geqslant 0, \\ -1, & x < 0 \end{cases}$$

在 $(-\infty, +\infty)$ 上的原函数.

(2) 因为当 $x \geqslant 0$ 时, $\left(\dfrac{x^3}{3} + C_1\right)' = x^2 = x|x|$; 当 $x < 0$ 时, $\left(-\dfrac{x^3}{3} + C_2\right)' = -x^2 = x|x|$, C_1, C_2 为常数, 所以函数

$$F(x) = \begin{cases} \dfrac{x^3}{3} + C_1, & x \geqslant 0, \\ -\dfrac{x^3}{3} + C_2, & x < 0 \end{cases}$$

是 $x|x|$ 在 $(-\infty, +\infty)$ 上的原函数.

(3) 因为 $\mathrm{sgn}(x)$ 为常数, 所以

$$\left(\mathrm{sgn}(x) \cdot \dfrac{x^3}{3}\right)' = \mathrm{sgn}(x) \left(\dfrac{x^3}{3}\right)' = \mathrm{sgn}(x) x^2 = \dfrac{|x|}{x} x^2 = |x| x,$$

于是 $\mathrm{sgn}(x) \cdot \dfrac{x^3}{3}$ 是 $|x| x$ 在 $(-\infty, +\infty)$ 上的原函数.

解 以上三种做法均有错误.

原函数的定义 "$F(x)$ 是 (x) 的原函数" 总是对一个特定的区间而言的, 这与按点定义的导数概念有着细微但却不容忽视的差别. 特别要强调以下几点:

(1) 原函数 $F(x)$ 必须在所论区间的每一点可导, 当然更要在全区间连续. 诚然, 在很多情况下, 不明确指出这个区间, 但却意味着必须按照这样的原则来理解. 例

如, $\ln|x|$ 是 $\dfrac{1}{x}$ 的原函数, 意指在 $(0,+\infty)$ 上 $\ln x$ 是 $\dfrac{1}{x}$ 的原函数; 在 $(-\infty,0)$ 上 $\ln(-x)$ 是 $\dfrac{1}{x}$ 的原函数.

(2) 在区间 $[a,b]$ 上, $F(x)$ 是 $f(x)$ 的原函数, 在区间端点 a,b 上, 只要求 $F(x)$ 单侧可导, 且 $F'_+(a) = f(a)$, $F'_-(b) = f(b)$. 因此, 由在 $[a,b]$ 上 $F(x)$ 是 $f(x)$ 的原函数和在 $(b,c]$ 上 $F(x)$ 是 $f(x)$ 的原函数, 并不能断定 $F(x)$ 在 $x = b$ 的可导性, 甚至也不能断定 $F'_+(b)$ 存在. 当 $\lim\limits_{x\to b^+} f(x)$ 存在时, 尽管 $F'_+(b)$ 一定存在且 $F'_+(b) = f(b+0)$, 但是, 仍然不能排除 $F'_+(b) \neq F'_-(b)$.

只有知道了 $f(x)$ 在 $x = b$ 处连续, 或利用其他方法判别 $F(x)$ 在 $x = b$ 可导时, 才能由 $F(x)$ 在 $[a,b]$ 和 $(b,c]$ 上分别是 $f(x)$ 的原函数推出 $F(x)$ 在 $[a,c]$ 上是 $f(x)$ 的原函数. 换言之, 求原函数对于区间不是可加的.

(3) 若 $F(x)$ 是 $f(x)$ 在区间 I 上的原函数, 则对任意常数 C, $F(x) + C$ 也是区间 I 上 $f(x)$ 的原函数. 这里的常数 C 也是对于区间 I 而言的, 也就是说, 对于同一个区间 I 而言, C 必须是同一个常数.

这样, 就不难看出以上三种做法的错误之所在.

(1) 在点 $x = 0$ 处, $|x|$ 不可导, 我们可以说在 $(-\infty,0)$, $|x|$ 是 $f(x)$ 的原函数, 但不能说, 在 $(-\infty,+\infty)$ 上, $|x|$ 是 $f(x)$ 的原函数.

(2) 由 C_1, C_2 的任意性, 当 $C_1 \neq C_2$ 时, $F(x)$ 在 $x = 0$ 处不可导 (实际上是不连续的), 故这时 $F(x)$ 不是 $x|x|$ 在 $(-\infty,+\infty)$ 上的原函数; 如果取 $C_1 = C_2$, 则这时 $F(x)$ 是 $x|x|$ 在 $(-\infty,+\infty)$ 上的原函数.

(3) 在 $(-\infty,+\infty)$ 上, $\mathrm{sgn}(x)$ 不是常数 (分别取 $-1, 0$ 和 1 三个值), 故在 $x = 0$ 点求导时, 把 $\mathrm{sgn}x$ 提到外面的做法已经错了; 而将 $\mathrm{sgn}x$ 写成 $\dfrac{|x|}{x}$ 时, 没有排除 $x = 0$, 又是一个错误; 然而, $\dfrac{x^3}{3}\mathrm{sgn}x$ 在 $(-\infty,+\infty)$ 上是 $x|x|$ 的原函数这一结论是对的, 因为 $\dfrac{x^3}{3}\mathrm{sgn}x$ 在 $x = 0$ 处确实可导, 且导数为 0.

$$\frac{x^3}{3}\mathrm{sgn}x = \begin{cases} -\dfrac{x^3}{3}, & x < 0, \\ 0, & x = 0, \\ \dfrac{x^3}{3}, & x > 0. \end{cases}$$

例 2 设 $F(x)$ 是连续函数 $f(x)$ 在 $(-\infty,+\infty)$ 上的原函数.
(1) 若 $f(x)$ 是周期函数, $F(x)$ 是否必为周期函数?
(2) 若 $f(x)$ 是偶函数, $F(x)$ 的奇偶性能否断定?
(3) 若 $f(x)$ 是奇函数, $F(x)$ 的奇偶性能否断定?

解 (1) 不一定. 如 $f(x) = \cos x + 1$ 的一个原函数是 $\sin x + x$, 但不是周期函数.

(2) 不一定. 如 $f(x) = \cos x + 1$ 是偶函数, 当 $C \neq 0$ 时, 其原函数

$$F(x) = \sin x + x + C$$

非奇非偶.

(3) 能. 这时 $F(x)$ 必为偶函数. 事实上, 在 $f(x)$ 连续的假定下, 其原函数的一般形式为

$$F(x) = \int_0^x f(t)\mathrm{d}t + C.$$

当 $f(x)$ 为奇函数时, 有

$$F(-x) = \int_0^{-x} f(t)\mathrm{d}t + C = \int_0^x f(t)\mathrm{d}t + C = F(x).$$

即这时 $F(x)$ 为偶函数.

例 3 已知 $\dfrac{\sin x}{x}$ 是函数 $f(x)$ 的一个原函数, 求

$$I = \int x^3 f'(x)\mathrm{d}x.$$

分析 本题可采用两种方法求解. 一种是直接法, 根据 $f(x) = \left(\dfrac{\sin x}{x}\right)'$ 求出 $f'(x)$, 代入所求不定积分即可求得解; 另一种是利用分部积分法求解, 因为 $f'(x)\mathrm{d}x = \mathrm{d}f(x)$.

解法 1 因为 $f(x) = \left(\dfrac{\sin x}{x}\right)' = \dfrac{x\cos x - \sin x}{x^2}$, 所以

$$f'(x) = \frac{2\sin x - 2x\cos x - x^2 \sin x}{x^3}.$$

于是

$$\begin{aligned}
\int x^3 f'(x)\,\mathrm{d}x &= \int \left(2\sin x - 2x\cos x - x^2 \sin x\right)\mathrm{d}x \\
&= -2\cos x - 2\int x\cos x\,\mathrm{d}x - \int x^2 \sin x\,\mathrm{d}x \\
&= -2\cos x + x^2 \cos x - 4\int x\cos x\,\mathrm{d}x \\
&= -2\cos x + x^2 \cos x - 4x\sin x - 4\cos x + C \\
&= x^2 \cos x - 4x\sin x - 6\cos x + C.
\end{aligned}$$

解法 2 因为 $f(x) = \left(\dfrac{\sin x}{x}\right)'$, 所以

$$\begin{aligned}
I &= \int x^3 \mathrm{d}f(x) = x^3 f(x) - 3\int x^2 f(x)\mathrm{d}x \\
&= x^3 f(x) - 3\int x^2 \cdot \left(\dfrac{\sin x}{x}\right)' \mathrm{d}x \\
&= x^3 f(x) - 3\left(x^2 \cdot \dfrac{\sin x}{x} - 2\int \sin x \mathrm{d}x\right) \\
&= x^3 \cdot \dfrac{x\cos x - \sin x}{x^2} - 3x\sin x - 6\cos x + C \\
&= x^2 \cos x - 4x\sin x - 6\cos x + C.
\end{aligned}$$

例 4 求函数 $f(x) = x|x|$ 的一个原函数.

解 由于 $f(x) = x|x| = \begin{cases} x^2, & x > 0, \\ 0, & x = 0, \\ -x^2, & x < 0, \end{cases}$ 所以在 $x \neq 0$ 处 $f(x)$ 的原函数可考虑为

$$F(x) = \begin{cases} \dfrac{x^3}{3} + C_1, & x > 0, \\ -\dfrac{x^3}{3} + C_2, & x < 0, \end{cases}$$

由于 $F(x)$ 在 $x = 0$ 处必须连续并可导, 所以 $C_1 = C_2$. 又由于题目只要求一个原函数, 为简单设 $C_1 = C_2 = 0$. 于是就有

$$F(x) = \begin{cases} \dfrac{x^3}{3}, & x \geqslant 0, \\ -\dfrac{x^3}{3}, & x \leqslant 0 \end{cases}$$

$$= \dfrac{x^2}{3}\mathrm{sgn}x.$$

经验证 (函数可导的充要条件是左、右导数存在并相等): 在 $x = 0$ 处有 $F'(x) = f(x)$. 故 $F(x)$ 就是 $f(x)$ 在区间 $(-\infty, +\infty)$ 上的一个原函数.

注 例 1 至例 4 列举了原函数与不定积分求法的例子.

2. 定积分

例 5 已知 $f(2) = \dfrac{1}{2}$, $f'(2) = 0$ 及 $\int_0^2 f(x)\mathrm{d}x = 1$. 求 $I = \int_0^1 x^2 f''(2x)\mathrm{d}x$.

分析 本题首先需要作变量替换, 设 $t = 2x$, 然后应用分部积分法即可得解.

解 设 $t = 2x$, $dt = 2dx$. 即 $dx = \frac{1}{2}dt$. 积分限: $\begin{array}{c|c} x & 0 \to 1 \\ \hline t & 0 \to 2 \end{array}$, 由此得

$$I = \frac{1}{8}\int_0^2 t^2 f''(t)dt = \frac{1}{8}\int_0^2 t^2 df'(t)$$

$$= \frac{1}{8}\left[t^2 f'(t)\Big|_0^2 - 2\int_0^2 tf'(t)dt\right] = -\frac{1}{4}\int_0^2 tf'(t)dt$$

$$= -\frac{1}{4}\int_0^2 tdf(t) = -\frac{1}{4}\left[tf(t)\Big|_0^2 - \int_0^2 f(t)dt\right]$$

$$= -\frac{1}{4}(1-1) = 0.$$

例 6 设 $f(x) = \int_x^{x^2}\left(1 + \frac{1}{2t}\right)^t \sin\frac{1}{\sqrt{t}}dt\,(x > 0)$, 求 $\lim_{n\to\infty} f(n)\sin\frac{1}{n}$.

分析 首先由 $f(x)$ 的表达式写出

$$f(n) = \int_n^{n^2}\left(1 + \frac{1}{2t}\right)^t \sin\frac{1}{\sqrt{t}}dt.$$

作变换, 令 $t = y^2$, 则有

$$f(n) = \int_{\sqrt{n}}^n \left(1 + \frac{1}{2y^2}\right)^{y^2} \cdot \sin\frac{1}{y} \cdot 2y\, dy,$$

然后利用积分中值定理, 得到

$$f(n) = \left(1 + \frac{1}{2\xi^2}\right)^{\xi^2} \cdot \sin\frac{1}{\xi} \cdot 2\xi \cdot (n - \sqrt{n}) \quad (\sqrt{n} < \xi < n).$$

由此即可求得极限 $\lim_{n\to\infty} f(n)\sin\frac{1}{n}$.

解 $f(n) = \int_n^{n^2}\left(1 + \frac{1}{2t}\right)^t \sin\frac{1}{\sqrt{t}}dt.$

作变换, 令 $t = y^2$, 利用积分中值定理, 得到

$$f(n) = \int_{\sqrt{n}}^n \left(1 + \frac{1}{2y^2}\right)^{y^2} \cdot \sin\frac{1}{y} \cdot 2y\, dy$$

$$= \left(1 + \frac{1}{2\xi^2}\right)^{\xi^2} \cdot \sin\frac{1}{\xi} \cdot 2\xi \cdot (n - \sqrt{n}) \quad (\sqrt{n} < \xi < n).$$

于是,

$$\lim_{n\to\infty} f(n)\cdot \sin\frac{1}{n} = \lim_{n\to\infty} 2\xi\cdot\left(1+\frac{1}{2\xi^2}\right)^{\xi^2}\cdot\sin\frac{1}{\xi}\cdot(n-\sqrt{n})\sin\frac{1}{n}$$

$$= 2\lim_{\xi\to\infty}\left[\left(1+\frac{1}{2\xi^2}\right)^{2\xi^2}\right]^{\frac{1}{2}}\cdot\frac{\sin\frac{1}{\xi}}{\frac{1}{\xi}}\cdot\lim_{n\to\infty}\frac{n-\sqrt{n}}{n}\cdot\frac{\sin\frac{1}{n}}{\frac{1}{n}}$$

$$= 2\sqrt{e}.$$

注 当 $n\to\infty$ 时, $\xi\to\infty$.

例 7 设 $\int_0^\pi [f(x)+f''(x)]\sin x\mathrm{d}x = 5$, $f(\pi)=2$, 求 $f(0)$.

分析 易知

$$\int_0^\pi [f(x)+f''(x)]\sin x\mathrm{d}x = \int_0^\pi f(x)\sin x\mathrm{d}x + \int_0^\pi f''(x)\cdot\sin x\mathrm{d}x,$$

对积分 $\int_0^\pi f(x)\sin x\mathrm{d}x$ 连续两次应用分部积分公式, 并利用题设条件即可求得 $f(0)$.

解 $\int_0^\pi [f(x)+f''(x)]\sin x\mathrm{d}x = \int_0^\pi f(x)\sin x\mathrm{d}x + \int_0^\pi f''(x)\cdot\sin x\mathrm{d}x.$

对积分 $\int_0^\pi f(x)\sin x\mathrm{d}x$ 连续两次应用分部积分公式, 得

$$\int_0^\pi f(x)\sin x\mathrm{d}x = -f(x)\cos x\big|_0^\pi + \int_0^\pi f'(x)\cos x\mathrm{d}x$$

$$= f(\pi)+f(0)+f'(x)\sin x\big|_0^\pi - \int_0^\pi f''(x)\sin x\mathrm{d}x.$$

整理, 得

$$\int_0^\pi [f(x)+f''(x)]\sin x\mathrm{d}x = f(\pi)+f(0).$$

据题设, 有

$$f(\pi)+f(0) = 5,$$

于是,

$$f(0) = 5-f(\pi) = 5-2 = 3.$$

例 8 证明 $\int_1^a f\left(x^2+\frac{a^2}{x^2}\right)\frac{\mathrm{d}x}{x} = \int_1^a f\left(x+\frac{a^2}{x}\right)\frac{\mathrm{d}x}{x}$.

分析 很明显, 要证明所给的等式, 只要把左端化为右端的形式就可以了, 对此. 需作变换. 令 $t=x^2$, 得

$$\text{原式左端} = \frac{1}{2}\int_1^{a^2} f\left(t + \frac{a^2}{t}\right)\frac{\mathrm{d}t}{t}$$
$$= \frac{1}{2}\int_1^{a} f\left(t + \frac{a^2}{t}\right)\frac{\mathrm{d}t}{t} + \frac{1}{2}\int_a^{a^2} f\left(t + \frac{a^2}{t}\right)\frac{\mathrm{d}t}{t}.$$

再作变换, 令 $u = \dfrac{a^2}{t}$, 得

$$\int_a^{a^2} f\left(t + \frac{a^2}{t}\right)\frac{\mathrm{d}t}{t} = \int_1^{a} f\left(t + \frac{a^2}{t}\right)\frac{\mathrm{d}t}{t},$$

于是就得证了.

证明 对积分 $\int_1^a f\left(x^2 + \dfrac{a^2}{x^2}\right)\dfrac{\mathrm{d}x}{x}$ 作变换, 令 $t = x^2$, 得到

$$\int_1^a f\left(x^2 + \frac{a^2}{x^2}\right)\frac{\mathrm{d}x}{x} = \frac{1}{2}\int_1^{a^2} f\left(t + \frac{a^2}{t}\right)\frac{\mathrm{d}t}{t}$$
$$= \frac{1}{2}\int_1^{a} f\left(t + \frac{a^2}{t}\right)\frac{\mathrm{d}t}{t} + \frac{1}{2}\int_a^{a^2} f\left(t + \frac{a^2}{t}\right)\frac{\mathrm{d}t}{t}.$$

在上式右端第二个积分中, 作变换, 令 $u = \dfrac{a^2}{t}$, 并注意得到 $\dfrac{\mathrm{d}t}{t} = -\dfrac{\mathrm{d}u}{u}$, 有

$$\int_a^{a^2} f\left(t + \frac{a^2}{t}\right)\frac{\mathrm{d}t}{t} = -\int_a^1 f\left(u + \frac{a^2}{u}\right)\frac{\mathrm{d}u}{u} = \int_1^a f\left(t + \frac{a^2}{t}\right)\frac{\mathrm{d}t}{t}.$$

由此即得

$$\int_1^a f\left(x^2 + \frac{a^2}{x^2}\right)\frac{\mathrm{d}x}{x} = \frac{1}{2}\int_1^{a} f\left(t + \frac{a^2}{t}\right)\frac{\mathrm{d}t}{t} + \frac{1}{2}\int_a^{a^2} f\left(t + \frac{a^2}{t}\right)\frac{\mathrm{d}t}{t}$$
$$= \frac{1}{2}\int_1^{a} f\left(t + \frac{a^2}{t}\right)\frac{\mathrm{d}t}{t} + \frac{1}{2}\int_1^{a} f\left(t + \frac{a^2}{t}\right)\frac{\mathrm{d}t}{t}$$
$$= \int_1^{a} f\left(t + \frac{a^2}{t}\right)\frac{\mathrm{d}t}{t} = \int_1^{a} f\left(x + \frac{a^2}{x}\right)\frac{\mathrm{d}x}{x}.$$

例 9 设 $f(x)$ 在 $[a,b]$ 上可积, 证明: $\forall \varepsilon > 0$, 存在 $[a,b]$ 上的阶梯函数 $\varphi(x)$ 与 $\psi(x)$, 使对任意 $x \in [a,b]$ 有 $\varphi(x) \leqslant f(x) \leqslant \psi(x)$, 且 $\int_a^b [\psi(x) - \varphi(x)]\mathrm{d}x < \varepsilon$.

证明 因为 $f(x)$ 在 $[a,b]$ 上可积, 所以对任意 $\varepsilon > 0$, 存在 $[a,b]$ 上的分割 T, 使得

$$\sum_T \omega_i \Delta x_i < \varepsilon.$$

作 $\varphi(x) = m_i, x_{i-1} \leqslant x < x_i, \psi(x) = M_i, x_{i-1} \leqslant x < x_i, i = 1, 2, \cdots, n$, 其中 $M_i = \sup\limits_{x \in \Delta_i} f(x), m_i = \inf\limits_{x \in \Delta_i} f(x)$.

显然有
$$\varphi(x) \leqslant f(x) \leqslant \psi(x), \quad \forall x \in [a,b],$$
$$\sum_T \omega_i \Delta x = \sum_T (M_i - m_i) \Delta x_i < \varepsilon.$$
$$\int_a^b (\psi(x) - \varphi(x)) \mathrm{d}x = \sum_{i=1}^n \int_{x_{i-1}}^{x_i} (\psi(x) - \varphi(x)) \mathrm{d}x$$
$$= \sum_{i=1}^n (M_i - m_i) \Delta x_i < \varepsilon.$$

例 10 证明: 设函数 $f(x)$ 在闭区间 $[a,b]$ 上非负可积, 则 $\int_a^b f(x) \mathrm{d}x = 0$ 的充要条件是 $f(x)$ 在其连续点上恒为零.

证明 必要性. 倘若存在一点 $x_0 \in [a,b]$ 是 $f(x)$ 的连续点, 使 $f(x_0) > 0$, 则存在 $\delta > 0$, 使得当 $x \in U(x_0, \delta) \cap [a,b]$ 时有 $f(x) > \dfrac{1}{2} f(x_0)$, 从而就有

$$\int_a^b f(x) \mathrm{d}x \geqslant \int_{x_0-\delta}^{x_0+\delta} f(x) \mathrm{d}x \geqslant f(x_0) \delta > 0,$$

与已知矛盾. 故 $f(x)$ 在其连续点上恒为零.

充分性. 因为函数 $f(x)$ 在闭区间 $[a,b]$ 上可积, 又因为 $f(x)$ 的连续点在 $[a,b]$ 上稠密, 且 $f(x)$ 在其连续点上恒为零, 因此, 对 $[a,b]$ 上的任意分割 T, 属于分割 T 的下和 $s(T) \equiv 0$, 从而 $\int_a^b f(x) \mathrm{d}x = \lim\limits_{\|T\| \to 0} s(T) = 0$, 结论成立.

注 例 9 和例 10 为可积性判断及运用.

例 11 设 f 具有连续的导数, 试求: $\dfrac{\mathrm{d}}{\mathrm{d}x} \int_a^x (x-t) f'(t) \mathrm{d}t$.

解 因为 $\int_a^x (x-t) f'(t) \mathrm{d}t = x \int_a^x f'(t) \mathrm{d}t - \int_a^x t f'(t) \mathrm{d}t$, 所以

$$\frac{\mathrm{d}}{\mathrm{d}x} \left(\int_a^x (x-t) f'(t) \mathrm{d}t \right) = \int_a^x f'(t) \mathrm{d}t + x f'(x) - x f'(x) = f(x) - f(a).$$

例 12 若函数 f 在 $[a,b]$ 上连续递增, 则 $F(x) = \dfrac{1}{x-a} \int_a^x f(t) \mathrm{d}t$ 为 (a,b) 内的递增函数.

解 $F(x)$ 在 (a,b) 上可导, f 在 (a,b) 上递增, 于是对任意 $x \in (a,b)$ 有

$$F'(x) = \frac{-1}{(x-a)^2}\int_a^x f(t)\mathrm{d}t + \frac{1}{x-a}f(x)$$
$$= \frac{-1}{(x-a)^2}f(\xi)(x-a) + \frac{1}{x-a}f(x),$$
$$= \frac{1}{x-a}(f(x) - f(\xi)) \geqslant 0 \quad (\xi \in (a,x)).$$

因此 $F(x)$ 在 (a,b) 内递增.

例 13 证明: 若 $f(x)$ 在 $(-\infty, +\infty)$ 上可导, 且 $f(0)=0, f'(x) \equiv f(x)$, 则 $f(x) \equiv 0$.

证法 1 $\forall x \geqslant 0$, $f(x)$ 与 $f'(x)$ 在 $[0,x]$ 上连续,
$$f(x) - f(0) = \int_0^x f'(t)\mathrm{d}t = \int_0^x f(t)\mathrm{d}t,$$
即
$$f(x) = \int_0^x f(t)\mathrm{d}t. \tag{$*$}$$

于是在 $[0,x]$ 上, 由 $|f(x)| \leqslant M$ 得
$$|f(x)| \leqslant \int_0^x |f(t)|\,\mathrm{d}t \leqslant Mx,$$
$$|f(x)| \leqslant \int_0^x Mx\mathrm{d}x = \frac{M}{2}x^2.$$

反复用之, 得
$$|f(x)| \leqslant \frac{M}{n!}x^n \to 0 \quad (n \to \infty).$$

由此得 $f(x)$ 在 $[0,x]$ 上等于 0, 因此 $f \equiv 0, x \geqslant 0$.

类似可证: $x \leqslant 0$ 时 $f(x) \equiv 0$ 结论成立.

证法 2 由 $(*)$ 式得
$$\left(\int_0^x f(t)\mathrm{d}t\right)' - \int_0^x f(t)\mathrm{d}t = 0.$$

记:
$$F(x) = \int_0^x f(t)\mathrm{d}t \Rightarrow F'(x) - F(x) = 0, \quad (\mathrm{e}^{-x}F(x))' = \mathrm{e}^{-x}(F'(x) - F(x)) = 0,$$

在 $[0,x]$ 上积分:
$$\int_0^x (\mathrm{e}^{-t}F(t))'\mathrm{d}t = \mathrm{e}^{-x}F(x) - F(0) = 0.$$

$$e^{-x}F(x) = F(0) = 0 \Rightarrow \forall x \geqslant 0, F(x) \equiv 0.$$

即 $f(x) = \int_0^x f(t)\mathrm{d}t = F(x) \equiv 0$，结论成立．

注 例 11—例 13 为积分上限函数和微积分基本定理的应用．

例 14 求极限 $\lim\limits_{n\to\infty} \dfrac{1^p + 2^p + \cdots + n^p}{n^{p+1}}, p > 0.$

解 原式 $= \lim\limits_{n\to\infty} \left\{ \left(\dfrac{1}{n}\right)^p \cdot \dfrac{1}{n} + \left(\dfrac{2}{n}\right)^p \cdot \dfrac{1}{n} + \cdots + \left(\dfrac{n}{n}\right)^p \cdot \dfrac{1}{n} \right\}$

$$= \lim_{n\to\infty} \sum_{i=1}^n \left(\dfrac{i}{n}\right)^p \cdot \dfrac{1}{n}.$$

上式是函数 x^p 在 $[0,1]$ 上的一个积分和 (分割为等分)，由 $p > 0$ 知 x^p 在 $[0,1]$ 上连续从而可积，于是就有

$$\text{原式} = \int_0^1 x^p \mathrm{d}x = \left.\dfrac{1}{p+1}x^{p+1}\right|_0^1 = \dfrac{1}{p+1}.$$

例 15 证明 $\lim\limits_{n\to\infty} \int_0^{\frac{\pi}{2}} \sin^n x \mathrm{d}x = 0.$

解 $\forall \varepsilon > 0 \left(< \dfrac{\pi}{2}\right)$，有

$$0 \leqslant \int_0^{\frac{\pi}{2}} \sin^n x \mathrm{d}x = \int_0^{\frac{\pi}{2}-\varepsilon} \sin^n x \mathrm{d}x + \int_{\frac{\pi}{2}-\varepsilon}^{\frac{\pi}{2}} \sin^n x \mathrm{d}x$$

$$\leqslant \int_0^{\frac{\pi}{2}-\varepsilon} \sin^n \left(\dfrac{\pi}{2}-\varepsilon\right) \mathrm{d}x + \int_{\frac{\pi}{2}-\varepsilon}^{\frac{\pi}{2}} 1 \mathrm{d}x$$

$$= \left(\dfrac{\pi}{2}-\varepsilon\right) \cdot \sin^n \left(\dfrac{\pi}{2}-\varepsilon\right) + \varepsilon \to 0 \quad (n\to\infty),$$

$\exists N > 0$，当 $n > N$，有 $0 < \left(\dfrac{\pi}{2}-\varepsilon\right) \sin^n \left(\dfrac{\pi}{2}-\varepsilon\right) < \varepsilon$，所以当 $n > N$ 时，$\left|\int_0^{\frac{\pi}{2}} \sin^n x \mathrm{d}x\right| < 2\varepsilon.$ 结论成立．

例 16 设函数 $f(x)$ 在 $[0,1]$ 上连续，证明：$\lim\limits_{h\to 0^+} \int_0^1 \dfrac{h}{h^2+x^2} f(x) \mathrm{d}x = \dfrac{\pi}{2} f(0).$

证法 1 由积分的可加性，对任意的 $h \in [0,1]$ 有

$$\int_0^1 \dfrac{h}{h^2+x^2} f(x) \mathrm{d}x = \int_0^{h^{\frac{1}{2}}} \dfrac{h}{h^2+x^2} f(x) \mathrm{d}x + \int_{h^{\frac{1}{2}}}^1 \dfrac{h}{h^2+x^2} f(x) \mathrm{d}x$$

$$= I + J \quad (0 < h < 1).$$

$$I = \int_0^{h^{\frac{1}{2}}} \dfrac{h}{h^2+x^2} f(x) \mathrm{d}x = f(\xi) \int_0^{h^{\frac{1}{2}}} \dfrac{h}{h^2+x^2} \mathrm{d}x$$

$$= f(\xi)\arctan\frac{x}{h}\Big|_0^{h^{\frac{1}{2}}} = f(\xi)\arctan\frac{1}{\sqrt{h}} \to f(0) \cdot \frac{\pi}{2} \quad \left(h \to 0^+, \xi \in \left(0, h^{\frac{1}{2}}\right)\right).$$

$$|J| = \left|\int_{h^{\frac{1}{2}}}^1 \frac{h}{h^2+x^2} f(x)\mathrm{d}x\right| \leqslant M \cdot \int_{h^{\frac{1}{2}}}^1 \frac{h}{h^2+x^2} \mathrm{d}x$$
$$= M \cdot \left[\arctan\frac{x}{h}\Big|_{\sqrt{h}}^1\right] = M \cdot \left[\arctan\frac{1}{h} - \arctan\frac{1}{\sqrt{h}}\right]$$
$$\to M\left(\frac{\pi}{2} - \frac{\pi}{2}\right) = 0 \quad (h \to 0^+).$$

故原式成立.

证法 2 因为 $\lim\limits_{h\to 0^+}\int_0^1 \frac{h}{h^2+x^2} f(x)\mathrm{d}x = \frac{\pi}{2}$, 所以有

$$\lim_{h\to 0^+}\int_0^1 \frac{h}{h^2+x^2} f(0)\mathrm{d}x = \frac{\pi}{2} f(0).$$

下证: $\lim\limits_{h\to 0^+}\int_0^1 \frac{h}{h^2+x^2}(f(x)-f(0))\mathrm{d}x = 0.$ 而

$$\int_0^1 \frac{h}{h^2+x^2}(f(x)-f(0))\mathrm{d}x$$
$$= \int_0^\delta \frac{h}{h^2+x^2}(f(x)-f(0))\mathrm{d}x + \int_\delta^1 \frac{h}{h^2+x^2}(f(x)-f(0))\mathrm{d}x = I + J.$$

因为对任意 $\varepsilon \geqslant 0, \exists \delta > 0$, 当 $x \in [0,\delta]$ 时, 有

$$|f(x) - f(0)| < \frac{\varepsilon}{\pi}.$$

从而 $|I| \leqslant \int_0^\delta \frac{h}{h^2+x^2} \frac{\varepsilon}{\pi}\mathrm{d}x = \frac{\varepsilon}{\pi}\arctan\frac{\delta}{h} \leqslant \frac{\varepsilon}{\pi} \cdot \frac{\pi}{2} = \frac{\varepsilon}{2}.$

固定 δ, 有

$$|J| = \left|\int_\delta^1 \frac{h}{h^2+x^2}(f(x)-f(0))\mathrm{d}x\right|$$
$$\leqslant h\int_\delta^1 \frac{1}{x^2}|f(x)-f(0)|\,\mathrm{d}x$$
$$\leqslant h \cdot M,$$

其中 $M = \int_\delta^1 \frac{1}{x^2}|f(x)-f(0)|\,\mathrm{d}x$ 为定数.

当 $0 < h < \dfrac{\varepsilon}{2M}$ 时, 就有 $|J| < \dfrac{\varepsilon}{2}.$

于是
$$|I+J| < \frac{\varepsilon}{2} + \frac{\varepsilon}{2} \quad \left(0 < h < \frac{\varepsilon}{M}\right).$$

注 例 14—例 16 都是与积分有关的极限问题.

例 17 若 φ 在 $[0,a]$ 上连续, f 处处二阶可导, 且 $f''(t) \geqslant 0$, 则有
$$\frac{1}{a}\int_0^a f[\varphi(x)]\mathrm{d}x \geqslant f\left[\frac{1}{a}\int_0^a \varphi(x)\mathrm{d}x\right].$$

分析 设 $A = \frac{1}{a}\int_0^a \varphi(x)\mathrm{d}x$, 结论要证
$$\int_0^a f[\varphi(x)]\mathrm{d}x \geqslant af(A).$$

因为 f 是可微的函数, 故 $\forall t \in \varphi([0,a])$, 有
$$f(t) \geqslant f(A) + f'(A)(t-A).$$

注意 $A \in \varphi([0,a])$.

现令 $t = \varphi(x)$, 就有 $f[\varphi(x)] \geqslant f(A) + f'(A)(\varphi(x) - A)$. 再积分, 即可得不等式成立.

证明 设 $A = \frac{1}{a}\int_0^a \varphi(x)\mathrm{d}x \in \varphi([0,a]), \forall t \in \varphi([0,a])$, 由 $f''(t) \geqslant 0$, 得
$$f(t) \geqslant f(A) + f'(A)(t-A),$$

用 $t = \varphi(x)$ 代入, 得
$$f[\varphi(x)] \geqslant f(A) + f'(A)(\varphi(x) - A),$$

在 $[0,a]$ 上积分, 得到
$$\int_0^a f[\varphi(x)]\mathrm{d}x \geqslant \int_0^a [f(A) + f'(A)(\varphi(x) - A)]\mathrm{d}x$$
$$= a \cdot f(A) + f'(A)\int_0^a \varphi(x)\mathrm{d}x - a \cdot A f'(A)$$
$$= a \cdot f(A) = a \cdot f\left[\frac{1}{a}\int_0^a \varphi(x)\mathrm{d}x\right].$$

结论成立.

例 18 若 $f(x)$ 在 $[a,b]$ 上连续, $f(x) > 0$, 则
$$\ln\left(\frac{1}{b-a}\int_a^b f(x)\mathrm{d}x\right) \geqslant \frac{1}{b-a}\int_a^b \ln f(x)\mathrm{d}x.$$

证明 把 $[a,b]$ 等分成 n 等份, 分点为
$$a = x_0 < x_1 < x_2 < \cdots < x_n = b.$$
任取 $\xi_i \in (x_{i-1}, x_i)$, 因为 $f(x) > 0$, 所以 $\dfrac{1}{b-a}\sum\limits_{i=1}^{n} f(\xi_i)\dfrac{b-a}{n} = \dfrac{1}{n}\sum\limits_{i=1}^{n} f(\xi_i) \geqslant \prod\limits_{i=1}^{n} f(\xi_i)^{\frac{1}{n}}$ (算数平均值大于几何平均值), 因为 $\ln u$ 为递增连续函数, 所以
$$\ln\left(\dfrac{1}{b-a}\sum_{i=1}^{n} f(\xi_i)\dfrac{b-a}{n}\right) \geqslant \dfrac{1}{n}\sum_{i=1}^{n}\ln f(\xi_i) = \dfrac{1}{b-a}\sum_{i=1}^{n}\ln f(\xi_i)\dfrac{b-a}{n}.$$
令 $n \to \infty$, 得
$$\ln\left(\dfrac{1}{b-a}\int_a^b f(x)\mathrm{d}x\right) \geqslant \dfrac{1}{b-a}\int_a^b \ln(f(x))\mathrm{d}x.$$

例 19 若函数 f 在 $[a,b]$ 上可积, $f(x) \geqslant m > 0$, 则
$$\int_a^b f \cdot \int_a^b \dfrac{1}{f} \geqslant (b-a)^2.$$

证明 把 $[a,b]$ 区间 n 等分, 分点为 $x_i = a + \dfrac{i(b-a)}{n}, i = 0, 1, 2, \cdots, n$. $\Delta x_i = \dfrac{b-a}{n}$, 则
$$\sum_{i=1}^{n} f(x_i)\dfrac{b-a}{n} = (b-a)\dfrac{1}{n}\sum_{i=1}^{n} f(x_i) \geqslant (b-a)\dfrac{n}{\sum\limits_{i=1}^{n}\dfrac{1}{f(x_i)}}$$
$$= \dfrac{(b-a)^2}{\sum\limits_{i=a}^{n}\dfrac{1}{f(x_i)}\dfrac{b-a}{n}} \quad \text{(算术平均值大于调和平均值, 当 } f(x_i) > 0 (i=1,2,\cdots,n)\text{)}.$$

由 $f(x) > 0$, 得 $\left(\sum\limits_{i=1}^{n} f(x_i)\dfrac{b-a}{n}\right)\left(\sum\limits_{i=1}^{n}\dfrac{1}{f(x_i)}\dfrac{b-a}{n}\right) \geqslant (b-a)^2$.

因为 $f(x)$ 与 $\dfrac{1}{f(x)}$ 在 $[a,b]$ 上都可积, 令 $n \to \infty$, 得
$$\int_a^b f(x)\,\mathrm{d}x \cdot \int_a^b \dfrac{1}{f(x)}\mathrm{d}x \geqslant (b-a)^2.$$

例 20 设函数 $f(x)$ 在 $[0,1]$ 上有连续的导数, 证明:
$$\int_0^1 |f(x)|\,\mathrm{d}x \leqslant \max\left\{\left|\int_0^1 f(x)\mathrm{d}x\right|, \int_0^1 |f'(x)|\,\mathrm{d}x\right\}.$$

证明 由定积分的性质知:$\left|\int_0^1 f(x)\mathrm{d}x\right| \leqslant \int_0^1 |f(x)|\mathrm{d}x.$

(1) 若 $\left|\int_0^1 f(x)\mathrm{d}x\right| = \int_0^1 |f(x)|\mathrm{d}x$, 结论成立.

(2) 若 $\left|\int_0^1 f(x)\mathrm{d}x\right| < \int_0^1 |f(x)|\mathrm{d}x$, 则 $f(x)$ 在 $[0,1]$ 上变号, 由 $f(x)$ 的连续性可知, $\exists x_0 \in [0,1]$ 使 $f(x_0) = 0$, 于是

$$|f(x)| = |f(x) - f(x_0)| = \left|\int_{x_0}^x f'(t)\mathrm{d}t\right|$$

$$\leqslant \int_{x_0}^x |f'(t)|\,\mathrm{d}t(x \geqslant x_0) \left(\text{或} \leqslant \int_x^{x_0} |f'(t)|\,\mathrm{d}t(x \leqslant x_0)\right)$$

$$\leqslant \int_0^1 |f'(x)|\,\mathrm{d}x.$$

即, $\forall x \in [0,1]$, 有 $|f(x)| \leqslant \int_0^1 |f'(x)|\mathrm{d}x.$

两边从 0 到 1 积分就有

$$\int_0^1 |f(x)|\,\mathrm{d}x \leqslant \int_0^1 |f'(x)|\mathrm{d}x,$$

结论成立.

注 例 17—例 20 都是与积分有关的不等式问题.

3. 广义积分

例 21 求 $I = \int_{-\infty}^{+\infty} \dfrac{1+x^2}{1+x^4}\mathrm{d}x.$

分析 这里被积函数是偶函数, 关于原点对称, 故

$$I = 2\int_0^{+\infty} \frac{1+x^2}{1+x^4}\mathrm{d}x.$$

又因为当 $x \geqslant 0$ 时, 有

$$1 + x^4 = (1+x^2)^2 - 2x^2 = (1 + x^2 + \sqrt{2}x)(1 + x^2 - \sqrt{2}x).$$

于是,

$$I = 2\int_0^{+\infty} \frac{1+x^2}{1+x^4}\mathrm{d}x = \int_0^{+\infty} \left(\frac{1}{1+x^2+\sqrt{2}x} + \frac{1}{1+x^2-\sqrt{2}x}\right)\mathrm{d}x.$$

分别求之即可求得结果.

解 当 $x \geqslant 0$ 时, 有

$$1 + x^4 = (1+x^2)^2 - 2x^2 = \left(1+x^2+\sqrt{2}x\right)\left(1+x^2-\sqrt{2}x\right),$$

$$I = 2\int_0^{+\infty} \frac{1+x^2}{1+x^4}\mathrm{d}x = \int_0^{+\infty}\left(\frac{1}{1+x^2+\sqrt{2}x}+\frac{1}{1+x^2-\sqrt{2}x}\right)\mathrm{d}x$$

$$= \int_0^{+\infty}\frac{\mathrm{d}x}{\left(x+\frac{1}{\sqrt{2}}\right)^2+\frac{1}{2}}+\int_0^{+\infty}\frac{\mathrm{d}x}{\left(x-\frac{1}{\sqrt{2}}\right)^2+\frac{1}{2}}$$

$$= \sqrt{2}\left(\arctan\frac{x+\frac{1}{\sqrt{2}}}{\frac{1}{\sqrt{2}}}+\arctan\frac{x-\frac{1}{\sqrt{2}}}{\frac{1}{\sqrt{2}}}\right)\Bigg|_0^{+\infty}$$

$$= \sqrt{2}\left(\frac{\pi}{2}-\frac{\pi}{4}+\frac{\pi}{2}+\frac{\pi}{4}\right) = \sqrt{2}\pi.$$

例 22 求积分 $I = \int_0^{+\infty} \frac{1}{(1+x^2)^2}\mathrm{d}x.$

分析 求解本题的积分, 如果能注意到以下三点:

(1) $\left(\frac{1}{1+x^2}\right)' = \frac{-2x}{(1+x^2)^2};$

(2) $I = \int_0^{+\infty} \frac{1}{(1+x^2)^2}\mathrm{d}x = \int_0^{+\infty} \frac{1}{1+x^2}\mathrm{d}x - \int_0^{+\infty} \frac{x^2}{(1+x^2)^2}\mathrm{d}x;$

(3) $-\int_0^{+\infty} \frac{x^2}{(1+x^2)^2}\mathrm{d}x = \frac{1}{2}\int_0^{+\infty} x\left(\frac{1}{1+x^2}\right)'\mathrm{d}x,$

问题就可以迎刃而解了.

解 因为 $\left(\frac{1}{1+x^2}\right)' = \frac{-2x}{(1+x^2)^2}$, 所以

$$I = \int_0^{+\infty} \frac{1}{(1+x^2)^2}\mathrm{d}x = \int_0^{+\infty}\frac{1}{1+x^2}\mathrm{d}x - \int_0^{+\infty}\frac{x^2}{(1+x^2)^2}\mathrm{d}x$$

$$= (\arctan x)\Big|_0^{+\infty} + \frac{1}{2}\int_0^{+\infty} x\left(\frac{1}{1+x^2}\right)'\mathrm{d}x$$

$$= \frac{\pi}{2} + \frac{1}{2}\left(x\cdot\frac{1}{1+x^2}\Big|_0^{+\infty} - \int_0^{+\infty}\frac{1}{1+x^2}\mathrm{d}x\right) = \frac{\pi}{4}.$$

例 23 计算积分 $\int_0^{\frac{\pi}{6}} \frac{1}{\cos x \sqrt{\sin x}}\mathrm{d}x.$

分析　这是瑕积分,瑕点 $x=0$,可先求出不定积分

$$\int \frac{1}{\cos x \sqrt{\sin x}} \mathrm{d}x,$$

然后根据瑕积分的定义,计算所给积分的值.

解　因为

$$\int \frac{1}{\cos x \sqrt{\sin x}} \mathrm{d}x = 2\int \frac{\mathrm{d}\sqrt{\sin x}}{\cos^2 x} = 2\int \frac{\mathrm{d}\sqrt{\sin x}}{1-\sin^2 x}$$

$$= \int \left(\frac{1}{1-\sin x} + \frac{1}{1+\sin x}\right) \mathrm{d}\left(\sqrt{\sin x}\right)$$

$$= \frac{1}{2}\ln\left[\frac{1+\sqrt{\sin x}}{1-\sqrt{\sin x}}\right] + \arctan\left(\sqrt{\sin x}\right) + C,$$

所以

$$原式 = \lim_{\varepsilon \to 0^+} \left[\frac{1}{2}\ln\left[\frac{1+\sqrt{\sin x}}{1-\sqrt{\sin x}}\right] + \arctan\left(\sqrt{\sin x}\right)\right]\Bigg|_{\varepsilon}^{\frac{\pi}{6}}$$

$$= \frac{1}{2}\ln\left(3+2\sqrt{2}\right) + \arctan\frac{\sqrt{2}}{2}.$$

例 24　设 $f'(x)$ 在闭区间 $[0,1]$ 上连续,且 $f'(x) > 0$. 试证明广义积分

$$\int_0^1 \frac{f(x)-f(0)}{x^\alpha} \mathrm{d}x$$

当 $\alpha < 2$ 时收敛,当 $\alpha > 2$ 时发散.

分析　已知 $\int_0^1 \frac{1}{x^p} \mathrm{d}x$,当 $0 < p < 1$ 时收敛,当 $p \geqslant 1$ 时发散.

设 $m = \min\limits_{x \in [0,1]} f'(x), M = \max\limits_{x \in [0,1]} f'(x)$,由拉格朗日中值定理得

$$mx \leqslant f(x) - f(0) = f'(\xi)x \leqslant Mx.$$

于是

$$\frac{m}{x^{\alpha-1}} \leqslant \frac{f(x)-f(0)}{x^\alpha} \leqslant \frac{M}{x^{\alpha-1}}.$$

根据瑕积分的比较原则即得证.

证明　设 $m = \min\limits_{x \in [0,1]} f'(x), M = \max\limits_{x \in [0,1]} f'(x)$. 因为 $f'(x) > 0$,所以 $m > 0$,$M > 0$. 由拉格朗日中值定理,有

$$f(x) - f(0) = f'(\xi)x.$$

于是, 当 $x \in [0,1]$ 时, 有

$$mx \leqslant f(x) - f(0) \leqslant Mx,$$

$$\frac{m}{x^{\alpha-1}} \leqslant \frac{f(x) - f(0)}{x^\alpha} \leqslant \frac{M}{x^{\alpha-1}}.$$

由此即知, 当 $\alpha < 2$ 时, 由 $\int_0^1 \frac{M}{x^{\alpha-1}} \mathrm{d}x$ 收敛, 知 $\int_0^1 \frac{f(x)-f(0)}{x^\alpha} \mathrm{d}x$ 收敛; 当 $\alpha > 2$ 时, 由 $\int_0^1 \frac{m}{x^{\alpha-1}} \mathrm{d}x$ 发散, 知 $\int_0^1 \frac{f(x)-f(0)}{x^\alpha} \mathrm{d}x$ 发散.

例 25 设 $f(x), g(x)$ 在 $[0,1]$ 上的导数连续, 且 $f(0) = 0, f'(x) \geqslant 0, g'(x) \geqslant 0$. 证明对任何 $a \in [0,1]$, 有

$$\int_0^a g(x)f'(x)\mathrm{d}x + \int_0^1 f(x)g'(x)\mathrm{d}x \geqslant f(a)g(1).$$

证法 1 设

$$F(x) = \int_0^x g(t)f'(t)\mathrm{d}t + \int_0^1 f(t)g'(t)\mathrm{d}t - f(x)g(1), \quad x \in [0,1],$$

则 $F(x)$ 在 $[0,1]$ 上的导数连续, 并且

$$F'(x) = g(x)f'(x) - f'(x)g(1)$$
$$= f'(x)[g(x) - g(1)],$$

由于 $x \in [0,1]$ 时, $f'(x) \geqslant 0, g'(x) \geqslant 0$, 因此 $F'(x) \leqslant 0$, 即 $F(x)$ 在 $[0,1]$ 上单调递减. 注意到

$$F(1) = \int_0^1 g(t)f'(t)\mathrm{d}t + \int_0^1 f(t)g'(t)\mathrm{d}t - f(1)g(1),$$

而

$$\int_0^1 g(t)f'(t)\mathrm{d}t = \int_0^1 g(t)\mathrm{d}f(t) = g(t)f(t)\Big|_0^1 - \int_0^1 f(t)g'(t)\mathrm{d}t = f(1)g(1) - \int_0^1 f(t)g'(t)\mathrm{d}t,$$

故 $F(1) = 0$.

因此 $x \in [0,1]$ 时, $F(x) \geqslant 0$, 由此可得对任何 $a \in [0,1]$, 有

$$\int_0^a g(x)f'(x)\mathrm{d}x + \int_0^1 f(x)g'(x)\mathrm{d}x \geqslant f(a)g(1).$$

证法 2

$$\int_0^a g(x)f'(x)\mathrm{d}x$$

$$=g(x)f(x)\Big|_0^a - \int_0^a f(x)g'(x)\mathrm{d}x$$
$$=f(a)g(a) - \int_0^a f(x)g'(x)\mathrm{d}x,$$

$$\int_0^a g(x)f'(x)\mathrm{d}x + \int_0^1 f(x)g'(x)\mathrm{d}x$$
$$=f(a)g(a) - \int_0^a f(x)g'(x)\mathrm{d}x + \int_0^1 f(x)g'(x)\mathrm{d}x$$
$$=f(a)g(a) + \int_a^1 f(x)g'(x)\mathrm{d}x.$$

由于 $x \in [0,1]$ 时, $f'(x) \geqslant 0$, 因此 $f(x)$ 在 $[0,1]$ 上单调递增,

$$f(x) \geqslant f(a) \quad (x \in [a,1]),$$

又由于 $x \in [0,1]$ 时, $g'(x) \geqslant 0$, 因此

$$f(x)g'(x) \geqslant f(a)g'(x) \quad (x \in [a,1]),$$
$$\int_a^1 f(x)g'(x)\mathrm{d}x \geqslant \int_a^1 f(a)g'(x)\mathrm{d}x = f(a)[g(1) - g(a)],$$

从而,
$$\int_0^a g(x)f'(x)\mathrm{d}x + \int_0^1 f(x)g'(x)\mathrm{d}x \geqslant f(a)g(a) + f(a)[g(1) - g(a)] = f(a)g(1).$$

说明 定积分不等式的证明方法:
(1) 利用被积函数的不等式和积分的保序性;
(2) 利用微积分基本公式;
(3) 利用积分中值定理.

练 习 题 4

1. 单项选择题.

(1) 若 $\int_0^k \mathrm{e}^{2x}\mathrm{d}x = \dfrac{3}{2}$, 则 $k = ($).

(A) 1;   (B) 2;   (C) $\ln 2$;   (D) $\dfrac{1}{2}\ln 2$.

(2) 若 $\int_0^x f(t)\mathrm{d}t = 2x^3$, 则 $\int_0^{\frac{\pi}{2}} \cos x f(-\sin x)\mathrm{d}x = ($).

(A) $\dfrac{\pi^3}{4}$;   (B) $-\dfrac{\pi^3}{4}$;   (C) 2;   (D) -2.

(3) 若 $f(x) = \begin{cases} \sqrt{x}, & 0 \leqslant x \leqslant 1, \\ e^{-x}, & 1 < x \leqslant 3, \end{cases}$ 则 $\int_0^3 f(x)dx = ($ $)$.

(A) $2 - e^{-3}$; (B) $\frac{2}{3} + \frac{e^2 - 1}{e^3}$; (C) 不存在; (D) $\frac{4}{3} - e^{-3}$.

(4) 若 k 为整数且使 $\int_{-k}^{k} \sin x^3 dx = k^2 - 4$, 则 $k = ($ $)$.

(A) 1; (B) ± 2; (C) 0; (D) $\sqrt{5}$.

2. 多项选择题.

(1) 在某个区间上, 以下陈述正确的是 ( ).

(A) 恒为零的函数有一个原函数 $y = 0$;

(B) 恒为零的函数的任一原函数为常数;

(C) 有一个原函数为零的函数必恒为零;

(D) 有一个原函数为常数的函数必恒为零.

(2) $\int e^x dx = ($ $)$.

(A) $e^x + \frac{C}{2}$; (B) $e^x + C^2$; (C) $e^x + C^3$; (D) $e^x + \frac{1}{C}$.

(3) 要通过令 $\sqrt[n]{2x+1} = t$ 使 $\int \frac{\sqrt[6]{2x+1}}{x^2 + \sqrt[4]{2x+1}} dx$ 化为有理函数积分, 应取 $n = ($ $)$.

(A) 4; (B) 6; (C) 12; (D) 24.

3. 用第一换元法求不定积分.

(1) $\int \frac{\ln x + \ln 2x}{x} dx$; (2) $\int \frac{1}{1 + \sin x} dx$;

(3) $\int \frac{1}{e^x + e^{-x}} dx$.

4. 用第二换元法求不定积分.

(1) $\int \frac{\sqrt{x}}{1 - \sqrt[3]{x}} dx$; (2) $\int \frac{1}{x\sqrt{1+x^2}} dx$;

(3) $\int x^3 \sqrt{1-x^2} dx$.

5. 用分部积分法求不定积分.

(1) $\int \sqrt{a^2 + x^2} dx \ (a > 0)$; (2) $\int \ln\left(x + \sqrt{1+x^2}\right) dx$;

(3) $\int (\ln x)^n dx$.

6. 求下列不定积分:

(1) $\int \frac{1}{\sqrt{x+1} + \sqrt{x-1}} dx$; (2) $\int \frac{\sin x \cos^3 x}{1 + \cos^2 x} dx$;

(3) $\int \frac{1}{\sqrt{x}\sqrt{1+\sqrt{x}}} dx$; (4) $\int \frac{\sqrt[3]{x}}{x(\sqrt{x} + \sqrt[3]{x})} dx$;

(5) $\int \dfrac{\sin^2 x \cos x}{1+\sin^2 x} \mathrm{d}x$;

(6) $\int (\tan^2 x + \tan^4 x)\mathrm{d}x$;

(7) $\int \mathrm{e}^x \cos^2 x \mathrm{d}x$;

(8) $\int \dfrac{1+x^2}{x\sqrt{1+x^4}} \mathrm{d}x$;

(9) $\int \sqrt{\dfrac{1-\mathrm{e}^x}{1+\mathrm{e}^x}} \mathrm{d}x$;

(10) $\int \sqrt{\dfrac{x-1}{x+1}} \dfrac{1}{x^2} \mathrm{d}x$;

(11) $\int \dfrac{\cos x}{\sin^3 x - \cos^3 x} \mathrm{d}x$;

(12) $\int \sec^3 x \mathrm{d}x$.

7. 证明函数 $f(x) = \dfrac{\mathrm{e}^x}{\mathrm{e}^{100x}+\mathrm{e}^x+1}$ 的原函数均为初等函数.

8. 证明: 若 $f(x)$ 在 $[0,1]$ 上可积, 且 $\int_0^1 f(x)\mathrm{d}x > 0$, 则存在某个区间 $[a,b] \subset [0,1]$, 使对任意 $x \in [a,b]$ 有 $f(x) > 0$.

9. 计算定积分.

(1) $\int_{-1}^4 \max\{x^2, 1\}\mathrm{d}x$;

(2) $\int_0^1 t\mathrm{e}^{\sqrt{t}}\mathrm{d}t$;

(3) $\int_{-1}^1 \mathrm{e}^{|x|} x^2 \mathrm{d}x$;

(4) $\int_0^{\frac{\pi}{4}} \dfrac{1-\tan x}{1+\tan x}\mathrm{d}x$;

(5) $\int_0^3 \dfrac{x}{1+\sqrt{1+x}} \mathrm{d}x$;

(6) $\int_0^1 \ln\sqrt{\dfrac{(x+1)(x+2)}{(x+3)(x+4)}} \mathrm{d}x$.

10. 设 $f(x)$ 在 $[a,+\infty)$ 一致连续, 且 $\int_a^{+\infty} f(x)\mathrm{d}x$ 收敛, 证明: $\lim\limits_{x \to +\infty} f(x) = 0$.

11. 设 $f(x)$ 为 $(-\infty, +\infty)$ 上连续周期函数, 周期为 T. 证明: 对任意实数 a, $\int_a^{a+T} f(x)\mathrm{d}x = \int_0^T f(x)\mathrm{d}x$.

12. 设函数 $f(x)$ 在 $[0,1]$ 上连续可微, 证明:
$$|f(x)| \leqslant \int_0^1 \left[|f(x)|+|f'(x)|\right]\mathrm{d}x, \quad 0 \leqslant x \leqslant 1.$$

13. 设 $f(x) = \int_x^{x+1} \sin t^2 \mathrm{d}t$, 证明 $x > 0$ 时 $|f(x)| < \dfrac{1}{x}$, 由此导出 $\lim\limits_{x \to +\infty} f(x) = 0$.

14. 设函数 $f(x)$ 在 $[-1,1]$ 上连续, 证明:
$$\lim_{h \to 0^+} \int_{-1}^1 \dfrac{h}{h^2+x^2} f(x)\mathrm{d}x = \pi f(0).$$

15. 判断下列非正常积分的收敛性:

(1) $\int_0^{+\infty} \dfrac{\mathrm{d}x}{x\ln x(\ln\ln x)^n}$;

(2) $\int_1^{+\infty} \left(\dfrac{x}{x^2+p} - \dfrac{p}{x+1}\right)\mathrm{d}x$;

(3) $\int_0^{+\infty} \dfrac{x^2 \ln x}{x^4 - x^3 + 1} \mathrm{d}x$;   (4) $\int_0^{+\infty} \dfrac{x}{1 + x^2 \cos^2 x} \mathrm{d}x$.

16. 证明：$\int_0^{+\infty} f\left(\dfrac{x}{a} + \dfrac{a}{x}\right) \dfrac{\ln x}{x} \mathrm{d}x = \ln a \int_0^{+\infty} f\left(\dfrac{x}{a} + \dfrac{a}{x}\right) \dfrac{1}{x} \mathrm{d}x, a > 0$.

17. 设 f, g 为 $[a, +\infty)$ 上的连续可微函数，且 $f'(x) \geqslant 0$，$\lim\limits_{x \to +\infty} f(x) = 0$，$g$ 在 $[a, +\infty)$ 上有界. 证明：$\int_a^{+\infty} f(x) g'(x) \mathrm{d}x$ 收敛.

18. 求过抛物线 $y^2 = 4ax(a > 0)$ 焦点的一条直线使其与抛物线围成区域的面积为最小.

19. 求曲线 $x = \mathrm{e}^t \sin t, y = \mathrm{e}^t \cos t \left(0 \leqslant t \leqslant \dfrac{\pi}{2}\right)$ 的弧长.

20. 求曲线 $y = -\sin x + 1, y = \cos x (0 \leqslant x \leqslant \pi)$ 与直线 $x = \pi$ 所围成的平面图形的面积.

21. 求曲线 $x = 2t - t^2, y = 2t^2 - t^3$ 所围图形的面积 S.

第5讲 级 数

5.1 知识结构

常数项级数
- 正项级数
  - 概念：收敛、发散、和
  - 收敛性
    - 比较判别法
    - 比式判别法
    - 根式判别法
    - 积分判别法
- 交错级数
  - 概念
  - 莱布尼茨定理
  - 条件收敛、绝对收敛
- 一般项级数
  - 概念
  - 阿贝尔判别法，狄利克雷判别法
- 两个基本级数
  - 几何级数：$\sum_{n=1}^{\infty} q^n, |q| < 1$
  - p 级数：$\sum_{n=1}^{\infty} \dfrac{1}{n^p}$ ($p>1$ 时收敛, $p \leqslant 1$ 时发散)

项级数
- 概念：收敛域、和函数
- 一致收敛性及其判别法
- 幂函数
  - 概念：收敛半径，收敛域
  - 性质：逐项微分，逐项积分
  - 泰勒展开式
    - 泰勒级函数
    - 麦克劳林 (Maclaurin) 级数
    - 常见函数 $\dfrac{1}{1+x}$, e^x, $\ln(1+x)$
    - $\sin x$ 与 $\cos x$ 展开式

傅里叶 (Fourier) 级数 $\begin{cases} \text{傅里叶展开式}: S(x) = \dfrac{a_0}{2} + \sum_{n=1}^{\infty}(a_n\cos nx + b_n\sin nx) \\ \text{以}2\pi\text{为周期的函数的傅里叶级数} \\ \text{以}2l\text{为周期的函数的傅里叶级数} \\ \text{收敛定理}: S(x) = \begin{cases} f(x), & \text{连续点处} \\ \dfrac{1}{2}[f(x-0)+f(x+0)], & \text{间断点处} \end{cases} \\ \text{奇延拓与偶延拓} \\ \text{正弦级数, 余弦级数} \end{cases}$

5.2 内 容 精 析

1. 收敛级数的定义.

设 $\sum_{n=1}^{\infty} u_n$ 是一数项级数, $\{S_n\}$ 是其部分和数列. 若数列 $\{S_n\}$ 收敛于 S, 则称数列级数 $\sum_{n=1}^{\infty} u_n$ 收敛, 并称 S 是数列级数 $\sum_{n=1}^{\infty} u_n$ 的和.

2. 级数收敛的柯西准则.

级数 $\sum_{n=1}^{\infty} u_n$ 收敛的充要条件是: $\forall \varepsilon > 0, \exists N > 0$, 当 $n > N$ 时, 对任意的自然数 p, 有 $|u_{n+1} + u_{n+2} + \cdots + u_{n+p}| < \varepsilon$.

由此充要条件立即可得: 若级数 $\sum_{n=1}^{\infty} u_n$ 收敛, 则 $\lim_{n \to \infty} u_n = 0$.

3. 正项级数 $\sum_{n=1}^{\infty} u_n$ 收敛的充要条件是其部分和数列 $\{S_n\}$ 有界.

4. 正项级数收敛的判别法有: ①比较原则; ②比式判别法; ③根式判别法以及它们的极限形式; ④积分判别法.

5. 交错级数的莱布尼茨判别法: 若交错级数 $\sum_{n=1}^{\infty}(-1)^{n-1}u_n$ 满足①数列 $\{u_n\}$ 单调减少; ② $\lim_{n \to \infty} u_n = 0$, 则级数 $\sum_{n=1}^{\infty}(-1)^{n-1}u_n$ 收敛.

由此立即可得: 若交错级数 $\sum_{n=1}^{\infty}(-1)^{n-1}u_n$ 满足莱布尼茨判别法的条件, 则有它的余项估计式 $|R_n| = |S_n - S| \leqslant u_{n+1}$.

6. 一般项级数收敛判别法.

(1) 阿贝尔判别法: 若 $\{a_n\}$ 是单调有界数列, 级数 $\sum\limits_{n=1}^{\infty} b_n$ 收敛, 则级数 $\sum\limits_{n=1}^{\infty} a_n b_n$ 收敛.

(2) 狄利克雷判别法: 若 $\{a_n\}$ 是单调递减的, 且 $\lim\limits_{n\to\infty} a_n = 0$, 级数 $\sum\limits_{n=1}^{\infty} b_n$ 的部分和有界, 则级数 $\sum\limits_{n=1}^{\infty} a_n b_n$ 收敛.

7. 绝对收敛的概念与绝对收敛级数的性质.

若级数 $\sum\limits_{n=1}^{\infty} |u_n|$ 收敛, 则称级数 $\sum\limits_{n=1}^{\infty} u_n$ 是绝对收敛的; 若级数 $\sum\limits_{n=1}^{\infty} u_n$ 收敛, 而级数 $\sum\limits_{n=1}^{\infty} |u_n|$ 发散, 则称级数 $\sum\limits_{n=1}^{\infty} u_n$ 是条件收敛的.

性质 1 若级数 $\sum\limits_{n=1}^{\infty} u_n$ 是绝对收敛的, 则其任何重排后得到的级数仍收敛, 且其和不变.

性质 2 级数 $\sum\limits_{n=1}^{\infty} u_n$ 与级数 $\sum\limits_{n=1}^{\infty} v_n$ 都是绝对收敛的, 且分别收敛于 A 与 B, 则级数 $\sum\limits_{n=1}^{\infty} u_n$ 与级数 $\sum\limits_{n=1}^{\infty} v_n$ 的乘积的任意重排所得的级数 $\sum\limits_{n=1}^{\infty} \omega_n$ 仍然收敛且其和为 AB.

8. 泰勒展开式.

函数 $f(x)$ 能在区间 $(a-R, a+R), R > 0$ 上展开成泰勒级数的充分必要条件是它无穷可微, 且该函数泰勒公式中的余项在 $n \to \infty$ 时在上述区间内趋于零.

展开式具有形式

$$f(x) = \sum_{k=0}^{\infty} \frac{f^{(k)}(a)}{k!}(x-a)^k.$$

展开成泰勒级数的函数 $f(x)$ 称为解析的, 且其展开式是唯一的.

9. 基本初等函数的展开.

5 个基本展开式:

(1) $e^x = \sum\limits_{n=0}^{\infty} \frac{x^n}{n!}, |x| < \infty.$

(2) $\sin x = \sum\limits_{n=0}^{\infty} \frac{(-1)^n x^{2n+1}}{(2n+1)!}, |x| < \infty.$

(3)$\cos x = \sum_{n=0}^{\infty} \frac{(-1)^n x^{2n}}{(2n)!}, |x| < \infty.$

(4)$(1+x)^m = 1 + \sum_{n=1}^{\infty} \frac{m(m-1)\cdots(m-n+1)}{n!} x^n, -1 < x < 1.$

(5)$\ln(1+x) = \sum_{n=1}^{\infty} \frac{(-1)^{n-1} x^n}{n}, -1 < x \leqslant 1.$

5.3 解 (证) 题方法分析

1. 数项级数

数项级数的收敛性的判别方法如下.

(1) 利用级数收敛性的定义, 直接考察部分和数列的收敛性.

(2) 利用柯西准则.

(3) 利用收敛级数的运算性质.

(4) 正项级数判别法 (变号级数绝对收敛性的判别法): ①比较法 (不等式形式, 极限形式); ②积分法; ③常用的柯西法 (根审法)、达朗贝尔 (D'Alembert) 法 (比审法)、拉贝 (Raabe) 法.

(5) 变号级数判别法: ①交错级数常用莱布尼茨法; ②非交错级数常用狄利克雷判别法和阿贝尔判别法.

例 1 证明级数 $\frac{1}{1 \cdot 4} + \frac{1}{4 \cdot 7} + \frac{1}{7 \cdot 10} + \cdots + \frac{1}{(3n-2)(3n+1)} + \cdots$ 收敛并求其和.

分析 从定义出发, 先求出该级数的前 n 项部分和 S_n, 然后求 $\lim_{n \to \infty} S_n$ 即可.

解 级数的前 n 项部分和为

$$S_n = \frac{1}{1 \cdot 4} + \frac{1}{4 \cdot 7} + \cdots + \frac{1}{(3n-2)(3n+1)}$$

$$= \frac{1}{3} \left[\left(1 - \frac{1}{4}\right) + \left(\frac{1}{4} - \frac{1}{7}\right) + \cdots + \left(\frac{1}{3n-2} - \frac{1}{3n+1}\right) \right]$$

$$= \frac{1}{3} \left(1 - \frac{1}{3n+1}\right).$$

$$\lim_{n \to \infty} S_n = \lim_{n \to \infty} \frac{1}{3} \left(1 - \frac{1}{3n+1}\right) = \frac{1}{3}.$$

据级数收敛的定义知, 级数 $\sum_{n=1}^{\infty} \left(\frac{1}{(3n-2)(3n+1)} \right)$ 收敛, 其和为 $\frac{1}{3}$.

说明 求解本题的关键是要知道级数的通项

$$\frac{1}{(3n-2)(3n+1)} = \frac{1}{3}\left(\frac{1}{3n-2} - \frac{1}{3n+1}\right),$$

由此即可写出级数的前 n 项部分和

$$S_n = \frac{1}{3}\left(1 - \frac{1}{3n+1}\right),$$

这样就不难求得本题的解了.

例 2 级数 $\sum_{n=1}^{\infty} \frac{n}{2^n}$ 收敛吗? 若收敛, 并求其和.

分析 由正项级数的比值判别法, 易知级数 $\sum_{n=1}^{\infty} \frac{n}{2^n}$ 收敛, 从而有 $\lim_{n \to \infty} \frac{n}{2^n} = 0$. 为了求得收敛级数 $\sum_{n=1}^{\infty} \frac{n}{2^n}$ 的和, 还需从定义出发, 先计算该级数的前 n 项部分和 S_n, 然后求极限 $\lim_{n \to \infty} S_n$ 即得该收敛级数的和.

必须注意, 这里求 S_n, 需一定技巧: 先写出 S_n 与 $2S_n$, 再由 $2S_n - S_n$ 求得 S_n.

解 由正项级数的比值判别法知, 级数 $\sum_{n=1}^{\infty} \frac{n}{2^n}$ 收敛, 从而

$$\lim_{n \to \infty} \frac{n}{2^n} = 0,$$

$$S_n = \sum_{k=1}^{n} \frac{k}{2^k} = \frac{1}{2} + \frac{2}{2^2} + \frac{3}{2^3} + \cdots + \frac{n-1}{2^{n-1}} + \frac{n}{2^n},$$

$$2S_n = \frac{2}{2} + \frac{2}{2} + \frac{3}{2^2} + \cdots + \frac{n-1}{2^{n-2}} + \frac{n}{2^{n-1}}.$$

两式相减, 得

$$2S_n - S_n$$
$$= S_n = 1 + \left(\frac{2}{2} - \frac{1}{2}\right) + \left(\frac{3}{2^2} - \frac{2}{2^2}\right) + \cdots + \left(\frac{n}{2^{n-1}} - \frac{n-1}{2^{n-1}}\right) - \frac{n}{2^n}$$
$$= 1 + \frac{1}{2} + \frac{1}{2^2} + \cdots + \frac{1}{2^{n-1}} - \frac{n}{2^n}$$
$$= \frac{1 - \frac{1}{2^n}}{1 - \frac{1}{2}} - \frac{n}{2^n} = 2 - \frac{1}{2^{n-1}} - \frac{n}{2^n}.$$

由此, 得

$$\lim_{n \to \infty} S_n = 2,$$

故级数 $\sum\limits_{n=1}^{\infty} \dfrac{n}{2^n}$ 收敛, 其和为 2.

说明　本题的难点, 也是关键, 在于由 S_n 写出 $2S_n$, 再由 $2S_n - S_n$ 得到 S_n.

例 3　计算 $\sum\limits_{n=1}^{\infty} ne^{-nx}$.

分析　设 $\{S_n\}$ 是级数 $\sum\limits_{n=1}^{\infty} ne^{-nx}$ 的部分和数列, 通过观察发现不能通过所学公式直接求得 $\{S_n\}$, 所以需要一定的技巧: 先计算 $e^{-x}S_n$, 然后再计算 $(1-e^{-x})S_n$, 进而求得 $\{S_n\}$.

解　设 $\{S_n\}$ 是级数 $\sum\limits_{n=1}^{\infty} ne^{-nx}$ 的部分和数列. 当 $x > 0$ 时,

$$e^{-x}S_n = e^{-x}\sum_{k=1}^{n} ke^{-kx} = \sum_{k=1}^{n} ke^{-(k+1)x}$$

$$= e^{-2x} + 2e^{-3x} + 3e^{-4x} + \cdots + (n-1)e^{-nx} + ne^{-(n+1)x}.$$

$$(1-e^{-x})S_n = e^{-x} + 2e^{-2x} + 3e^{-3x} + \cdots + ne^{-nx}$$
$$\qquad - (e^{-2x} + 2e^{-3x} + 3e^{-4x} + \cdots + (n-1)e^{-nx} + ne^{-(n+1)x})$$
$$= e^{-x} + e^{-2x} + e^{-3x} + \cdots + e^{-nx} - ne^{-(n+1)x}$$
$$= \dfrac{e^{-x}(1-e^{-nx})}{1-e^{-x}} - \dfrac{n}{e^{(n+1)x}} \to \dfrac{e^{-x}}{1-e^{-x}} \quad (n \to \infty).$$

由此得, 当 $x > 0$ 时, $\lim\limits_{n \to \infty} S_n = \dfrac{e^{-x}}{(1-e^{-x})^2}$ 收敛. 明显当 $x \leqslant 0$ 时, 级数发散.

例 4　设 $0 < x < 1$, 求级数 $\sum\limits_{n=0}^{\infty} \dfrac{x^{2^n}}{1-x^{2^{n+1}}}$ 的和.

分析　用裂项相消法先求出该级数的前 n 项部分和 S_n, 然后再求 $\lim\limits_{n \to \infty} S_n$ 即可.

解　设 $\{S_n\}$ 是级数的部分和数列.

$$S_n = \sum_{k=0}^{n}\left(\dfrac{1}{1-x^{2^k}} - \dfrac{1}{1-x^{2^{k+1}}}\right)$$
$$= \left(\dfrac{1}{1-x} - \dfrac{1}{1-x^2}\right) + \left(\dfrac{1}{1-x^2} - \dfrac{1}{1-x^{2^2}}\right) + \left(\dfrac{1}{1-x^{2^2}} - \dfrac{1}{1-x^{2^3}}\right) + \cdots$$
$$+ \left(\dfrac{1}{1-x^{2^{n-1}}} - \dfrac{1}{1-x^{2^n}}\right) + \left(\dfrac{1}{1-x^{2^n}} - \dfrac{1}{1-x^{2^{n+1}}}\right)$$

$$=\frac{1}{1-x}-\frac{1}{1-x^{2^{n+1}}}.$$

因此,当 $0<x<1$ 时,$\sum_{n=0}^{\infty}\frac{x^{2n}}{1-x^{2^{n+1}}}=\lim_{n\to\infty}S_n=\lim_{n\to\infty}\left(\frac{1}{1-x}-\frac{1}{1-x^{2^{n-1}}}\right)=\frac{1}{1-x}-1=\frac{x}{1-x}.$

例 5 已知级数 $\sum_{n=1}^{\infty}a_n^2$ 和 $\sum_{n=1}^{\infty}b_n^2$ 都收敛,证明级数 $\sum_{n=1}^{\infty}a_nb_n$ 绝对收敛.

分析 根据正项级数比较判别法,要证级数 $\sum_{n=1}^{\infty}a_nb_n$ 绝对收敛,由不等式 $|a_nb_n|\leqslant\frac{1}{2}(a_n^2+b_n^2)$(对所有自然数 n 成立)及级数 $\frac{1}{2}\sum_{n=1}^{\infty}(a_n^2+b_n^2)$ 收敛即可得证.

证明 因为对所有自然数 n,有不等式
$$|a_nb_n|\leqslant\frac{1}{2}(a_n^2+b_n^2),$$

而级数 $\frac{1}{2}\sum_{n=1}^{\infty}(a_n^2+b_n^2)$ 收敛$\left(\text{因已知级数}\sum_{n=1}^{\infty}a_n^2\text{和}\sum_{n=1}^{\infty}b_n^2\text{收敛}\right)$,根据正项级数比较判别法,级数 $\sum_{n=1}^{\infty}|a_nb_n|$ 收敛,从而级数 $\sum_{n=1}^{\infty}a_nb_n$ 绝对收敛.

例 6 试证:若正项级数 $\sum_{n=1}^{\infty}a_n$ 收敛,则级数 $\sum_{n=1}^{\infty}\sqrt{a_na_{n+1}}$ 也收敛,反之,若 $\sum_{n=1}^{\infty}\sqrt{a_na_{n+1}}$ 收敛,$\sum_{n=1}^{\infty}a_n$ 是否也收敛? 又若通项 a_n 是单调的,且 $\sum_{n=1}^{\infty}\sqrt{a_na_{n+1}}$ 收敛,级数 $\sum_{n=1}^{\infty}a_n$ 是否收敛?

分析 根据正项级数的比较判别法,由不等式 $0\leqslant\sqrt{a_na_{n+1}}\leqslant\frac{1}{2}(a_n+a_{n+1})$ 及正项级数 $\sum_{n=1}^{\infty}a_n$ 收敛,即可推出级数 $\sum_{n=1}^{\infty}\sqrt{a_na_{n+1}}$ 也收敛.

反之,由 $\sum_{n=1}^{\infty}\sqrt{a_na_{n+1}}$ 收敛,推不出正项级数 $\sum_{n=1}^{\infty}a_n$ 收敛. 对此,只要举例说明即可.

若级数 $\sum_{n=1}^{\infty}\sqrt{a_na_{n+1}}$ 收敛,再加上数列 $\{a_n\}$ 单调(不妨设 $\{a_n\}$ 单调增加),则级数 $\sum_{n=1}^{\infty}a_n$ 收敛(由不等式 $a_n=\sqrt{a_n^2}\leqslant\sqrt{a_na_{n+1}}$ 及比较判别法即知).

证明 因为
$$0 \leqslant \sqrt{a_n a_{n+1}} \leqslant \frac{1}{2}(a_n + a_{n+1}),$$

又因为正项级数 $\sum_{n=1}^{\infty} a_n$ 收敛, 根据正项级数的比较判别法, 知级数 $\sum_{n=1}^{\infty} \sqrt{a_n a_{n+1}}$ 收敛.

反之, 由 $\sum_{n=1}^{\infty} \sqrt{a_n a_{n+1}}$ 收敛, 推不出正项级数 $\sum_{n=1}^{\infty} a_n$ 收敛. 例如, 设 $a_n = \frac{1+(-1)^n}{2}$, 对一切自然数 n 有 $\sqrt{a_n a_{n+1}} = 0$, 从而级数 $\sum_{n=1}^{\infty} \sqrt{a_n a_{n+1}}$ 收敛; 但因 $\lim_{n\to\infty} a_n$ 不存在, 所以级数 $\sum_{n=1}^{\infty} a_n$ 发散.

如果级数 $\sum_{n=1}^{\infty} \sqrt{a_n a_{n+1}}$ 收敛且数列 $\{a_n\}$ 单调 (不妨设单调增加), 则由不等式 $a_n = \sqrt{a_n^2} \leqslant \sqrt{a_n a_{n+1}}$ 及比较判别法即知级数 $\sum_{n=1}^{\infty} a_n$ 收敛.

例 7 设数列 $\{na_n\}$ 收敛, 级数 $\sum_{n=1}^{\infty} n(a_n - a_{n-1})$ 也收敛. 证明: $\sum_{n=1}^{\infty} a_n$ 收敛.

证明 设 $\sum_{n=1}^{\infty} a_n$ 的部分和数列是 S_n, $\sum_{n=1}^{\infty} n(a_n - a_{n-1})$ 的部分和数列是 S_n'. 于是

$$\begin{aligned} S_n' &= (a_1 - a_0) + 2(a_2 - a_1) + 3(a_3 - a_2) + \cdots + n(a_n - a_{n-1}) \\ &= -a_0 - a_1 - a_2 - \cdots - a_{n-1} + na_n \\ &= -a_0 - S_n + na_n, \end{aligned}$$

其中 a_0 是任意定数. 于是就有: $S_n = na_n - S_n' - a_0$.

利用已知条件就可以得到数列 $\{S_n\}$ 极限存在. 故级数 $\sum_{n=1}^{\infty} a_n$ 收敛.

例 8 设 $a_n > 0 (n = 1, 2, 3, \cdots)$, 证明: 级数 $\sum_{n=1}^{\infty} \frac{a_n}{(1+a_1)(1+a_2)\cdots(1+a_n)}$ 收敛.

分析 根据定义判断级数 $\sum_{n=1}^{\infty} \frac{a_n}{(1+a_1)(1+a_2)\cdots(1+a_n)}$ 是正项级数, 然后再求出级数的部分和数列 $\{S_n\}$, 并证明它有上界. 这里关键是用数学归纳法来证明级数的部分和数列 $\{S_n\}$ 有上界.

证明 设 $\{S_n\}$ 是级数的部分和数列. 因为级数是一正项级数, 可知其部分和

数列递增. 下面用归纳法证明级数的部分和数列 $\{S_n\}$ 有上界.

$$S_1 = \frac{a_1}{1+a_1} = 1 - \frac{1}{1+a_1} < 1.$$

假设:

$$S_k = \sum_{i=1}^{k} \frac{a_i}{(1+a_1)(1+a_2)\cdots(1+a_i)} < 1,$$

则

$$1 - \frac{1}{(1+a_1)(1+a_2)\cdots(1+a_i)} < 1.$$

则有

$$\begin{aligned}
S_{k+1} &= S_k + \frac{a_{k+1}+1-1}{(1+a_1)(1+a_2)\cdots(1+a_{k+1})} \\
&= 1 - \frac{1}{(1+a_1)(1+a_2)\cdots(1+a_k)} + \frac{1}{(1+a_1)(1+a_2)\cdots(1+a_k)} \\
&\quad - \frac{1}{(1+a_1)(1+a_2)\cdots(1+a_{k+1})} \\
&= 1 - \frac{1}{(1+a_1)(1+a_2)\cdots(1+a_{k+1})} < 1.
\end{aligned}$$

则由归纳法知, 对任意自然数 n 有

$$0 < S_n = 1 - \frac{1}{(1+a_1)(1+a_2)\cdots(1+a_n)} < 1.$$

所以数列 $\{S_n\}$ 有上界. 故原级数收敛.

例 9 设 $a_n > 0$. 证明: 数列 $\{(1+a_1)(1+a_2)\cdots(1+a_n)\}$ 与级数 $\sum_{n=1}^{\infty} a_n$ 有相同的敛散性.

分析 设 $c_n = (1+a_1)(1+a_2)\cdots(1+a_n)(n=1,2,3,\cdots)$. 就有 $\ln c_n = \sum_{k=1}^{\infty} \ln(1+a_k)$. 级数 $\sum_{k=1}^{\infty} \ln(1+a_k)$ 与数列 $\{\ln c_n\}$ 同时收敛, 同时发散. 级数 $\sum_{k=1}^{\infty} \ln(1+a_k)$ 是正项级数. 由对数函数的连续性知, 数列 $\{c_n\}$ 与 $\{\ln c_n\}$ 同时收敛, 同时发散. 通过判断 $\{\ln c_n\}$ 的敛散性, 便可判断出 $\{c_n\}$ 的敛散性, 再利用比较判别法, 即得证.

证明 设 $c_n = (1+a_1)(1+a_2)\cdots(1+a_n)(n=1,2,3,\cdots)$. 就有 $\ln c_n = \sum_{k=1}^{n} \ln(1+a_k)$.

级数 $\sum_{k=1}^{\infty} \ln(1+a_k)$ 与数列 $\{\ln c_n\}$ 同时收敛, 同时发散. 级数 $\sum_{k=1}^{\infty} \ln(1+a_k)$ 是正项级数.

由对数函数的连续性知, 数列 $\{c_n\}$ 与 $\{\ln c_n\}$ 同时收敛, 同时发散.

又因为当 $a_n \to 0$ 时, $\lim_{n\to\infty} \dfrac{\ln(1+a_n)}{a_n} = 1$, 由比较判别法, 级数 $\sum_{k=1}^{\infty} \ln(1+a_k)$ 与级数 $\sum_{n=1}^{\infty} a_n$ 也有相同的敛散性.

故数列 $\{(1+a_1)(1+a_2)\cdots(1+a_n)\}$ 与级数 $\sum_{n=1}^{\infty} a_n$ 有相同的敛散性.

若 a_n 不趋于 $0, \exists \varepsilon_0 > 0$, 对 $\forall N, \exists n_0 > N$, 有 $a_{n_0} > \varepsilon_0$.

取 $N = 1, 2, 3, \cdots$, 则存在 $n_i > N = i$, 有 $a_{n_j} > \varepsilon_0$. 于是当 $n > n_i$ 时, 就有

$$c_n > (1+a_{n_1})(1+a_{n_2})\cdots(1+a_{n_i}) \to +\infty \quad (n_i \to \infty).$$

故数列 $\{(1+a_1)(1+a_2)\cdots(1+a_n)\}$ 与级数 $\sum_{n=1}^{\infty} a_n$ 同时发散.

例 10 判断级数 $\sum_{n=1}^{\infty}(-1)^n(\sqrt{n+1}-\sqrt{n})$ 的敛散性.

分析 所给级数是交错级数, 根据莱布尼茨判别法判断出级数的敛散性. 本题的关键在于先通过判断函数 $f(x) = \sqrt{x+1} - \sqrt{x}(x > 0)$ 的单调性从而判断出交错级数对应的正项级数的增减性, 并求出级数通项的极限, 再应用莱布尼茨判别法.

解 令 $f(x) = \sqrt{x+1} - \sqrt{x}(x > 0)$, 则有 $f'(x) = \dfrac{\sqrt{x} - \sqrt{x+1}}{2\sqrt{x+1}\sqrt{x}} < 0(x > 0)$, 由此得函数 $f(x)$ 在 $(0, +\infty)$ 上严格单调减少, 从而就有

$$a_{n+1} = \sqrt{n+2} - \sqrt{n+1} < \sqrt{n+1} - \sqrt{n} = a_n.$$

因为 $\lim_{n\to\infty} a_n = \lim_{n\to\infty} \dfrac{1}{\sqrt{n+1}+\sqrt{n}} = 0$, 所以, 由莱布尼茨判别法得原级数收敛.

例 11 若 $\lim_{n\to\infty} \dfrac{a_n}{b_n} = k \neq 0$, 且级数 $\sum_{n=1}^{\infty} b_n$ 绝对收敛. 证明级数 $\sum_{n=1}^{\infty} a_n$ 也收敛. 若仅有级数 $\sum_{n=1}^{\infty} b_n$ 收敛, 能否推出级数 $\sum_{n=1}^{\infty} a_n$ 收敛?

分析 根据比较判别法判断 $\sum_{n=1}^{\infty} a_n$ 的收敛性, 判断级数 $\sum_{n=1}^{\infty} b_n$ 收敛.

解　利用 $\lim\limits_{n\to\infty}\dfrac{|a_n|}{|b_n|}=|k|\neq 0$ 以及级数 $\sum\limits_{n=1}^{\infty}b_n$ 绝对收敛知级数 $\sum\limits_{n=1}^{\infty}|a_n|$ 收敛,从而级数 $\sum\limits_{n=1}^{\infty}a_n$ 收敛.

若仅有级数 $\sum\limits_{n=1}^{\infty}b_n$ 收敛, 不能推出级数 $\sum\limits_{n=1}^{\infty}a_n$ 收敛. 例如:

$$a_n=(-1)^n\frac{1}{\sqrt{n}}+\frac{1}{n},\quad b_n=(-1)^n\frac{1}{\sqrt{n}}\quad(n=1,2,3,\cdots).$$

级数 $\sum\limits_{n=1}^{\infty}b_n$ 收敛, 且有 $\lim\limits_{n\to\infty}\dfrac{a_n}{b_n}=\lim\limits_{n\to\infty}\left(1+\dfrac{(-1)^n}{\sqrt{n}}\right)=1\neq 0$, 而级数 $\sum\limits_{n=1}^{\infty}a_n$ 发散.

例 12　设级数 $\sum\limits_{n=1}^{\infty}a_n$ 收敛, 级数 $\sum\limits_{n=1}^{\infty}(b_{n+1}-b_n)$ 绝对收敛, 试证明级数 $\sum\limits_{n=1}^{\infty}a_nb_n$ 也收敛.

分析　根据阿贝尔变换求出级数 $\sum\limits_{n=1}^{\infty}a_nb_n$ 的部分和, 再根据一致条件判断每一项的极限是否存在.

证明　由阿贝尔变换, 级数 $\sum\limits_{n=1}^{\infty}a_nb_n$ 的部分和为

$$\sum_{k=1}^{n}a_kb_k=\sum_{k=1}^{n-1}(b_k-b_{k+1})\sigma_k+b_n\sigma_n,\qquad(*)$$

其中 $\sigma_n=\sum\limits_{k=1}^{n}a_k$. 下证明当 n 趋向无穷时, 上式右边极限存在.

由级数 $\sum\limits_{n=1}^{\infty}a_n$ 收敛知, 极限 $\lim\limits_{n\to\infty}\sigma_n$ 存在. 由于 $\sum\limits_{k=1}^{n-1}(b_{k+1}-b_k)=b_n-b_1$, 而级数 $\sum\limits_{n=1}^{\infty}(b_{n+1}-b_n)$ 收敛, 所以, 极限 $\lim\limits_{n\to\infty}b_n$ 存在, 从而极限 $\lim\limits_{n\to\infty}b_n\sigma_n$ 也存在.

由于数列 $\{\sigma_n\}$ 有界 (因为收敛), 故存在正数 M 对一切 n 有 $|\sigma_n|<M$. 因此

$$\sum_{k=1}^{n-1}|(b_k-b_{k+1})\sigma_n|\leqslant M\sum_{k=1}^{n-1}|(b_{k+1}-b_k)|.$$

因为级数 $\sum\limits_{n=1}^{\infty}(b_{n+1}-b_n)$ 绝对收敛, 可以推出 $\sum\limits_{k=1}^{\infty}(b_k-b_{k+1})\sigma_k$ 也绝对收敛. 由 $(*)$ 式级数 $\sum\limits_{n=1}^{\infty}a_nb_n$ 收敛.

例 13 求极限 $\lim\limits_{n\to\infty}\left(\dfrac{1}{(1+n)^p}+\dfrac{1}{(2+n)^p}+\cdots+\dfrac{1}{(n+n)^p}\right)$,其中 $p>1$.

分析 当 $p>1$ 时,级数 $\sum\limits_{n=1}^{\infty}\dfrac{1}{n^p}$ 收敛,再利用柯西收敛准则即可.

解 当 $p>1$ 时,级数 $\sum\limits_{n=1}^{\infty}\dfrac{1}{n^p}$ 收敛,由柯西收敛准则:$\forall \varepsilon>0$,存在自然数 N,当 $m>n>N$ 时,有

$$0<\frac{1}{(1+n)^p}+\frac{1}{(2+n)^p}+\cdots+\frac{1}{(m)^p}<\varepsilon.$$

特别当 $n>N$,取 $m=2n$,就有

$$0<\frac{1}{(1+n)^p}+\frac{1}{(2+n)^p}+\cdots+\frac{1}{(n+n)^p}<\varepsilon.$$

也就是 $\lim\limits_{n\to\infty}\left(\dfrac{1}{(1+n)^p}+\dfrac{1}{(2+n)^p}+\cdots+\dfrac{1}{(n+n)^p}\right)=0.$

例 14 证明:若正项级数 $\sum\limits_{n=1}^{\infty}a_n$ 收敛,数列 $\{a_n\}$ 单调,则 $\lim\limits_{n\to\infty}na_n=0$.

证明 由正项级数 $\sum\limits_{n=1}^{\infty}a_n$ 收敛及数列 $\{a_n\}$ 单调,可知数列 $\{a_n\}$ 单调减少,且对任意正数 ε,存在自然数 N,当 $n>N$,对任意自然数 p,有

$$0<a_{n+1}+a_{n+2}+\cdots+a_{n+p}<\varepsilon.$$

特别当 $n>2N$ 时,有

$$\frac{n}{2}a_n=\left(n-\frac{n}{2}\right)a_n<(n-N)a_n<a_{N+1}+a_{N+2}+\cdots+a_n<\varepsilon,$$

即当 $n>2N$ 时,$0<na_n<2\varepsilon$. 故 $\lim\limits_{n\to\infty}na_n=0$.

例 15 试用级数的积分判别法判别调和级数

$$1+\frac{1}{2}+\frac{1}{3}+\cdots+\frac{1}{n}+\cdots$$

的敛散性,并证明下述极限存在:

$$\lim_{n\to\infty}\left[\left(1+\frac{1}{2}+\frac{1}{3}+\cdots+\frac{1}{n}\right)-\ln n\right].$$

分析 (1) 注意到,本题指定用级数的积分判别法判别调和级数的发散性.因

为调和级数的通项 $a_n = \dfrac{1}{n}$, 所以取函数 $f(x) = \dfrac{1}{x}$, 它在区间 $[1, +\infty)$ 上非负递减, 根据积分的判别法, 要证明调和级数 $\displaystyle\sum_{n=1}^{\infty} \dfrac{1}{n}$ 发散, 只要证明非正常积分 $\displaystyle\int_1^{-\infty} \dfrac{1}{x} dx$ 发散.

(2) 利用展式
$$e^x = 1 + x + \dfrac{1}{2!}x^2 + \cdots$$
可得当 $0 < x < 1$ 时, 有
$$1 + x < e^x < \dfrac{1}{1-x},$$
即
$$\ln(1+x) < x < -\ln(1-x), \quad 0 < x < 1.$$
取 $x = \dfrac{1}{2}, \dfrac{1}{3}, \cdots, \dfrac{1}{n}$, 然后相加得到
$$1 + \ln\dfrac{n+1}{2} < 1 + \dfrac{1}{2} + \cdots + \dfrac{1}{n} - \ln n < 1.$$
设
$$S_n = 1 + \dfrac{1}{2} + \dfrac{1}{3} + \cdots + \dfrac{1}{n} - \ln n,$$
于是只要证 $\{S_n\}$ 单调递减且下方有界即可.

解 (1) 因为调和级数的通项 $a_n = \dfrac{1}{n}$, 所以取函数 $f(x) = \dfrac{1}{x}$, 它在区间 $[1, +\infty)$ 上非负递减, 而
$$\lim_{n \to \infty} \int_1^n \dfrac{1}{x} dx = \lim_{n \to \infty} \ln n = +\infty,$$
所以非正常积分 $\displaystyle\int_1^{+\infty} \dfrac{1}{x} dx$ 发散, 根据级数的积分判别法即知, 调和级数 $\displaystyle\sum_{n=1}^{\infty} \dfrac{1}{n}$ 发散.

(2) 因为当 $x > 0$ 时, 有
$$e^x = 1 + x + \dfrac{x^2}{2} + \cdots > 1 + x.$$
当 $0 < x < 1$ 时, 有
$$e^x = 1 + x + \dfrac{1}{2!}x^2 + \cdots < 1 + x + x^2 + \cdots = \dfrac{1}{1-x},$$
故当 $0 < x < 1$ 时, 有
$$1 + x < e^x < \dfrac{1}{1-x},$$
即
$$\ln(1+x) < x < -\ln(1-x), \quad 0 < x < 1.$$

分别取 $x = \frac{1}{2}, \frac{1}{3}, \frac{1}{4}, \cdots, \frac{1}{n}$, 得

$$\ln\frac{3}{2} < \frac{1}{2} < -\ln\frac{1}{2},$$
$$\ln\frac{4}{3} < \frac{1}{3} < -\ln\frac{2}{3},$$
$$\ln\frac{5}{4} < \frac{1}{4} < -\ln\frac{3}{4},$$
$$\cdots$$
$$\ln\frac{n+1}{n} < \frac{1}{n} < -\ln\frac{n-1}{n}.$$

相加并化简, 得

$$\ln\frac{n+1}{2} < \frac{1}{2} + \frac{1}{3} + \frac{1}{4} + \cdots + \frac{1}{n} < \ln n,$$
$$1 + \ln\frac{n+1}{2} < 1 + \frac{1}{2} + \frac{1}{3} + \frac{1}{4} + \cdots + \frac{1}{n} - \ln n < 1.$$

设 $S_n = 1 + \frac{1}{2} + \frac{1}{3} + \cdots + \frac{1}{n} - \ln n, n = 1, 2, \cdots$, 则有

$$S_{n+1} - S_n = \frac{1}{n+1} + \ln\left(1 - \frac{1}{n+1}\right) < 0.$$

由此即知, 数列 $\{S_n\}$ 单调递减且下方有界, 故极限

$$\lim_{n \to \infty}\left[\left(1 + \frac{1}{2} + \cdots + \frac{1}{n}\right) - \ln n\right]$$

存在.

例 16 判别级数 $\sum_{n=2}^{\infty} \sin\left(n\pi + \frac{1}{\ln n}\right)$ 是绝对收敛的, 还是发散的.

分析 所给级数

$$\sum_{n=2}^{\infty} \sin\left(n\pi + \frac{1}{\ln n}\right) = \sum_{n=2}^{\infty} (-1)^n \sin\frac{1}{\ln n}$$

为交错级数, 各项取绝对值后, 得级数

$$\sum_{n=2}^{\infty} \sin\frac{1}{\ln n},$$

易证此级数是发散的, 故所给级数不绝对收敛.

但所给级数为交错级数,满足莱布尼茨判别法的条件,故收敛.

综上所述,所给级数不是绝对收敛的,而是条件收敛的.

解 所给级数的通项

$$u_n = \sin\left(n\pi + \frac{1}{\ln n}\right) = (-1)^n \sin\frac{1}{\ln n}.$$

因为当 $n \geqslant 2$ 时, $\sin\dfrac{1}{\ln n} > 0$, 故所给级数为交错级数

$$\sum_{n=2}^{\infty} \sin\left(n\pi + \frac{1}{\ln n}\right) = \sum_{n=2}^{\infty} (-1)^n \sin\frac{1}{\ln n}.$$

各项取绝对值后, 得级数

$$\sum_{n=2}^{\infty} \left|\sin\left(n\pi + \frac{1}{\ln n}\right)\right| = \sum_{n=2}^{\infty} \sin\frac{1}{\ln n}.$$

因为 $\lim\limits_{n\to\infty} \dfrac{\sin\dfrac{1}{\ln n}}{\dfrac{1}{\ln n}} = 1 \neq 0$, 所以级数 $\sum\limits_{n=2}^{\infty} \sin\dfrac{1}{\ln n}$ 与 $\sum\limits_{n=2}^{\infty} \dfrac{1}{\ln n}$ 有相同的敛散性. 由于 $\dfrac{1}{\ln n} > \dfrac{1}{n}(n=2,3,\cdots)$, 而级数 $\sum\limits_{n=2}^{\infty} \dfrac{1}{n}$ 发散, 故级数 $\sum\limits_{n=2}^{\infty} \dfrac{1}{\ln n}$ 发散, 从而级数 $\sum\limits_{n=2}^{\infty} \sin\dfrac{1}{\ln n}$ 发散, 所以所给级数

$$\sum_{n=2}^{\infty} \sin\left(n\pi + \frac{1}{\ln n}\right)$$

不绝对收敛.

而交错级数

$$\sum_{n=2}^{\infty} \sin\left(n\pi + \frac{1}{\ln n}\right) = \sum_{n=2}^{\infty} (-1)^n \sin\frac{1}{\ln n}$$

满足莱布尼茨判别法的条件:

(1) 数列 $\left\{\sin\dfrac{1}{\ln n}\right\}$ 单调递减;

(2) $\lim\limits_{n\to\infty} \sin\dfrac{1}{\ln n} = 0,$

所以级数 $\sum\limits_{n=2}^{\infty} \left(n\pi + \dfrac{1}{\ln n}\right)$ 收敛.

2. 函数项级数

函数项级数的收敛域一般可作为数项级数收敛问题处理.

幂级数的收敛域通过求收敛半径 R, 并研究在 $x = \pm R$ 处的收敛性确定.

函数项级数 $\sum\limits_{n=1}^{\infty} a_n$ 一致收敛与部分和函数列 $\{S_n(x)\}$ 的一致收敛性是等价的. 证明它们一致收敛的方法如下.

(1) 若可以求出和函数 $S(x)$, 则用定义研究其一致收敛性.

(2) 考察余项的一致收敛性的方法:

(a) 函数列 $\{S_n(x)\}$ 一致收敛于 $S(x)$ 的充要条件是

$$\lim_{n \to \infty} \sup_{x \in I} |S_n(x) - S(x)| = 0;$$

(b) 级数 $\sum\limits_{n=1}^{\infty} a_n(x)$ 一致收敛的充要条件是 $r_n(x) = \sum\limits_{k=n+1}^{\infty} a_k(x)$ 一致收敛于 0, 即 $\lim\limits_{n \to \infty} \sup\limits_{x \in I} |r_n(x)| = 0$.

(3) 柯西准则.

(4) M-判别法.

(5) 阿贝尔判别法、狄利克雷判别法.

(6) 狄尼 (Dini) 定理: 若 $\sum\limits_{n=1}^{\infty} a_n(x)$ 在 $[a,b]$ 上收敛于连续函数 $S(x)$, 且 $a_n(x)(n = 1, 2, \cdots)$ 在 $[a,b]$ 上非负连续, 则 $\sum\limits_{n=1}^{\infty} a_n(x)$ 在 $[a,b]$ 上一致收敛于 $S(x)$, 即

$$\sum_{n=1}^{\infty} a_n(x) \Rightarrow S(x) \quad (x \in [a,b]).$$

证明非一致收敛的常用方法:

(1) 利用定义或柯西准则.

(2) 研究和函数的连续性. 若 $a_n(x)(n = 1, 2, \cdots)$ 皆连续, 而和函数 $S(x)$ 不连续, 则 $\sum\limits_{n=1}^{\infty} a_n(x)$ 不一致收敛.

(3) 若 $\sum\limits_{n=1}^{\infty} a_n(x)$ 在 x_0 发散, 则在 $(x_0 - \delta, x_0)$ 或 $(x_0, x_0 + \delta)$ 皆不一致收敛.

(4) 若 $\{S_n(x)\}$ 在区间 I 上收敛于 $S(x)$, 且存在数列 $\{x_n\} \subset I$, 使 $|S_n(x) - S(x)| \geqslant \varepsilon_0 > 0 (\varepsilon_0$ 为某个给定的正数), 则 $S_n(x)$ 在 I 上不一致收敛.

例 17 证明若 $\sum\limits_{n=1}^{\infty} a_n$ 是正项级数,且组合该级数的项得到的级数 $\sum\limits_{n=1}^{\infty} A_n$ 收敛,则原级数也收敛.

证明 令 $\{p_k\}$ 是自然数列的任意子列,$\{S_n\}$ 和 $\{S_{pk}\}$ 分别为第一和第二个级数的部分和序列. 那么根据 $a_n > 0$,可得

$S_1 \leqslant S_n \leqslant S_{p1}$ 对于所有满足 $1 \leqslant n \leqslant p_1$ 的 n 成立,

$S_{p1} \leqslant S_n \leqslant S_{p2}$ 对于所有满足 $p_1 \leqslant n \leqslant p_2$ 的 n 成立,

$$\cdots$$

$S_{pk} \leqslant S_n \leqslant S_{pk+1}$ 对于所有满足 $p_k \leqslant n \leqslant p_{k+1}$ 的 n 成立,

在最后一个不等式中取极限 $k \to \infty$,并注意到第二个级数收敛,于是得到

$$\lim_{k \to \infty} S_{p_k} = \lim_{n \to \infty} S_n = \lim_{k \to \infty} S_{p_{k+1}} = S.$$

例 18 证明 $\dfrac{1}{\sqrt{2}} + \dfrac{1}{2\sqrt{3}} + \dfrac{1}{3\sqrt{4}} + \cdots + \dfrac{1}{n\sqrt{n+1}} + \cdots$ 为收敛级数.

分析 根据上面例 21 的结论可以证明原级数收敛.

解 考察原级数的项分组求和得到的级数

$$\dfrac{1}{\sqrt{2}} + \left(\dfrac{1}{2\sqrt{3}} + \dfrac{1}{3\sqrt{4}}\right) + \left(\dfrac{1}{4\sqrt{5}} + \dfrac{1}{5\sqrt{6}} + \dfrac{1}{6\sqrt{7}} + \dfrac{1}{7\sqrt{8}}\right) + \left(\dfrac{1}{8\sqrt{9}} + \cdots + \dfrac{1}{15\sqrt{16}}\right) + \cdots$$

$$+ \left(\dfrac{1}{2^n\sqrt{2^n+1}} + \cdots + \dfrac{1}{(2^{n+1}-1)\sqrt{2^{n+1}}}\right) + \cdots, \tag{1}$$

注意到

$$\dfrac{1}{2\sqrt{3}} + \dfrac{1}{3\sqrt{4}} < \dfrac{1}{2\sqrt{2}} + \dfrac{1}{3\sqrt{3}} < \dfrac{2}{2\sqrt{2}} = \dfrac{1}{\sqrt{2}},$$

$$\dfrac{1}{4\sqrt{5}} + \cdots + \dfrac{1}{7\sqrt{8}} < \dfrac{1}{4\sqrt{4}} + \cdots + \dfrac{1}{7\sqrt{7}} < \dfrac{4}{(2\sqrt{2})^2} = \dfrac{1}{(\sqrt{2})^2},$$

$$\cdots$$

$$\dfrac{1}{2^n\sqrt{2^n+1}} + \cdots + \dfrac{1}{(2^{n+1}-1)\sqrt{2^{n+1}}} < \dfrac{1}{(2^n)^{3/2}} + \cdots + \dfrac{1}{(2^{n+1}-1)^{3/2}} < \dfrac{1}{(\sqrt{2})^n}.$$

这样级数 (1) 的部分和有估计

$$S_n = \dfrac{1}{\sqrt{2}} + \cdots + \dfrac{1}{(2^{n+1}-1)\sqrt{2^{n+1}}}$$

$$< \frac{1}{\sqrt{2}} + \frac{1}{\sqrt{2}} + \frac{1}{(\sqrt{2})^2} + \cdots + \frac{1}{(\sqrt{2})^n}$$

$$< \frac{1}{\sqrt{2}} + \frac{1}{\sqrt{2}-1}.$$

考虑到 S_n 明显的单调性, 上式导出级数 (1) 收敛. 根据例题 21 的结论, 原级数收敛.

例 19 证明: 如果级数 $\sum_{n=1}^{\infty} a_n^2$ 和 $\sum_{n=1}^{\infty} b_n^2$ 都收敛, 那么下列级数也收敛:

$$\sum_{n=1}^{\infty} |a_n b_n|, \quad \sum_{n=1}^{\infty} (a_n + b_n)^2, \quad \sum_{n=1}^{\infty} \frac{|a_n|}{n}.$$

证明 应用初等不等式 $|a_n b_n| \leqslant \frac{1}{2}(a_n^2 + b_n^2)$ 以及已知条件, 得到

$$\sum_{k=1}^{n} |a_k b_k| \leqslant \frac{1}{2}\left(\sum_{k=1}^{n} a_k^2 + \sum_{k=1}^{n} b_k^2\right) \leqslant \frac{1}{2}\left(\sum_{n=1}^{\infty} a_n^2 + \sum_{n=1}^{\infty} b_n^2\right) = c.$$

由此可知, 级数 $\sum_{n=1}^{\infty} |a_n b_n|$ 收敛. 借助于估计

$$\sum_{n=1}^{\infty}(a_n+b_n)^2 = \sum_{n=1}^{\infty} a_n^2 + 2\sum_{n=1}^{\infty} a_n b_n + \sum_{n=1}^{\infty} b_n^2 \leqslant 2\left(c + \sum_{n=1}^{\infty}|a_n b_n|\right),$$

证得第二个级数也收敛. 第三个级数的收敛性来自第一个级数的收敛性, 取 $b_n = \frac{1}{n}$ 并注意 $\sum_{n=1}^{\infty} \frac{1}{n^2}$ 收敛, 则可得到结论.

例 20 证明如果 $\overline{\lim_{n\to\infty}} \frac{a_{n+1}}{a_n} = q < 1, a_n > 0$, 则级数 $\sum_{n=1}^{\infty} a_n$ 收敛.

注 本题用到的定理: 如果级数 $\sum_{n=1}^{\infty} a_n$ 和级数 $\sum_{n=1}^{\infty} b_n$ 都是正项级数, 且 $\forall n > n_0, a_n \leqslant b_n$, 则由级数 $\sum_{n=1}^{\infty} b_n$ 收敛可导出 $\sum_{n=1}^{\infty} a_n$ 收敛, 而 $\sum_{n=1}^{\infty} a_n$ 发散可导出级数 $\sum_{n=1}^{\infty} b_n$ 发散.

证明 选择 $\varepsilon > 0$ 满足不等式 $\varepsilon < 1 - q$. 根据上极限的存在性, 对于选定的 ε 可以发现数 N, 由其开始成立不等式

$$0 < \frac{a_{i+1}}{a_i} < q + \varepsilon, \quad i = N, \cdots, n-1.$$

将这些不等式乘在一起得到

$$0 < a_n < \frac{a_N}{(q+\varepsilon)^N}(q+\varepsilon)^n.$$

因为级数 $\sum (q+\varepsilon)^n$ 收敛, 所以由定理导出 $\sum a_n$ 也收敛.

反过来的结论不成立. 例如, 观察级数

$$\frac{1}{2} + \frac{1}{3} + \frac{1}{2^2} + \frac{1}{3^2} + \frac{1}{2^3} + \frac{1}{3^3} + \cdots,$$

并注意到

$$\varlimsup_{n\to\infty} \frac{a_{n+1}}{a_n} = \lim_{n\to\infty} \frac{1}{2}\left(\frac{3}{2}\right)^n = \infty,$$

然而级数

$$\sum_{n=1}^{\infty} a_n' = \sum_{n=1}^{\infty}\left(\frac{1}{2^n} + \frac{1}{3^n}\right)$$

显然收敛. 由此级数 $\sum_{n=1}^{\infty} a_n$ 收敛, 但一般来说不一定满足 $\varlimsup\limits_{n\to\infty} \frac{a_{n+1}}{a_n} = q < 1$.

说明 本题的关键在于建立 $\sum a_n$ 与 $\sum (q+\varepsilon)^n$ 的关系式.

例 21 给定函数列 $f_n(x) = \dfrac{x(\ln n)^a}{n^x}(n=2,3,4,\cdots)$, 试问当 a 取何值时,

(1) $\{f_n(x)\}$ 在 $[0,+\infty)$ 上收敛;

(2) $\{f_n(x)\}$ 在 $[0,+\infty)$ 上一致收敛.

分析 (1) 对于 a 取何值时函数列 $f_n(x) = \dfrac{x(\ln n)^a}{n^x}(n=2,3,4,\cdots)$ 在 $[0,+\infty)$ 上收敛, 可以分别考虑当 $x=0$ 与 $x>0$ 时 a 的取值情况.

(2) 对于 a 取何值时函数列 $\{f_n(x)\}$ 在 $[0,+\infty)$ 上一致收敛, 需先考虑当 $x \in [0,+\infty)$ 时, $f_n(x)$ 在何处取最大值; 然后再研究此最大值当 a 取何值时收敛 (从而一致收敛), a 取何值时发散 (从而不一致收敛).

解 (1) 当 $x=0$ 时, $f_n(0) = 0$, 故 $f_n(0) \to 0 (n\to\infty)$; 当 $x>0$ 时, $\forall a \in \mathbf{R}, \dfrac{x(\ln n)^a}{n^x} \to 0(n\to\infty)$, 故 a 取任何实数时, $\{f_n(x)\}$ 都在 $[0,+\infty)$ 上收敛.

(2) 因为 $f_n'(x) = \dfrac{(\ln n)^a(n^x - xn^x\ln n)}{n^{2x}} = \dfrac{(\ln n)^{a+1}\left(\dfrac{1}{\ln n} - x\right)}{n^{2x}}$, 当 $x = \dfrac{1}{\ln n}$ 时, $f_n'(x) = 0$; 当 $x < \dfrac{1}{\ln n}$ 时, $f_n'(x) > 0$; 当 $x > \dfrac{1}{\ln n}$ 时, $f_n'(x) < 0$, 所以 $f_n(x)$ 在 $x = \dfrac{1}{\ln n}$ 处达到最大值.

又因为 $f_n(0) = 0$, $\lim_{x \to +\infty} f_n(x) = 0$, 故当 $x \in [0, +\infty)$ 时, $f_n(x) = \dfrac{x(\ln n)^a}{n^x}$ 在 $x = \dfrac{1}{\ln n}$ 处达到最大值.

而 $f_n\left(\dfrac{1}{\ln n}\right) = \dfrac{(\ln n)^{a-1}}{n^{\frac{1}{\ln n}}} = \dfrac{1}{\mathrm{e}}(\ln n)^{a-1}$, 由此可知, 当 $a \leqslant 1$ 时, $f_n\left(\dfrac{1}{\ln n}\right)$ 收敛;

当 $a > 1$ 时, $f_n\left(\dfrac{1}{\ln n}\right)$ 发散到 $+\infty$. 故当 $a \leqslant 1$ 时, $\{f_n(x)\}$ 在 $[0, +\infty)$ 上一致收敛;

当 $a > 1$ 时, $\{f_n(x)\}$ 在 $[0, +\infty)$ 上不一致收敛.

例 22 设 $\{f_n(x)\}$ 和 $\{g_n(x)\}$ 在点集 Z 上分别一致收敛于 $f(x)$ 和 $g(x)$, 且 $f(x)$ 和 $g(x)$ 在 Z 上有界. 证明 $\{f_n(x) \cdot g_n(x)\}$ 在 Z 上一致收敛于 $f(x) \cdot g(x)$, 并列举说明 "$f(x)$ 和 $g(x)$ 在 Z 上有界" 这个条件不可缺少.

分析 (1) 要证 $f_n(x) \cdot g_n(x) \Rightarrow f(x) \cdot g(x), x \in Z$, 即要证对 $\forall \varepsilon, \exists N(\varepsilon) > 0$, 当 $n > N$ 时, 对 $\forall x \in Z$, 有

$$|f_n(x) \cdot g_n(x) - f(x) \cdot g(x)| < \varepsilon.$$

对此, 利用已知条件 $f_n(x) \Rightarrow f(x), g_n(x) \Rightarrow g(x)$ (对 $\forall x \in Z$) 以及 $f(x)$ 和 $g(x)$ 在 Z 上有界即可得证.

(2) 举例: 设 $f_n(x) = \dfrac{1}{n}, g_n(x) = \dfrac{1}{x} + \dfrac{1}{n}, x \in (0, 1)$.

易知, $f_n(x) \Rightarrow 0$ (即 $f(x) = 0$), $g_n(x) \Rightarrow \dfrac{1}{x}$ $\left(\text{即 } g(x) = \dfrac{1}{x}, \text{它在 } (0, 1) \text{ 上无界}\right)$.

由此说明, $f_n(x) \cdot g_n(x) = \dfrac{1}{n}\left(\dfrac{1}{n} + \dfrac{1}{x}\right)$ 不一致收敛于 0, 这表明 $f(x)$ 和 $g(x)$ 在 Z 上有界这个条件不可缺少.

证明 因为 $f_n(x) \Rightarrow f(x), g_n(x) \Rightarrow g(x)$, 所以对 $\forall \varepsilon, \exists N(\varepsilon) > 0$, 当 $n > N$ 时, 对一切 $x \in Z$, 有

$$|f_n(x) - f(x)| < \varepsilon, \quad |g_n(x) - g(x)| < \varepsilon.$$

又因为 $f(x)$ 和 $g(x)$ 在 Z 上有界, 不妨设

$$|f(x)| \leqslant M, \quad |g(x)| \leqslant M \quad (\forall x \in Z).$$

于是,

$$|f_n(x)g_n(x) - f(x)g(x)| \leqslant |f_n(x)g_n(x) - f_n(x)g(x)| + |f_n(x)g(x) - f(x)g(x)|$$

$$\leqslant |f_n(x)||g_n(x) - g(x)| + |g(x)||f_n(x) - f(x)|$$

$$\leqslant (M + \varepsilon) \cdot \varepsilon + M\varepsilon = (2M + \varepsilon)\varepsilon = \varepsilon', \quad \text{对} \forall x \in Z \text{都成立}.$$

故 $\{f_n(x) \cdot g_n(x)\}$ 在 Z 上一致收敛于 $f(x) \cdot g(x)$.

举例: 设 $f_n(x) = \dfrac{1}{n}, g_n(x) = \dfrac{1}{x} + \dfrac{1}{n}, x \in (0,1)$.

易知,$f_n(x) \Rightarrow 0$(即 $f(x) = 0$),$g_n(x) \Rightarrow \dfrac{1}{x}$ $\left(\text{即}\, g(x) = \dfrac{1}{x}, \text{它在}\, (0,1)\, \text{上无界}\right)$,$f_n(x) \cdot g_n(x)$ 不一致收敛于 0. 事实上, $\exists \varepsilon_0 = 1$, 对 $\forall N > 0, \exists n_0 = N, x_0 = \dfrac{1}{N} \in (0,1)$,而
$$|f_{n_0}(x_0) \cdot g_{n_0}(x_0) - 0| = \left|\dfrac{1}{N}\left(N + \dfrac{1}{N}\right)\right| = 1 + \dfrac{1}{N^2} > 1 = \varepsilon_0.$$

例 23 证明函数列 $\left\{\dfrac{x}{n}\right\}$ ($n = 1, 2, \cdots$) 在任何区间 $(-R, R)$ 内一致收敛(R 是一个正数), 但在 $(-\infty, +\infty)$ 上不一致收敛.

分析 易知 $\left\{\dfrac{x}{n}\right\}$ 在 $(-\infty, +\infty)$ 上处处收敛, 其极限函数 $S(x) = 0$, 当 $x \in (-R, R)$ 时, $|S_n(x) - S(x)| = \dfrac{|x|}{n} < \dfrac{R}{n} \to 0$, 由此即可证明 $S_n(x) = \dfrac{x}{n}$ 在 $(-\infty, +\infty)$ 内一致收敛. 再根据定义证明 $S_n(x) = \dfrac{x}{n}$ 在 $(-\infty, +\infty)$ 上不一致收敛.

证明 任取 $x_0 \in (-\infty, +\infty)$, 则 $\lim\limits_{n \to \infty} \dfrac{x_0}{n} = 0$, 故函数列 $\left\{\dfrac{x}{n}\right\}$ 在 $(-\infty, +\infty)$ 上处处收敛, 其极限函数 $S(x) = 0$.

令 $S_n(x) = \dfrac{x}{n}$, 则 $|S_n(x) - S(x)| = \dfrac{|x|}{n}$.

当 $x \in (-R, R)$ 时,
$$|S_n(x) - S(x)| = \dfrac{|x|}{n} < \dfrac{R}{n}.$$

由于 $\dfrac{R}{n} \to 0 (0 \to \infty)$, 故对任意 ε, 存在 $N(\varepsilon)$, 当 $n > N$ 时, 有 $\dfrac{R}{n} < \varepsilon$ 成立, 此即 $S_n(x) = \dfrac{x}{n}$ 在 $(-R, R)$ 内一致收敛.

但 $S_n(x) = \dfrac{x}{n}$ 在 $(-\infty, +\infty)$ 上不一致收敛. 事实上,$\exists \varepsilon_0 = \dfrac{1}{2} > 0, \forall N, \exists n_0 = 2N, x_0 = 2N \in (-\infty, +\infty)$, 使
$$|S_{n_0}(x_0) - S(x_0)| = \dfrac{|x_0|}{n_0} = \dfrac{2N}{2N} = 1 > \varepsilon_0.$$

于是, 按定义 $S_n(x)$ 在 $(-\infty, +\infty)$ 上不一致收敛.

例 24 设 $\{f_n(x)\}$ 为定义在 $[a, b]$ 上的函数列, 如果存在某一个 $x_0 \in [a, b]$, 数列 $\{f_n(x_0)\}$ 收敛, 且对任意的 $n, f'_n(x)$ 在 $[a, b]$ 上连续,$\{f'_n(x)\}$ 在 $[a, b]$ 上一致收敛. 证明函数列 $\{f_n(x)\}$ 在 $[a, b]$ 上一致收敛.

分析 要证函数列 $\{f_n(x)\}$ 在 $[a, b]$ 上一致收敛, 即要证 $\forall \varepsilon, \exists N$, 当 $n, m > N$ 时, 对 $\forall x \in [a, b]$, 恒有
$$|f_n(x) - f_m(x)| < \varepsilon.$$

证明本题的关键是,对任给的 $\varepsilon > 0$,怎样选取 N. 对此,只要利用已知条件逐个分析即可.

证明 因为数列 $\{f_n(x_0)\}$ 收敛,故对任给的 $\varepsilon > 0, \exists N_1$,当 $n, m > N_1$ 时,有
$$|f_n(x_0) - f_m(x_0)| < \frac{\varepsilon}{2}.$$

又因为 $\{f'_n(x)\}$ 在 $[a, b]$ 上一致收敛,故对上述 $\varepsilon > 0, \exists N_2$,当 $n, m > N_2$ 时,对任意 $x \in [a, b]$,有
$$|f'_n(x) - f'_m(x)| < \frac{\varepsilon}{2(b-a)}.$$

又因为 $f'_n(x)(n = 1, 2, \cdots)$ 在 $[a, b]$ 上一致连续,故对任意 $x \in [a, b]$,函数 $f_n(x) - f_m(x)$ 在以 x_0 与 x 为端点所构成的区间上,满足微分中值定理的条件,从而有
$$f_n(x) - f_m(x) = f_n(x_0) - f_m(x_0) + (f'_n(\xi) - f'_m(\xi))(x - x_0),$$

其中 ξ 介于 x_0 与 x.

取 $N = \max\{N_1, N_2\}$,当 $n, m > N$ 时,对任意 $x \in [a, b]$,恒有
$$|f_n(x) - f_m(x)| \leqslant |f_n(x_0) - f_m(x_0)| + |f'_n(\xi) - f'_m(\xi)| \cdot |x - x_0|$$
$$< \frac{\varepsilon}{2} + \frac{\varepsilon}{2(b-a)} \cdot (b-a) = \varepsilon.$$

故函数列 $\{f_n(x)\}$ 在 $[a, b]$ 上一致收敛.

例 25 利用柯西准则证明下列级数的收敛性:
$$\frac{\cos x - \cos 2x}{1} + \frac{\cos 2x - \cos 3x}{2} + \cdots + \frac{\cos nx - \cos(n+1)x}{n} + \cdots.$$

分析 根据题意,直接用柯西收敛准则判断级数的收敛性.

解 固定任意 $\varepsilon > 0$,要找到 n_0,使对一切 $n > n_0$ 和任意 $p > 0$ 都有 $|S_{n+p} - S_n| < \varepsilon$,这里 $\{S_n\}$ 是该级数的部分和序列,我们有

$$|S_{n+p} - S_n|$$
$$= \left| \frac{\cos(n+1)x - \cos(n+2)x}{n+1} + \frac{\cos(n+2)x - \cos(n+3)x}{n+2} + \cdots \right.$$
$$\left. + \frac{\cos(n+p)x - \cos(n+p+1)x}{n+p} \right|$$
$$= \left| \frac{\cos(n+1)x}{n+1} - \frac{\cos(n+2)x}{(n+1)(n+2)} - \frac{\cos(n+3)x}{(n+2)(n+3)} - \cdots \right.$$

$$-\frac{\cos(n+p)x}{(n+p-1)(n+p)} - \frac{\cos(n+p+1)x}{n+p}\bigg|$$

$$\leqslant \frac{1}{n+1} + \frac{1}{(n+1)(n+2)} + \cdots + \frac{1}{(n+p-1)(n+p)} + \frac{1}{n+p} < \frac{2}{n}.$$

由此可见,如果 n_0 超过 $\dfrac{2}{\varepsilon}$,则 $|S_{n+p} - S_n| < \varepsilon$. 因此,根据柯西收敛准则得该级数收敛.

3. 幂级数

例 26 求幂级数 $\sum\limits_{n=1}^{\infty} \dfrac{1}{n2^n} x^{n-1}$ 的收敛域,并求其和函数.

分析 (1) 求出该幂级数的收敛半径 R,再根据 $x = R, x = -R$ 时幂级数的敛散情况,即可确定该幂级数收敛域.

(2) 设 $S(x) = \sum\limits_{n=1}^{\infty} \dfrac{1}{n2^n} x^{n-1}$,得 $xS(x) = \sum\limits_{n=1}^{\infty} \dfrac{1}{n} \left(\dfrac{x}{2}\right)^n$,然后通过两边求导、两边积分即可求得该幂级数的和函数.

解 因为 $\lim\limits_{n \to \infty} \left|\dfrac{a_{n+1}}{a_n}\right| = \lim\limits_{n \to \infty} \dfrac{n2^n}{(n+1)2^{n+1}} = \dfrac{1}{2}$,所以幂级数的收敛半径为 $R = 2$.

当 $x = 2$ 时,级数 $\sum\limits_{n=1}^{\infty} \dfrac{1}{2n}$ 发散;当 $x = -2$ 时,级数 $\sum\limits_{n=1}^{\infty} \dfrac{(-1)^{n-1}}{2n}$ 收敛,故幂级数的收敛域为 $[-2, 2)$.

设 $S(x) = \sum\limits_{n=1}^{\infty} \dfrac{1}{n2^n} x^{n-1}$,则

$$xS(x) = \sum_{n=1}^{\infty} \frac{1}{n}\left(\frac{x}{2}\right)^n.$$

两边求导,得

$$[xS(x)]' = \sum_{n=1}^{\infty} \frac{1}{2}\left(\frac{x}{2}\right)^{n-1} = \frac{1}{2}\sum_{n=0}^{\infty}\left(\frac{x}{2}\right)^n = \frac{1}{2} \cdot \frac{1}{1-\dfrac{x}{2}} = \frac{1}{2-x}.$$

两端从 0 到 x 积分,得

$$xS(x) = \int_0^x \frac{1}{2-t} \mathrm{d}t = -\ln(2-x) + \ln 2.$$

于是,当 $x \neq 0$ 时,有

$$S(x) = -\frac{1}{x}\ln\left(1 - \frac{x}{2}\right).$$

当 $x = 0$ 时,$S(0) = \dfrac{1}{2}$.

综上所述, 得

$$\sum_{n=1}^{\infty} \frac{1}{n2^n} x^{n-1} = \begin{cases} -\dfrac{1}{x}\ln\left(1 - \dfrac{x}{2}\right), & x \in [-2, 0) \bigcup (0, 2), \\ \dfrac{1}{2}, & x = 0. \end{cases}$$

例 27 求证: $\ln 2 = \displaystyle\sum_{n=1}^{\infty} \dfrac{1}{n2^n}$.

分析 考虑函数

$$S(x) = \sum_{n=1}^{\infty} \frac{x^n}{n2^n} \quad (|x| < 2),$$

然后求出此幂级数的和函数 $S(x)$, 取 $x = 1$ 即得证.

证明 考虑函数

$$S(x) = \sum_{n=1}^{\infty} \frac{x^n}{n2^n} \quad (|x| < 2).$$

因为当 $|x| < 2$ 时, 有

$$S'(x) = \sum_{n=1}^{\infty} \frac{1}{2} \left(\frac{x}{2}\right)^{n-1} = \frac{1}{2} \sum_{n=0}^{\infty} \left(\frac{x}{2}\right)^n = \frac{1}{2} \cdot \frac{1}{1 - \dfrac{x}{2}} = \frac{1}{2 - x},$$

$$S(x) = \int_0^x S'(t) \mathrm{d}t = \int_0^x \frac{1}{2-t} \mathrm{d}t = -\ln(2-t)\Big|_0^x = \ln 2 - \ln(2 - x).$$

取 $x = 1$, 得

$$S(1) = \sum_{n=1}^{\infty} \frac{1}{n2^n} = \ln 2.$$

例 28 求幂级数 $\displaystyle\sum_{n=1}^{\infty} \left(1 + \dfrac{1}{2^2} + \cdots + \dfrac{1}{n^2}\right) x^n$ 的收敛半径.

解 令

$$a_n = 1 + \frac{1}{2^2} + \cdots + \frac{1}{n^2},$$

$$\sqrt[n]{\frac{1}{n^2}} \leqslant \sqrt[n]{|a_n|} = \sqrt[n]{1 + \frac{1}{2^2} + \cdots + \frac{1}{n^2}} \leqslant \sqrt[n]{n}.$$

因为

$$\lim_{n \to \infty} \sqrt[n]{\frac{1}{n}} = 1, \quad \lim_{n \to \infty} \sqrt[n]{n} = 1,$$

所以
$$\lim_{n\to\infty}\sqrt[n]{|a_n|}=1,\quad R=\frac{1}{\lim_{n\to\infty}\sqrt[n]{|a_n|}}=1.$$

例 29 求级数 $\sum\limits_{n=1}^{\infty}\dfrac{2n+1}{n!}x^{2n}$ 的和.

分析 本题的解法具有一定的技巧性. 众所周知,
$$\mathrm{e}^x=\sum_{n=0}^{\infty}\frac{x^n}{n!}\quad(-\infty<x<+\infty),$$
从而有
$$\mathrm{e}^{x^2}=\sum_{n=0}^{\infty}\frac{1}{n!}x^{2n}\quad(-\infty<x<+\infty),$$
$$(x\mathrm{e}^{x^2})'=\left(\sum_{n=0}^{\infty}\frac{x^{2n+1}}{n!}\right)'=\sum_{n=0}^{\infty}\frac{1}{n!}(x^{2n+1})'=\sum_{n=0}^{\infty}\frac{2n+1}{n!}x^{2n}.$$
由此即可求得所给级数的和.

解 因为
$$\mathrm{e}^x=\sum_{n=0}^{\infty}\frac{x^n}{n!}\quad(-\infty<x<+\infty),$$
从而有
$$\mathrm{e}^{x^2}=\sum_{n=0}^{\infty}\frac{1}{n!}x^{2n}\quad(-\infty<x<+\infty),$$
$$(x\mathrm{e}^{x^2})'=\left(\sum_{n=0}^{\infty}\frac{x^{2n+1}}{n!}\right)'=\sum_{n=0}^{\infty}\frac{1}{n!}(x^{2n+1})'=\sum_{n=0}^{\infty}\frac{2n+1}{n!}x^{2n}.$$
由此即得
$$\sum_{n=1}^{\infty}\frac{2n+1}{n!}x^{2n}=(x\mathrm{e}^{x^2})'-1=\mathrm{e}^{x^2}+2x^2\mathrm{e}^{x^2}-1\quad(-\infty<x<+\infty).$$

例 30 求幂级数
$$1+x+\frac{x^2}{2}+\frac{x^3}{1\cdot 3}+\frac{x^4}{2\cdot 4}+\frac{x^5}{1\cdot 3\cdot 5}+\frac{x^6}{2\cdot 4\cdot 6}+\cdots$$
的和函数.

分析 先求出此幂级数的收敛半径. 设幂级数的和函数为 $S(x)$.

因为 $S'(x) = 1 + xS(x), S(0) = 1$, 这样, 可把求幂级数的和函数 $S(x)$ 的问题, 化归为求解一阶线性微分方程

$$\frac{\mathrm{d}S}{\mathrm{d}x} = xS(x) + 1$$

满足初始条件 $S(0) = 1$ 的解.

解 设幂级数的和函数为 $S(x)$, 易知幂级数的收敛半径为 ∞,

$$\begin{aligned} S'(x) &= 1 + x + \frac{x^2}{1} + \frac{x^3}{2} + \frac{x^4}{1 \cdot 3} + \frac{x^5}{2 \cdot 4} + \cdots \\ &= 1 + x \left(1 + x + \frac{x^2}{2} + \frac{x^3}{1 \cdot 3} + \frac{x^4}{2 \cdot 4} + \cdots \right) \\ &= 1 + xS(x). \end{aligned}$$

又 $S(0) = 1$, 故求解一阶线性微分方程

$$\frac{\mathrm{d}S}{\mathrm{d}x} = xS(x) + 1$$

满足初始条件 $S(0) = 1$ 的解, 即得

$$S(x) = \mathrm{e}^{\frac{x^2}{2}} \left(\int_0^x \mathrm{e}^{-\frac{t^2}{2}} \mathrm{d}t + 1 \right).$$

例 31 把下列函数展成 x 的幂级数, 并说明其收敛范围.

(1) $f(x) = \dfrac{1}{(1+x) \cdot (1+x^2) \cdot (1+x^4)}$.

(2) $\varphi(x) = \sin^3 x$.

分析 (1) 用间接法. 先设法把函数 $f(x)$ 写成如下形式

$$f(x) = \frac{1}{4} \cdot \frac{1}{1+x} - \frac{1}{2}(x-1)\left(\frac{1}{2} \cdot \frac{1}{1+x^2} + \frac{1}{1+x^4} \right),$$

然后利用 $\dfrac{1}{1+x}, \dfrac{1}{1+x^2}$ 和 $\dfrac{1}{1+x^4}$ 的幂级数展开式代入即可得解.

(2) 间接法. 先把函数 $\sin^3 x$ 写成如下的形式:

$$\sin^3 x = \frac{3}{4}\sin x - \frac{1}{4}\sin(3x),$$

然后利用 $\sin x$ 的已知幂级数展开式代入即可得解.

解 (1) $f(x) = \dfrac{1}{1+x} \left[\dfrac{1}{2} \left(\dfrac{1}{1+x^2} - \dfrac{x^2-1}{1+x^4} \right) \right]$

$= \dfrac{1}{2} \cdot \dfrac{1}{1+x} \cdot \dfrac{1}{1+x^2} - \dfrac{1}{2}(x-1)\dfrac{1}{1+x^4}$

$$=\frac{1}{2}\left[\frac{1}{2}\left(\frac{1}{1+x}-\frac{x-1}{1+x^2}\right)\right]-\frac{1}{2}(x-1)\frac{1}{1+x^4}$$

$$=\frac{1}{4}\cdot\frac{1}{1+x}-\frac{1}{4}(x-1)\frac{1}{1+x^2}-\frac{1}{2}(x-1)\frac{1}{1+x^4}$$

$$=\frac{1}{4}\cdot\frac{1}{1+x}-\frac{1}{2}(x-1)\left(\frac{1}{2}\cdot\frac{1}{1+x^2}+\frac{1}{1+x^4}\right).$$

因为

$$\frac{1}{1+x}=1-x+x^2+\cdots+(-1)^n x^n+\cdots,\quad x\in(-1,1),$$

$$\frac{1}{1+x^2}=1-x^2+x^4+\cdots+(-1)^n x^{2n}+\cdots,\quad x\in(-1,1),$$

$$\frac{1}{1+x^4}=1-x^4+x^8+\cdots+(-1)^n x^{4n}+\cdots,\quad x\in(-1,1),$$

代入并整理, 得

$$f(x)=\frac{1}{4}\sum_{n=0}^{\infty}(-1)^n(x^n-x^{2n+1}+x^{2n}-2x^{4n+1}+2x^{4n}).$$

不难看出, 该级数的收敛半径为 1, 在端点 $x=\pm 1$ 处, 级数发散, 故级数的收敛范围为 $(-1,1)$.

(2) 因为

$$\sin 3x = \sin(x+2x) = \sin x\cos 2x + \cos x\sin 2x$$

$$=\sin x(1-2\sin^2 x) + \cos x(2\sin x\cos x)$$

$$=\sin x - 2\sin^3 x + 2\sin x\cos^2 x$$

$$=\sin x - 2\sin^3 x + 2\sin x(1-\sin^2 x)$$

$$=\sin x - 2\sin^3 x + 2\sin x - 2\sin^3 x$$

$$=3\sin x - 4\sin^3 x,$$

由此, 得

$$\sin^3 x = \frac{3}{4}\sin x - \frac{1}{4}\sin(3x)$$

$$=\frac{3}{4}\sum_{k=0}^{\infty}(-1)^k\frac{x^{2k+1}}{(2k+1)!}-\frac{1}{4}\sum_{k=0}^{\infty}(-1)^k\frac{(3x)^{2k+1}}{(2k+1)!}$$

$$= \sum_{k=0}^{\infty} (-1)^k \frac{1}{(2k+1)!} \left(\frac{3}{4} x^{2k+1} - \frac{3^{2k+1}}{4} x^{2k+1} \right)$$

$$= \sum_{k=0}^{\infty} \frac{(-1)^k}{(2k+1)!} \cdot \frac{3}{4} (1 - 3^{2k}) x^{2k+1}.$$

易知, 其收敛范围为 $(-\infty, +\infty)$.

4. 傅里叶级数

例 32 将函数 $f(x) = 2 + |x| (-1 \leqslant x \leqslant 1)$ 展开成以 2π 为周期的傅里叶级数, 并由此求级数 $\sum_{n=1}^{\infty} \frac{1}{n^2}$ 的和.

分析 注意到 $f(x)$ 是区间 $[-1,1]$ 上的偶函数, 先求出傅里叶系数, 根据收敛定理即得所给函数的傅里叶系数, 然后在得到的傅里叶级数中令 $x=0$, 便可求得级数 $\sum_{n=1}^{\infty} \frac{1}{n^2}$ 的和.

解 因为 $f(x)$ 是区间 $[-1,1]$ 上的偶函数, 由此得

$$a_0 = 2\int_0^1 (2+x)\mathrm{d}x = 5,$$

$$a_n = 2\int_0^1 (2+x)\cos n\pi x \mathrm{d}x = \frac{2(\cos n\pi - 1)}{n^2 \pi^2} \quad (n=1,2,\cdots),$$

$$b_n = 0 \quad (n=1,2,\cdots).$$

根据收敛定理, 有

$$2 + |x| = \frac{5}{2} + \frac{2(\cos n\pi - 1)}{n^2 \pi^2} \cos(n\pi x)$$

$$= \frac{5}{2} - \frac{4}{\pi^2} \sum_{k=0}^{\infty} \frac{\cos(2k+1)\pi x}{(2k+1)^2}.$$

在上式两端令 $x=0$, 得

$$2 = \frac{5}{2} - \frac{4}{\pi^2} \sum_{k=0}^{\infty} \frac{1}{(2k+1)^2}, \quad \sum_{k=0}^{\infty} \frac{1}{(2k+1)^2} = \frac{\pi^2}{8}.$$

又 $\sum_{n=1}^{\infty} \frac{1}{n^2} = \sum_{k=0}^{\infty} \frac{1}{(2k+1)^2} + \sum_{k=1}^{\infty} \frac{1}{(2k)^2} = \frac{\pi^2}{8} + \frac{1}{4} \sum_{n=1}^{\infty} \frac{1}{n^2}$, 由此, 得

$$\sum_{n=1}^{\infty} \frac{1}{n^2} = \frac{4}{3} \cdot \frac{\pi^2}{8} = \frac{\pi^2}{6}.$$

例 33 试将 $f(x) = x$ 在 $0 \leqslant x \leqslant \pi$ 上展为余弦级数.

分析 将 $f(x) = x$ 在 $0 \leqslant x \leqslant \pi$ 上展为余弦级数,需作偶延拓,由此得 $b_n = 0 (n = 1, 2, \cdots)$,只要计算傅里叶系数 a_0 与 a_n,然后根据傅里叶展开定理即可得解.

解 将 $f(x)$ 作偶延拓,于是,

$$b_n = 0 \quad (n = 1, 2, \cdots),$$

$$a_0 = \frac{2}{\pi} \int_0^\pi f(x) \mathrm{d}x = \frac{2}{\pi} \int_0^\pi x \mathrm{d}x = \pi,$$

$$a_n = \frac{2}{\pi} \int_0^\pi f(x) \cos nx \mathrm{d}x = \frac{2}{\pi} \int_0^\pi x \cos nx \mathrm{d}x$$

$$= \frac{2}{\pi} \left(\frac{x}{n} \sin nx \bigg|_0^\pi - \frac{1}{n} \int_0^\pi \sin nx \mathrm{d}x \right) = \frac{2}{\pi} \cdot \frac{1}{n^2} \cos nx \bigg|_0^\pi$$

$$= \frac{2}{n^2 \pi} (\cos n\pi - 1) = \frac{2}{n^2 \pi} [(-1)^n - 1]$$

$$= \frac{-4}{(2n+1)^2 \pi} \quad (n = 1, 2, \cdots).$$

故

$$f(x) \sim \frac{\pi}{2} - \frac{4}{\pi} \sum_{n=0}^\infty \frac{1}{(2n+1)^2} \cos(2n+1)x.$$

由于做的是偶延拓,延拓后的函数在区间端点 $x = \pi$ 和 $x = -\pi$ 处的值相等,在 $x = 0$ 处函数连续,根据傅里叶展开定理,得

$$f(x) = x = \frac{\pi}{2} - \frac{4}{\pi} \sum_{n=0}^\infty \frac{1}{(2n+1)^2} \cos(2n+1)x \quad (0 \leqslant x \leqslant \pi).$$

例 34 设 $f(x) = \begin{cases} 0, & -\pi \leqslant x < 0, \\ 1, & 0 \leqslant x \leqslant \pi. \end{cases}$

(1) 求 $f(x)$ 的傅里叶级数.

(2) 这级数收敛吗? 收敛于 $f(x)$ 吗? 为什么?

(3) 这级数在区间 $(-\pi, \pi)$ 内一致收敛吗? 为什么?

分析 先求出 $f(x)$ 的傅里叶系数,写出 $f(x)$ 的傅里叶级数,并由傅里叶级数的收敛定理可知,在 $[-\pi, 0) \cup (0, \pi]$ 上收敛于 $f(x)$,然后判别该级数在区间 $(-\pi, \pi)$ 内是否一致收敛.

解 $f(x)$ 的傅里叶系数

$$a_0 = \frac{1}{\pi}\int_{-\pi}^{\pi} f(x)\mathrm{d}x = \frac{1}{\pi}\int_0^{\pi} \mathrm{d}x = 1,$$

$$a_n = \frac{1}{\pi}\int_{-\pi}^{\pi} f(x)\cos nx \mathrm{d}x = \frac{1}{\pi}\int_0^{\pi} \cos nx \mathrm{d}x$$

$$= \frac{1}{n\pi}\sin nx \Big|_0^{\pi} = 0 \quad (0 = 1, 2, \cdots),$$

$$b_n = \frac{1}{\pi}\int_{-\pi}^{\pi} f(x)\sin nx \mathrm{d}x = \frac{1}{\pi}\int_0^{\pi} \sin nx \mathrm{d}x = -\frac{1}{n\pi}\cos nx \Big|_0^{\pi}$$

$$= \frac{1}{n\pi}[1-(-1)^n].$$

即

$$b_{2m} = 0, \quad b_{2m+1} = \frac{2}{(2m+1)\pi} \quad (m = 0, 1, 2, \cdots).$$

$f(x)$ 的傅里叶级数为

$$\frac{1}{2} + \sum_{n=0}^{\infty} \frac{2}{(2n+1)\pi} \sin(2n+1)x.$$

因为 $f(x)$ 在区间 $[-\pi,\pi]$ 上分段连续, 分段光滑, 满足傅里叶级数收敛定理的条件, 故在数轴上处处收敛. 在 $[-\pi,\pi]$ 上,

$$\frac{1}{2} + \sum_{n=0}^{\infty} \frac{2}{(2n+1)\pi} \sin(2n+1)x = \begin{cases} f(x), & x \in [-\pi, 0) \cup (0, \pi], \\ \frac{1}{2}, & x = 0. \end{cases}$$

这个级数在区间 $(-\pi,\pi)$ 内不一致收敛. 否则由条件

(1) 该级数在区间 $(-\pi,\pi)$ 内一致收敛;

(2) 该级数每一项都在 $(-\pi,\pi)$ 内连续

可推知, 函数级数的和函数连续, 但是 $f(x)$ 在 $x=0$ 处不连续. 这表明该傅里叶级数在 $(-\pi,\pi)$ 内不一致收敛.

练 习 题 5

1. 多项选择题.

(1) 下列级数中发散的有 (   ).

(A) $\sum_{n=1}^{\infty}(-1)^n\frac{1}{n}$; (B) $\sum_{n=1}^{\infty}(-1)^{n+1}\frac{1}{n}$;

(C) $\sum_{n=1}^{\infty}(-1)^{n-1}\left(\frac{1}{n}+\frac{1}{n+1}\right)$; (D) $\sum_{n=1}^{\infty}\frac{1}{n+\sqrt{n}}$.

(2) 下列级数中绝对收敛的有 (　　).

(A) $\sum_{n=1}^{\infty}\frac{3^n n!}{n^n}$; (B) $\sum_{n=1}^{\infty}\frac{\sin n}{\sqrt{n}}$;

(C) $\sum_{n=1}^{\infty}\frac{1}{\pi^{n+1}}\sin\left(n\pi+\frac{\pi}{2}\right)$; (D) $\sum_{n=1}^{\infty}(-1)^n(\sqrt[n]{2}-1)$.

2. 判断下列级数的敛散性.

(1) $\sum_{n=1}^{\infty}\frac{(-1)^{\frac{1}{2}n(n-1)}}{2^n}$; (2) $\sum_{n=1}^{\infty}\frac{(-1)^n}{\sqrt{n}+(-1)^n}$;

(3) $\sum_{n=1}^{\infty}(-1)^n\frac{(2n!!)}{(2n+1)!!}$; (4) $\sum_{n=1}^{\infty}\frac{1}{\sqrt{n^3+n+1}}$;

(5) $\sum_{n=1}^{\infty}\frac{an+b}{n(n+1)}$; (6) $\sum_{n=1}^{\infty}n^2 a^n (a>0)$;

(7) $\sum_{n=2}^{\infty}(\sqrt{n+1}-\sqrt{n})^p \ln\frac{n-1}{n+1}$.

3. 设 $a_n>0, S_n=\sum_{i=1}^{n}a_i$, 证明级数 $\sum_{n=1}^{\infty}a_n$ 与 $\sum_{n=1}^{\infty}\frac{a_n}{S_n}$ 同时收敛, 同时发散.

4. 讨论级数 $\sum_{n=1}^{\infty}\left(\frac{x}{n}\right)^n n!$ 的绝对收敛性.

5. 证明: (1) 设函数 $\{f(x)\}$ 在区间 $[a,b]$ 上一致收敛于 $f(x)$, 则 $\{|f_n(x)|\}$ 在 $[a,b]$ 上一致收敛于 $|f(x)|$;

(2) 若函数项级数 $\sum_{n=1}^{\infty}u_n(x)$ 在区间 $[a,b]$ 上一致收敛, 问 $\sum_{n=1}^{\infty}|u_n(x)|$ 在 $[a,b]$ 上是否一致收敛?

6. 证明: 函数 $S(x)=\sum_{n=1}^{\infty}\frac{1}{n^x}$ 在开区间 $(1,+\infty)$ 内连续, 且连续可微.

7. 求幂级数

$$\sum_{n=1}^{\infty}\frac{x^n}{n(n+1)}$$

的收敛半径及其和函数.

8.(1) 设正项级数 $\sum_{n=1}^{\infty}a_n$ 收敛, 证明级数 $\sum_{n=1}^{\infty}\frac{\sqrt{a_n}}{n^\alpha}\left(\alpha>\frac{1}{2}\right)$ 也收敛.

(2) 设 $\lim\limits_{n\to\infty} a_n = a(a \neq 0)$, 证明级数 $\sum\limits_{n=1}^{\infty} |a_{n+1} - a_n|$ 与 $\sum\limits_{n=1}^{\infty} \left|\dfrac{1}{a_{n+1}} - \dfrac{1}{a_n}\right|$ 有相同的敛散性.

9. 证明: (1) 若 $\dfrac{\ln\dfrac{1}{a^n}}{\ln n} \geqslant p > 1$, 则级数 $\sum\limits_{n=1}^{\infty} a_n$ 收敛.

(2) 若 $\dfrac{\ln\dfrac{1}{a_n}}{\ln n} \leqslant 1$, 则级数 $\sum\limits_{n=1}^{\infty} a_n$ 发散.

10. 若正项级数 $\sum\limits_{n=1}^{\infty} a_n$ 的项 a_n 随 n 增大单调递减, 且 $\sum\limits_{n=1}^{\infty} a_{2n}$ 收敛, 则级数 $\sum\limits_{n=1}^{\infty} a_n$ 收敛.

11. 讨论函数项级数 $\sum\limits_{n=1}^{\infty} \dfrac{x}{(1+x)^n}$ 在 $(0,+\infty)$ 上的一致收敛性.

12. 证明函数项级数 $\sum\limits_{n=1}^{\infty} [nxe^{-nx} - (n-1)xe^{-(n-1)x}]$ 在区间 $[0,1]$ 上收敛, 但不一致连续, 而其和函数在区间 $[0,1]$ 上连续.

13. 求函数
$$f(x) = \begin{cases} \cos\dfrac{\pi x}{l}, & |x| \leqslant \dfrac{l}{2}, \\ 0, & \dfrac{l}{2} < |x| \leqslant l \end{cases}$$
的傅里叶展开式.

14. 讨论下列函数列与函数项级数在所示区间上的一致收敛性.

(1) $f_n(x) = \dfrac{nx}{1+n^2x^2}$, (i)$x \in [0,1]$, (ii)$x \in [\alpha,1](\alpha > 0)$;

(2) $\sum\limits_{n=1}^{\infty} \dfrac{n^2}{\sqrt{n!}}(x^n + x^{-n})$, $x \in \left[\dfrac{1}{2}, 2\right]$;

(3) $\sum\limits_{n=2}^{\infty} \dfrac{(-1)^n}{n+\sin x}$, $x \in [0, 2\pi]$;

(4) $\sum\limits_{n=1}^{\infty} x^2 e^{-nx}$, $x \in [0,+\infty)$.

15. 证明函数项级数 $\sum\limits_{n=1}^{\infty} \dfrac{\sin nx}{n}$ 在 $[0,\pi]$ 上不一致收敛, 但在 $[\delta, \pi](0 < \delta < \pi)$ 上一致收敛.

16. 证明: 设 $f_n(x)(n = 1, 2, 3, \cdots)$ 在区间 (a,b) 上一致连续, 且 $f_n(x) \rightrightarrows f(x)(n \to \infty), x \in (a,b)$, 则 $f(x)$ 在 (a,b) 上也一致连续.

17. 研究函数 $f(x) = \sum\limits_{n=1}^{\infty} \dfrac{1}{n^2(1+n^2x^2)}$ 的连续性与可微性.

18. 求下列幂级数的收敛半径与收敛域.

(1) $\sum_{n=1}^{\infty} \dfrac{x^n}{2^{n+1}}$;

(2) $\sum_{n=0}^{\infty} \dfrac{\ln(1+n)}{n+1}(x-1)^n$;

(3) $\sum_{n=1}^{\infty} \dfrac{(-1)^{n-1}}{2^n} x^{2n-1}$;

(4) $\sum_{n=1}^{\infty} \left(1+\dfrac{1}{n}\right)^{n^2} x^n$.

19. 求下列幂级数的和函数.

(1) $\sum_{n=1}^{\infty} \dfrac{(n+1)}{n!2^n} x^n$;

(2) $\sum_{n=1}^{\infty} \dfrac{(2x-1)^n}{n}$;

(3) $\sum_{n=1}^{\infty} \dfrac{(-1)^{n-1}}{n^2-1} x^{n+1}$.

20. 设 $x>0$, 证明: $\ln x = 2\left[\dfrac{x-1}{x+1} + \dfrac{1}{3}\left(\dfrac{x-1}{x+1}\right)^3 + \dfrac{1}{5}\left(\dfrac{x-1}{x+1}\right)^5 + \cdots\right]$.

第6讲　多元函数微分学

6.1　知识结构

$$\text{二元函数的极限与连续}\begin{cases}\text{极限}\begin{cases}\text{重极限}\\ \text{累次极限}\\ \text{极限存在与不存在的判别}\end{cases}\\ \text{连续}\begin{cases}\text{基本概念}\\ \text{性质}\begin{cases}\text{有界性}\\ \text{最大值、最小值定理}\\ \text{介值性}\end{cases}\end{cases}\end{cases}$$

$$\text{多元函数微分学}\begin{cases}\text{偏导数-方向导数-梯度}\\ \text{可微性}\begin{cases}\text{基本概念}\\ \text{可微的必要条件}\\ \text{可微的充分条件}\end{cases}\\ \text{全微分: } \mathrm{d}f=f_x\mathrm{d}x+f_y\mathrm{d}y\\ \text{微分法则}\begin{cases}\text{复合函数求导法则}\\ \text{复合函数的全微分}\\ \text{隐函数微分法——曲面的切平面与法线}\\ \text{参数方程的微分法——空间曲线的切线与法平面}\end{cases}\\ \text{高阶导数与高阶微分——泰勒公式}\\ \text{二元函数的极限}\begin{cases}\text{普通极限}\\ \text{条件极值 (拉格朗日乘数法)}\end{cases}\end{cases}$$

6.2　内容精析

1. 函数的极限.

海涅定理　如果存在数 $A \in \mathbf{R}$, 使得对于任意收敛于 x_0 的序列 $\{x_n\}, x_n \in E\setminus\{x_0\}$, 相应的函数 $f(x)$ 值序列 $(f(x_n))$ 收敛于 A, 则称当 $x \to x_0$ 时 (在 x_0 点) 函数 $f(x)$ 具有极限.

此时数 A 称为函数 $f(x)$ 当 $x \to x_0$ 时的极限, 写作

$$\lim_{x \to x_0} f(x) = A, \quad 或 x \to x_0 时 f(x) \to A,$$

或者

$$\lim_{\substack{x_1 \to x_1^0 \\ \cdots \\ x_m \to x_m^0}} f(x_1, \cdots, x_m) = A,$$

或

$$x_1 \to x_1^0, \cdots, x_m \to x_m^0 时 f(x_1, \cdots, x_m) \to A.$$

柯西收敛准则 如果存在数 A 使得 $\forall \varepsilon > 0, \exists \delta > 0$, 对于 $\forall x \in E$ 满足条件 $0 < \|x - x_0\| < \delta$, 都有

$$|f(x) - A| < \varepsilon,$$

其中

$$\|x - x_0\| = \rho(x, x_0) = \sqrt{(x_1 - x_1^0)^2 + (x_2 - x_2^0)^2 + \cdots + (x_m - x_m^0)^2},$$

则称当 $x \to x_0$ 时函数 $f(x)$ 具有极限.

两个定义 (海涅和柯西) 是等价的.

2. 连续.

令 $f: D \to \mathbf{R}, D \subset \mathbf{R}^n$, 而 $x_0 \in D$.

定义 函数 $f(x)$ 称为在点 $x_0 \in D$ 连续, 如果满足下列任意一条等价条件:

(1) $\forall \varepsilon > 0, \exists \delta > 0$, 使得 $\forall x \in D$, 只要 $\|x - x_0\| < \delta$, 都有 $|f(x) - f(x_0)| < \varepsilon$;

(2) 对于任意收敛于 x_0 的序列 $\{x_n\}, x_n \in D$, 相应的函数 $f(x)$ 值序列 $(f(x_n))$ 当 $n \to \infty$ 时收敛于 $f(x_0)$;

(3) $\lim_{x \to x_0} f(x) = f(x_0)$ 或者当 $\|x - x_0\| \to 0$ 时, $f(x) - f(x_0) \to 0$;

(4) $\forall \varepsilon > 0, \exists \delta > 0$, 使得

$$f(S(x_0, \delta)) \subset (f(x_0) - \varepsilon, f(x_0) + \varepsilon),$$

或者同样地

$$f: S(x_0, \delta) \to (f(x_0) - \varepsilon, f(x_0) + \varepsilon),$$

这里 $S(x_0, \delta)$ 表示空间 $\mathbf{R}^m$ 中以点 x_0 为球心, δ 为半径的开球.

如果函数 $f(x)$ 在区域 D 中每一点连续, 则它在区域 D 中连续.

3. 偏导数的概念与求法.

这一部分我们只对二元函数叙述.

设函数 $z = f(x,y), (x,y) \in D$. 若 $(x_0, y_0) \in D$, 且 $f(x, y_0)$ 在 x_0 的一邻域内有定义, 则当极限

$$\lim_{\Delta x \to 0} \frac{\Delta_x f(x_0, y_0)}{\Delta x} = \lim_{\Delta x \to 0} \frac{f(x_0 + \Delta x, y_0) - f(x_0, y_0)}{\Delta x}$$

存在时, 称该极限为函数 $f(x,y)$ 在点 (x_0, y_0) 关于 x 的偏导数. 类似可定义函数 $f(x,y)$ 在点 (x_0, y_0) 关于 y 的偏导数.

偏导数存在与连续的关系. 函数 $f(x,y) = \sqrt{x^2 + y^2}$ 在点 $(0,0)$ 两个偏导数都不存在, 明显该函数在点 $(0,0)$ 连续; 又如函数 $f(x,y) = \begin{cases} \dfrac{xy}{x^2+y^2}, & x^2 + y^2 \neq 0, \\ 0, & x^2 + y^2 = 0 \end{cases}$ 在点 $(0,0)$ 两个偏导数都存在, 但该函数在点 $(0,0)$ 不连续. 由这两个例子可以看出, 函数的偏导数存在推不出连续, 连续也推不出偏导数存在.

从偏导数的定义可知, 函数 $f(x,y)$ 对 x 求偏导数, 是先把自变量 y 看作常数, 这样就把二元函数变成一元函数求导的问题. 因此一元函数的求导法则对二元函数求偏导数仍然适用.

二元函数求偏导数的一个重要方法是链式法则. 若函数 $x = \varphi(s,t), y = \psi(s,t)$ 在点 $(s,t) \in D$ 可微, $z = f(x,y)$ 在点 $(x,y) = (\varphi(s,t), \psi(s,t))$ 可微, 则复合函数 $z = f(\varphi(s,t), \psi(s,t))$ 在点 (s,t) 可微, 且它关于 s 与 t 的偏导数分别为

$$\left.\frac{\partial z}{\partial s}\right|_{(s,t)} = \left.\frac{\partial z}{\partial x}\right|_{(x,y)} \left.\frac{\partial x}{\partial s}\right|_{(s,t)} + \left.\frac{\partial z}{\partial y}\right|_{(x,y)} \left.\frac{\partial y}{\partial s}\right|_{(s,t)},$$

$$\left.\frac{\partial z}{\partial t}\right|_{(s,t)} = \left.\frac{\partial z}{\partial x}\right|_{(x,y)} \left.\frac{\partial x}{\partial t}\right|_{(s,t)} + \left.\frac{\partial z}{\partial y}\right|_{(x,y)} \left.\frac{\partial y}{\partial t}\right|_{(s,t)}.$$

4. 全微分的概念.

设函数 $z = f(x,y)$ 在点 $P_0(x_0, y_0)$ 的一邻域 $U(P_0)$ 内有定义, $\forall P(x,y) = P(x_0 + \Delta x, y_0 + \Delta y) \in U(P_0)$, 有

$$\Delta z = f(x_0 + \Delta x, y_0 + \Delta y) - f(x_0, y_0) = A\Delta x + B\Delta y + o(\rho),$$

其中 A, B 是与 $\Delta x, \Delta y$ 无关的常数, $\rho = \sqrt{\Delta x^2 + \Delta y^2}$, $o(\rho)$ 是比 ρ 较高阶的无穷小量, 则称函数 $z = f(x,y)$ 在点 $P_0(x_0, y_0)$ 可微, 称 $A\Delta x + B\Delta y$ 是函数 $z = f(x,y)$ 在 $P_0(x_0, y_0)$ 的全微分, 记作 $\mathrm{d}z|_{P_0} = A\Delta x + B\Delta y$.

可微、可偏导与连续的关系. 函数 $z = f(x,y)$ 在点 $P_0(x_0, y_0)$ 可微, 则函数 $z = f(x,y)$ 在点 $P_0(x_0, y_0)$ 可偏导且连续, 但函数 $z = f(x,y)$ 在点 $P_0(x_0, y_0)$ 可偏导或连续, 都不能推出函数 $z = f(x,y)$ 在点 $P_0(x_0, y_0)$ 可微. 函数 $z = f(x,y)$ 在点 $P_0(x_0, y_0)$ 可微的充分条件是函数 $z = f(x,y)$ 在点 $P_0(x_0, y_0)$ 的偏导数连续.

5. 二元函数的中值公式.

(1) 设二元函数 f 在点 $P(a,b)$ 的某邻域内存在偏导数, 点 $Q(x,y)$ 是该邻域内一点, 则存在 $\xi = a + \theta_1(x-a), \eta = b + \theta_2(x-b), 0 < \theta_1, \theta_2 < 1$, 使得

$$f(x,y) - f(a,b) = f'_x(\xi, y)(x-a) - f'_y(a, \eta)(y-b).$$

(2) 设二元函数 f 在凸区域 $D \in \mathbf{R}$ 上连续, 在 D 的内部可微, 则对 D 内部的任意两点 $P(a,b), Q(a+h,b+k)$, 必存在 $\theta \in (0,1)$, 使得

$$f(a+h, b+k) - f(a,b) = f'_x(a+\theta h, b+\theta k)h + f'_y(a+\theta h, b+\theta k)k.$$

二元函数的两个中值定理的差异在于后一中值定理中存在的点 $(a+\theta h, b+\theta k)$ 就在点 P 与 Q 的连线上, 而前一中值定理中存在的点是两点 (θ_1 与 θ_2 不等), 这两点分别在两条平行于坐标轴的直线上. 在条件满足之下, 后一中值定理结果更好.

6. 二元函数的泰勒公式.

若二元函数 f 在点 $P_0(a,b)$ 的某邻域 $U(P_0)$ 内有直到 $n+1$ 阶连续偏导数, 则对 $U(P_0)$ 内任意一点 $(a+h, b+k)$, 存在相应的 $\theta \in (0,1)$, 使得

$$\begin{aligned}&f(a+h, b+k)\\=&f(a,b) + \left(h\frac{\partial}{\partial x} + k\frac{\partial}{\partial y}\right)f(a,b) + \frac{1}{2!}\left(h\frac{\partial}{\partial x} + k\frac{\partial}{\partial y}\right)^2 f(a,b)\\&+ \cdots + \frac{1}{n!}\left(h\frac{\partial}{\partial x} + k\frac{\partial}{\partial y}\right)^n f(a,b) + \frac{1}{(n+1)!}\left(h\frac{\partial}{\partial x} + k\frac{\partial}{\partial y}\right)^{n+1} f(a+\theta h, b+\theta k),\end{aligned}$$

其中 $\left(h\dfrac{\partial}{\partial x} + k\dfrac{\partial}{\partial y}\right)^k f(a,b) = \sum\limits_{i=0}^{m} C_m^i \dfrac{\partial^m}{\partial x^i \partial y^{m-i}} f(a,b) h^i k^{m-i}.$

导数反映了函数在一点附近的局部性质, 用导数来研究函数在区间上的整体性质, 往往要以中值定理为工具. 拉格朗日中值定理建立了函数改变量 $f(b) - f(a)$ 与导数 $f'(x)$ 之间的直接联系, 使得用导数研究函数成为可能. 罗尔中值定理是拉格朗日中值定理的特例, 柯西中值定理和泰勒定理是拉格朗日中值定理的推广, 因此我们常用这些定理来研究函数的性质.

中值定理是数学分析中最重要的定理之一.

6.3 解 (证) 题方法分析

例 1 记 (A) $\lim\limits_{\substack{x \to x_0 \\ y \to y_0}} f(x,y)$, (B) $\lim\limits_{x \to x_0} \lim\limits_{y \to y_0} f(x,y)$, (C) $\lim\limits_{y \to y_0} \lim\limits_{x \to x_0} f(x,y)$.

问: (1) 若 (B), (C) 两极限之一存在, 另一个必存在吗?

(2) 若 (B), (C) 均存在, 它们一定相等吗?

(3) 若 (B), (C) 均存在, (A) 一定存在吗?

(4) 若 (B), (C) 均存在且相等, (A) 一定存在吗?

(5) 若 (A) 存在, (B), (C) 一定存在吗?

(6) 若 (A) 存在及 (B), (C) 之一存在, 它们一定相等吗?

解 (1) 不一定. 例如, $\lim\limits_{y\to 0}\lim\limits_{x\to 0} x\sin\dfrac{1}{y} = 0$, 而 $\lim\limits_{x\to 0}\lim\limits_{y\to 0} x\sin\dfrac{1}{y}$ 不存在.

(2) 不一定. 例如, 设

$$f(x,y) = \begin{cases} \dfrac{x-y+x^2+y^2}{x+y}, & x+y \neq 0 \text{ 且 } xy \neq 0, \\ 0, & \text{其余部分}, \end{cases}$$

则

$$\lim\limits_{y\to 0}\lim\limits_{x\to 0} f(x,y) = -1, \quad \lim\limits_{x\to 0}\lim\limits_{y\to 0} f(x,y) = 1.$$

(3) 不一定. 例如, 设

$$f(x,y) = \begin{cases} \dfrac{xy}{x^2+y^2}, & (x,y) \neq (0,0), \\ 0, & (x,y) = (0,0), \end{cases}$$

而

$$\lim\limits_{x\to 0}\lim\limits_{y\to 0} f(x,y) = 0, \quad \lim\limits_{y\to 0}\lim\limits_{x\to 0} f(x,y) = 0,$$

但当 (x,y) 沿 $y = x$ 趋于 $(0,0)$ 时, $\lim\limits_{\substack{x\to 0 \\ y\to 0}} f(x,y) = \dfrac{1}{2}$; 当 (x,y) 沿 $y = -x$ 趋于 $(0,0)$ 时, $\lim\limits_{\substack{x\to 0 \\ y\to 0}} f(x,y) = -\dfrac{1}{2}$, 故 $\lim\limits_{\substack{x\to 0 \\ y\to 0}} f(x,y)$ 不存在.

(4) 不一定. 用 (3) 的例子即可说明.

(5) 不一定. 例如, 设

$$f(x,y) = \begin{cases} x\sin\dfrac{1}{y} + y\sin\dfrac{1}{x}, & x\neq 0, y\neq 0, \\ 0, & xy = 0. \end{cases}$$

由 $|f(x,y) - 0| = \left| x\sin\dfrac{1}{y} + y\sin\dfrac{1}{x} \right| \leqslant |x| + |y|$ 即知, $\lim\limits_{\substack{x\to 0 \\ y\to 0}} f(x,y) = 0$, 但两个累次极限均不存在.

(6) 一定. 设 $\lim\limits_{\substack{x\to x_0 \\ y\to y_0}} f(x,y)$ 及 $\lim\limits_{x\to x_0}\lim\limits_{y\to y_0} f(x,y)$ 存在, 则它们相等.

证明 设 $\lim\limits_{\substack{x\to x_0\\y\to y_0}} f(x,y) = A$, 则对于 $\forall \varepsilon > 0, \exists \delta > 0$, 使当 $P(x,y) \in U^\circ(P_0, \delta)$ 时, 恒有

$$|f(x,y) - A| < \varepsilon. \tag{*}$$

另外存在累次极限 $\lim\limits_{x\to x_0}\lim\limits_{y\to y_0} f(x,y)$ 之假设, 对于一满足不等式 $0 < |x - x_0| < \delta$ 的 x, 存在极限

$$\lim_{y\to y_0} f(x,y) = \varphi(x).$$

在 $(*)$ 式中让 $y \to y_0$, 则得

$$|\varphi(x) - A| \leqslant \varepsilon.$$

由此即得

$$\lim_{x\to x_0} \varphi(x) = A,$$

即

$$\lim_{x\to x_0}\lim_{y\to y_0} f(x,y) = A = \lim_{\substack{x\to x_0\\y\to y_0}} f(x,y).$$

例 2 试证函数

$$f(x,y) = \begin{cases} \dfrac{xy}{\sqrt{x^2+y^2}}, & x^2 + y^2 \neq 0, \\ 0, & x^2 + y^2 = 0 \end{cases}$$

在点 $(0,0)$ 的邻域中连续, 且有有界的偏导数 $f'_x(x,y), f'_y(x,y)$, 但此函数在点 $(0,0)$ 处不可微.

分析 (1) 根据连续定义, 只要证 $\lim\limits_{\substack{x\to 0\\y\to 0}} f(x,y) = f(0,0)$.

(2) 先求当 $x^2 + y^2 \neq 0$ 时的偏导数 $f'_x(x,y), f'_y(x,y)$, 再按定义求 $f'_x(0,0), f'_y(0,0)$, 然后估计其有界性.

(3) 用反证法证明此函数在点 $(0,0)$ 处不可微.

证明 因为 $|f(x,y) - f(0,0)| = \left|\dfrac{xy}{\sqrt{x^2+y^2}} - 0\right| \leqslant \dfrac{|xy|}{|x|} = |y|$, 所以当 (x,y) 充分接近 $(0,0)$ 时, $|y|$ 可任意小, 从而 $|f(x,y) - f(0,0)|$ 可任意小, 故 $f(x,y)$ 在点 $(0,0)$ 连续.

当 $x^2 + y^2 \neq 0$ 时,

$$f'_x(x,y) = \frac{y^3}{\sqrt{(x^2+y^2)^3}}, \quad f'_y(x,y) = \frac{x^3}{\sqrt{(x^2+y^2)^3}}.$$

在点 $(0,0)$ 处, 按定义

$$f'_x(0,0) = \lim_{x \to 0} \frac{f(x,0) - f(0,0)}{x - 0} = 0,$$

$$f'_y(0,0) = \lim_{y \to 0} \frac{f(0,y) - f(0,0)}{y - 0} = 0,$$

并且 $|f'_x(x,y)| = \left| \dfrac{y^3}{\sqrt{(x^2+y^2)^3}} \right| \leqslant \dfrac{|y^3|}{|y^3|} = 1$, 故 $f'_x(x,y)$ 存在且有界.

同理可证, $f'_y(x,y)$ 存在且有界.

以下证明: $f(x,y)$ 在点 $(0,0)$ 处不可微.

用反证法, 假如 $f(x,y)$ 在点 $(0,0)$ 可微, 则 $\Delta f = f'_x(0,0)\Delta x + f'_y(0,0)\Delta y + o(\rho)$, 其中 $\rho = \sqrt{\Delta x^2 + \Delta y^2}$.

由于 $f'_x(0,0) = f'_y(0,0) = 0$, 所以 $\Delta f = o\left(\sqrt{\Delta x^2 + \Delta y^2}\right)$, 即 $\dfrac{\Delta f}{\sqrt{\Delta x^2 + \Delta y^2}} \to 0$, 当 $(\Delta x, \Delta y) \to (0,0)$ 时.

另一方面, $\Delta f = f(\Delta x, \Delta y) - f(0,0) = \dfrac{\Delta x \Delta y}{\sqrt{\Delta x^2 + \Delta y^2}}$, $\dfrac{\Delta f}{\sqrt{\Delta x^2 + \Delta y^2}} = \dfrac{\Delta x \Delta y}{\Delta x^2 + \Delta y^2}$,

当 (x,y) 沿直线 $y = x$ 趋于 $(0,0)$ 时, $\dfrac{\Delta f}{\sqrt{\Delta x^2 + \Delta y^2}} = \dfrac{\Delta x^2}{2\Delta x^2} = \dfrac{1}{2} \to \dfrac{1}{2}$, 矛盾. 故 $f(x,y)$ 在点 $(0,0)$ 处不可微.

例 3 设

$$f(x,y) = \begin{cases} (x^2+y^2)\sin\dfrac{1}{x^2+y^2}, & x^2+y^2 \neq 0, \\ 0, & x^2+y^2 = 0. \end{cases}$$

问在点 $(0,0)$ 处:

(1) 偏导数是否存在?

(2) 偏导数是否连续?

(3) $f(x,y)$ 是否可微?

均说明理由.

分析 (1) 按偏导数定义求 $f'_x(0,0), f'_y(0,0)$.

(2) 写出 $f'_x(x,y)$ 与 $f'_y(x,y)$ 的表达式, 然后根据连续性定义, 考察极限 $\lim\limits_{\substack{x \to 0 \\ y \to 0}} f'_x(x,y)$ 与 $\lim\limits_{\substack{x \to 0 \\ y \to 0}} f'_y(x,y)$ 是否存在, 进而可以判断偏导数是否连续.

(3) 按可微定义, 考虑极限

$$\lim_{(x,y) \to (0,0)} \frac{\Delta f - [f'_x(0,0)x + f'_y(0,0)y]}{\sqrt{x^2+y^2}},$$

看其是否为零, 即知 $f(x,y)$ 在点 $(0,0)$ 是否可微.

解 (1) 因为

$$f'_x(0,0) = \lim_{x \to 0} \frac{f(x,0) - f(0,0)}{x} = \lim_{x \to 0} x \sin \frac{1}{x^2} = 0,$$

$$f'_y(0,0) = \lim_{y \to 0} \frac{f(0,y) - f(0,0)}{y} = \lim_{y \to 0} y \sin \frac{1}{y^2} = 0,$$

所以, 在点 $(0,0)$ 处偏导数 $f'_x(0,0), f'_y(0,0)$ 存在, 且

$$f'_x(x,y) = \begin{cases} 2x \sin \dfrac{1}{x^2+y^2} - \dfrac{2x}{x^2+y^2} \cos \dfrac{1}{x^2+y^2}, & x^2+y^2 \neq 0, \\ 0, & x^2+y^2 = 0, \end{cases}$$

$$f'_y(x,y) = \begin{cases} 2y \sin \dfrac{1}{x^2+y^2} - \dfrac{2y}{x^2+y^2} \cos \dfrac{1}{x^2+y^2}, & x^2+y^2 \neq 0, \\ 0, & x^2+y^2 = 0. \end{cases}$$

(2) 从 $f'_x(x,y)$ 的表达式易知, 当点 (x,y) 沿直线 $y = x$ 趋于点 $(0,0)$ 时, 极限

$$\lim_{\substack{x \to 0 \\ y \to 0}} f'_x(x,y) = \lim_{x \to 0} \left(2x \sin \frac{1}{2x^2} - \frac{2x}{2x^2} \cos \frac{1}{2x^2} \right)$$

不存在, 同理 $\lim\limits_{\substack{x \to 0 \\ y \to 0}} f'_y(x,y)$ 不存在. 故偏导数 $f'_x(x,y), f'_y(x,y)$ 在点 $(0,0)$ 处不连续.

(3) 因为

$$\Delta f - [f'_x(0,0)x + f'_y(0,0)y] = f(x,y) - f(0,0) = (x^2+y^2) \sin \frac{1}{x^2+y^2},$$

于是

$$\lim_{(x,y) \to (0,0)} \frac{\Delta f - [f'_x(0,0)x + f'_y(0,0)y]}{\sqrt{x^2+y^2}} = \lim_{(x,y) \to (0,0)} \sqrt{x^2+y^2} \cdot \sin \frac{1}{x^2+y^2} = 0,$$

故 $f(x,y)$ 在点 $(0,0)$ 处可微, 且 $\mathrm{d}f = 0$.

例 4 讨论函数 $f(x,y) = \begin{cases} \dfrac{x^4}{x^2+y^2}, & (x,y) \neq (0,0), \\ 0, & (x,y) = (0,0) \end{cases}$ 在点 $(0,0)$ 处的可微性.

分析 由定义求得偏导数, 求函数 $f(x,y)$ 在 $(0,0)$ 点的增量即可.

解 求得偏导数

$$f'_x(0,0) = \lim_{x \to 0} \frac{f(x,0) - f(0,0)}{x} = \lim_{x \to 0} x = 0,$$

$$f'_y(0,0) = \lim_{y \to 0} \frac{f(0,y) - f(0,0)}{y} = \lim_{y \to 0} \frac{0}{y} = 0.$$

将函数 $f(x,y)$ 在 $(0,0)$ 点的增量表示为

$$f(x,y) - f(0,0) = \frac{x^4}{x^2 + y^2} = \alpha(x,y)\sqrt{x^2 + y^2},$$

其中 $\alpha(x,y) = \dfrac{x^4}{(x^2 + y^2)\sqrt{x^2 + y^2}}$.

当 $n \to \infty$ (即 $x \to 0, y \to 0$) 时序列

$$\left(\alpha\left(\frac{1}{n}, \frac{1}{n}\right)\right) = \frac{\frac{1}{n^4}}{\frac{2}{n^2} \frac{\sqrt{2}}{n}} = \frac{1}{2\sqrt{2}n} \to 0, \quad n \in N$$

是无穷小量, 所以在 $x \to 0, y \to 0$ 时 $\alpha(x,y)\sqrt{x^2 + y^2} = o\left(\sqrt{x^2 + y^2}\right)$, 函数 $f(x,y)$ 在 $(0,0)$ 可微.

例 5 求证: 函数 $f(x,y) = \sqrt{|xy|}$ 在 $(0,0)$ 点连续, 并且有两个偏导数 $f'_x(0,0)$ 和 $f'_y(0,0)$, 但是在 $(0,0)$ 点不可微, 检验导数 $f'_x(0,0)$ 和 $f'_y(0,0)$ 在 $(0,0)$ 点邻域内的性质.

分析 由偏导数的定义和函数的连续性即得证.

证明 利用偏导数的定义, 求得

$$f'_x(0,0) = \lim_{x \to 0} \frac{f(x,0) - f(0,0)}{x} = \lim_{x \to 0} \frac{\sqrt{|x \cdot 0|}}{x} = 0,$$

$$f'_y(0,0) = \lim_{y \to 0} \frac{f(0,y) - f(0,0)}{y} = \lim_{y \to 0} \frac{\sqrt{|y \cdot 0|}}{y} = 0.$$

由于

$$\Delta f = f(x,y) - f(0,0) = \sqrt{|xy|} = \sqrt{x^2 + y^2} \frac{\sqrt{|xy|}}{\sqrt{x^2 + y^2}} = \alpha(x,y)\sqrt{x^2 + y^2},$$

其中

$$\alpha(x,y) = \frac{\sqrt{|xy|}}{\sqrt{x^2 + y^2}}, \ \text{而}\ \alpha\left(\frac{1}{n}, \frac{1}{n}\right) = \frac{\sqrt{\frac{1}{n^2}}}{\sqrt{\frac{1}{n^2} + \frac{1}{n^2}}} \to \frac{1}{\sqrt{2}} \neq 0,$$

所以函数 $\alpha(x,y)$ 在 $\sqrt{x^2+y^2} \to 0$ 时不是无穷小量. 由此得出, 函数 $f(x,y)$ 在 $(0,0)$ 点不可微. 函数 $f(x,y)$ 在 $(0,0)$ 点的连续性由 $x \to 0, y \to 0$ 时 $\Delta f(0,0) = \sqrt{|xy|} \to 0$ 得到.

由等式 $f'_x(x,y) = \dfrac{1}{2}\sqrt{\left|\dfrac{y}{x}\right|}\mathrm{sgn}x, x \neq 0$ 以及 $\lim\limits_{n\to\infty} f'_x\left(\dfrac{1}{n^2}, \dfrac{1}{n}\right) = \lim\limits_{n\to\infty}\dfrac{\sqrt{n}}{2} = +\infty$ 得知, 导数 $f'_x(x,y)$ 在 $(0,0)$ 点的邻域内无界. 这个结论对于 $f'_y(x,y)$ 也成立.

例 6 令 $x^2 + y^2 \neq 0$ 时, $f(x,y) = xy\dfrac{x^2-y^2}{x^2+y^2}$, 且 $f(0,0) = 0$. 验证 $f''_{xy}(0,0) \neq f''_{yx}(0,0)$.

分析 由定义求得导数, 再求混合导数. 注意在 $(0,0)$ 点不满足混合导数相等的充分条件.

解 在 $x^2 + y^2 \neq 0$ 时, 有

$$f'_x(x,y) = y\dfrac{x^2-y^2}{x^2+y^2} + \dfrac{4x^2y^3}{(x^2+y^2)^2}, \quad f'_y(x,y) = x\dfrac{x^2-y^2}{x^2+y^2} - \dfrac{4x^3y^2}{(x^2+y^2)^2}.$$

如果 $x = y = 0$, 那么直接根据定义求得导数 $f'_x(0,0), f'_y(0,0)$:

$$f'_x(0,0) = \lim_{x\to 0}\dfrac{f(x,0)-f(0,0)}{x} = \lim_{x\to 0}\dfrac{0}{x} = 0,$$

$$f'_y(0,0) = \lim_{y\to 0}\dfrac{f(0,y)-f(0,0)}{y} = \lim_{y\to 0}\dfrac{0}{y} = 0.$$

利用这些值求混合导数:

$$f''_{xy}(0,0) = \lim_{y\to 0}\dfrac{f'_x(0,y)-f'_x(0,0)}{y} = \lim_{y\to 0}\dfrac{-y}{y} = -1,$$

$$f''_{yx}(0,0) = \lim_{x\to 0}\dfrac{f'_y(x,0)-f'_y(0,0)}{x} = \lim_{x\to 0}\dfrac{x}{x} = 1.$$

由此可见 $f''_{xy}(0,0) \neq f''_{yx}(0,0)$.

注意在 $(0,0)$ 点不满足混合导数相等的充分条件. 事实上在 $x^2+y^2 \neq 0$ 时我们发现

$$f''_{xy}(x,y) = f''_{yx}(x,y) = \dfrac{x^2-y^2}{x^2+y^2}\left(1 + \dfrac{8x^2y^2}{(x^2+y^2)^2}\right).$$

由于序列 $\left(M_n = \left(\dfrac{a}{n}, \dfrac{1}{n}\right)\right)$ 当 $n \to \infty$ 时趋向于 $(0,0)$ 点, 且

$$\lim_{n\to\infty} f''_{xy}(M_n) = \lim_{n\to\infty} f''_{yx}(M_n) = \dfrac{a^2-1}{a^2+1}\left(1 + \dfrac{8a^2}{(a^2+1)^2}\right),$$

所以混合导数在 $(0,0)$ 点间断.

例 7 设 $z = z(x,y)$ 由方程

$$F\left(x + \frac{z}{y}, y + \frac{z}{x}\right) = 0$$

给出, 且 F, z 都可微. 证明:

$$x\frac{\partial z}{\partial x} + y\frac{\partial z}{\partial y} = z - xy.$$

分析 为了证明

$$x\frac{\partial z}{\partial x} + y\frac{\partial z}{\partial y} = z - xy,$$

根据隐函数存在定理, 得

$$\frac{\partial z}{\partial x} = -\frac{\frac{\partial F}{\partial x}}{\frac{\partial F}{\partial z}}, \quad \frac{\partial z}{\partial y} = -\frac{\frac{\partial F}{\partial y}}{\frac{\partial F}{\partial z}},$$

再由方程 $F\left(x + \frac{z}{y}, y + \frac{z}{x}\right) = 0$, 求得 $\frac{\partial F}{\partial x}, \frac{\partial F}{\partial y}, \frac{\partial F}{\partial z}$, 然后代入所要证明的等式即可得证.

证明 根据隐函数存在定理, 得

$$\frac{\partial z}{\partial x} = -\frac{\frac{\partial F}{\partial x}}{\frac{\partial F}{\partial z}}, \quad \frac{\partial z}{\partial y} = -\frac{\frac{\partial F}{\partial y}}{\frac{\partial F}{\partial z}},$$

令 $u = x + \frac{z}{y}, v = y + \frac{z}{x}$, 则

$$x\frac{\partial z}{\partial x} + y\frac{\partial z}{\partial y} = -x\frac{\frac{\partial F}{\partial x}}{\frac{\partial F}{\partial z}} + (-y)\frac{\frac{\partial F}{\partial y}}{\frac{\partial F}{\partial z}}$$

$$= -\frac{x\frac{\partial F}{\partial x} + y\frac{\partial F}{\partial y}}{\frac{\partial F}{\partial z}}$$

$$= -\frac{x\left(F'_u - \frac{z}{x^2}F'_v\right) + y\left(-\frac{z}{y^2}F'_u + F'_v\right)}{\frac{1}{y}F'_u + \frac{1}{x}F'_v}$$

$$= -\frac{xF'_u - \frac{z}{x}F'_v - \frac{z}{y}F'_u + yF'_v}{\frac{1}{y}F'_u + \frac{1}{x}F'_v}$$

$$= -\frac{x^2yF'_u + xy^2F'_v - yzF'_v - xzF'_u}{xF'_u + yF'_v}$$

$$= -\frac{xy(xF'_u + yF'_v) - z(xF'_u + yF'_v)}{xF'_u + yF'_v} = z - xy.$$

例 8 设 $f(x,y,z) = \sqrt{\dfrac{x^4+y^4+z^4}{x^2+y^2+z^2}}$,试求 $x\dfrac{\partial f}{\partial x} + y\dfrac{\partial f}{\partial y} + z\dfrac{\partial f}{\partial z}$ 的值.

分析 先由 $f(x,y,z) = \sqrt{\dfrac{x^4+y^4+z^4}{x^2+y^2+z^2}}$ 求出 $\dfrac{\partial f}{\partial x}$,然后根据对称性得到 $\dfrac{\partial f}{\partial y}$ 与 $\dfrac{\partial f}{\partial z}$,由此即得解.

解

$$\frac{\partial f}{\partial x} = \frac{\dfrac{2x^3}{\sqrt{x^4+y^4+z^4}}\sqrt{x^2+y^2+z^2} - \dfrac{x}{\sqrt{x^2+y^2+z^2}}\sqrt{x^4+y^4+z^4}}{x^2+y^2+z^2}$$

$$= \frac{1}{x^2+y^2+z^2}\left[2x^3\sqrt{\frac{x^2+y^2+z^2}{x^4+y^4+z^4}} - x\sqrt{\frac{x^4+y^4+z^4}{x^2+y^2+z^2}}\right]$$

$$= \frac{1}{x^2+y^2+z^2}\left(\frac{2x^3}{f} - xf\right).$$

由对称性可得

$$\frac{\partial f}{\partial y} = \frac{1}{x^2+y^2+z^2}\left(\frac{2y^3}{f} - yf\right),$$

$$\frac{\partial f}{\partial z} = \frac{1}{x^2+y^2+z^2}\left(\frac{2z^3}{f} - zf\right),$$

由此即得

$$x\frac{\partial f}{\partial x} + y\frac{\partial f}{\partial y} + z\frac{\partial f}{\partial z}$$

$$= \frac{1}{x^2+y^2+z^2}\left(\frac{2x^4}{f} - x^2f + \frac{2y^4}{f} - y^2f + \frac{2z^4}{f} - z^2f\right)$$

$$= \frac{1}{x^2+y^2+z^2}\left[\frac{2}{f}\left(x^4+y^4+z^4\right) - f\cdot\left(x^2+y^2+z^2\right)\right]$$

$$= \frac{2}{f} \cdot \frac{x^4+y^4+z^4}{x^2+y^2+z^2} - f = \frac{2}{f} \cdot f^2 - f = 2f - f = f.$$

例 9 设 $z = f\left(xy, \frac{x}{y}\right) + g\left(\frac{y}{x}\right)$, 其中 f 具有二阶连续偏导数, g 具有二阶连续导数, 求 $\frac{\partial^2 z}{\partial x \partial y}$.

分析 本题中, $z = f + g$, 其中 f 通过中间变量 $u = xy, v = \frac{x}{y}$ 成为 x, y 的函数; g 通过中间变量 $s = \frac{y}{x}$ 成为 x, y 的函数, 由此即知, z 是 x, y 的函数, 因此

$$\frac{\partial z}{\partial x} = \frac{\partial f}{\partial x} + \frac{\partial g}{\partial x} = \left(yf'_u + \frac{1}{y}f'_v\right) + \left(-\frac{y}{x^2}g'_s\right).$$

再求 $\frac{\partial z}{\partial x}$ 关于 y 的偏导数, 即可求得 $\frac{\partial^2 z}{\partial x \partial y}$.

注 求偏导数时一定要细心, 以免遗漏.

解 设 $u = xy, v = \frac{x}{y}, s = \frac{y}{x}$, 则

$$\frac{\partial z}{\partial x} = yf'_u + \frac{1}{y}f'_v - \frac{y}{x^2}g'_s,$$

$$\frac{\partial^2 z}{\partial x \partial y} = f'_u + y\left(xf''_{uu} - \frac{x}{y^2}f''_{uv}\right) - \frac{1}{y^2}f'_v + \frac{1}{y}\left(xf''_{vu} - \frac{x}{y^2}f''_{vv}\right) - \frac{1}{x^2}g'_s - \frac{y}{x^3}g''_s$$

$$= f'_u - \frac{1}{y^2}f'_v + xyf''_{uu} - \frac{x}{y^3}f''_{vv} - \frac{1}{x^2}g'_s - \frac{y}{x^3}g''_s.$$

例 10 取 $u = \frac{y}{x}, v = z + \sqrt{x^2+y^2+z^2}$ 作为新的自变量, 变换方程

$$x\frac{\partial z}{\partial x} + y\frac{\partial z}{\partial y} = z + \sqrt{x^2+y^2+z^2}.$$

分析 本题首先必须明确在原来的方程

$$x\frac{\partial z}{\partial x} + y\frac{\partial z}{\partial y} = z + \sqrt{x^2+y^2+z^2}$$

中, 把 z 看作是 x, y 的函数. 引进新的自变量

$$u = \frac{y}{x}, \quad v = z + \sqrt{x^2+y^2+z^2}$$

后, 应该把 z 看作中间变量, 而 u, v 成为 x, y 的函数, 由此我们便可求得 $\frac{\partial z}{\partial x}$ 与 $\frac{\partial z}{\partial y}$, 代入原来的方程即得解.

解 为方便, 设 $r = \sqrt{x^2 + y^2 + z^2}$, 则

$$\begin{aligned}\frac{\partial z}{\partial x} &= \frac{\partial z}{\partial u}\frac{\partial u}{\partial x} + \frac{\partial z}{\partial v}\frac{\partial v}{\partial x}\\ &= -\frac{y}{x^2}\frac{\partial z}{\partial u} + \frac{\partial z}{\partial v}\left[\frac{\partial z}{\partial x} + \frac{1}{r}\left(x + z\frac{\partial z}{\partial x}\right)\right].\end{aligned}$$

由此, 得

$$\frac{\partial z}{\partial x} = \frac{-\dfrac{y}{x^2}\dfrac{\partial z}{\partial u} + \dfrac{x}{r}\dfrac{\partial z}{\partial v}}{1 - \dfrac{\partial z}{\partial v} - \dfrac{z}{r}\dfrac{\partial z}{\partial v}},$$

$$\begin{aligned}\frac{\partial z}{\partial y} &= \frac{\partial z}{\partial u}\frac{\partial u}{\partial y} + \frac{\partial z}{\partial v}\frac{\partial v}{\partial y}\\ &= \frac{1}{x}\frac{\partial z}{\partial u} + \frac{\partial z}{\partial v}\left[\frac{\partial z}{\partial y} + \frac{1}{r}\left(y + z\frac{\partial z}{\partial y}\right)\right].\end{aligned}$$

由此, 得

$$\frac{\partial z}{\partial y} = \frac{\dfrac{1}{x}\dfrac{\partial z}{\partial u} + \dfrac{y}{r}\dfrac{\partial z}{\partial v}}{1 - \dfrac{\partial z}{\partial v} - \dfrac{z}{r}\dfrac{\partial z}{\partial v}},$$

代入原来的方程, 得

$$\frac{-\dfrac{y}{x}\dfrac{\partial z}{\partial u} + \dfrac{x^2}{r}\dfrac{\partial z}{\partial v} + \dfrac{y}{x}\dfrac{\partial z}{\partial u} + \dfrac{y^2}{r}\dfrac{\partial z}{\partial v}}{1 - \dfrac{\partial z}{\partial v} - \dfrac{z}{r}\dfrac{\partial z}{\partial v}} = v,$$

由此, 得

$$\frac{x^2 + y^2}{r}\frac{\partial z}{\partial v} = (z + r)\cdot\left(1 - \frac{\partial z}{\partial v} - \frac{z}{r}\frac{\partial z}{\partial v}\right),$$

$$\frac{x^2 + y^2}{r}\frac{\partial z}{\partial v} + (z + r)\cdot\left(1 + \frac{z}{r}\right)\frac{\partial z}{\partial v} = z + r,$$

$$\frac{x^2 + y^2 + (r + z)^2}{r}\cdot\frac{\partial z}{\partial v} = z + r,$$

$$\frac{x^2 + y^2 + r^2 + z^2 + 2rz}{r}\cdot\frac{\partial z}{\partial v} = z + r,$$

$$\frac{2r^2 + 2rz}{r}\cdot\frac{\partial z}{\partial v} = z + r,$$

$$\frac{2r(r + z)}{r}\cdot\frac{\partial z}{\partial v} = z + r,$$

最后, 得

$$\frac{\partial z}{\partial v} = \frac{1}{2}.$$

例 11 求证: 函数 $u = \dfrac{1}{r}$ 在 $r \neq 0$ 时满足拉普拉斯方程 $\Delta u \equiv \dfrac{\partial^2 u}{\partial x^2} + \dfrac{\partial^2 u}{\partial y^2} + \dfrac{\partial^2 u}{\partial z^2} = 0$, 其中 $r = \sqrt{(x-a)^2 + (y-b)^2 + (z-c)^2}$.

分析 分别计算 $\dfrac{\partial^2 u}{\partial x^2}, \dfrac{\partial^2 u}{\partial y^2}, \dfrac{\partial^2 u}{\partial z^2}$, 相加即可.

解 我们有

$$\frac{\partial u}{\partial x} = -\frac{1}{r^2}\frac{\partial r}{\partial x} = -\frac{1}{r^2}\frac{x-a}{r} = -\frac{x-a}{r^3},$$

$$\frac{\partial^2 u}{\partial x^2} = -\frac{1}{r^3} + \frac{3(x-a)}{r^4}\frac{\partial r}{\partial x} = -\frac{1}{r^3} + \frac{3(x-a)^2}{r^5}.$$

类似地, 求得

$$\frac{\partial^2 u}{\partial y^2} = -\frac{1}{r^3} + \frac{3(y-b)^2}{r^5}, \quad \frac{\partial^2 u}{\partial z^2} = -\frac{1}{r^3} + \frac{3(z-c)^2}{r^5}.$$

最后三式相加后得到

$$\Delta u = -\frac{3}{r^3} + \frac{3}{r^5}\left((x-a)^2 + (y-b)^2 + (z-c)^2\right) = -\frac{3}{r^3} + \frac{3}{r^3} = 0.$$

例 12 设 $u(x,y)$ 的所有二阶导数都连续, $\dfrac{\partial^2 u}{\partial x^2} - \dfrac{\partial^2 u}{\partial y^2} = 0$, $u(x, 2x) = x$, $u'_x(x, 2x) = x^2$. 试求 $u''_{xx}(x, 2x), u''_{xy}(x, 2x), u''_{yy}(x, 2x)$.

分析 使用复合函数微分法求偏导数, 再结合已知条件即可求 $u''_{xx}(x, 2x)$, $u''_{xy}(x, 2x), u''_{yy}(x, 2x)$.

解 已知 $u(x, 2x) = x$, 等式两边对 x 求导, 可得

$$u'_x(x, 2x) + 2u'_y(x, 2x) = 1.$$

因为 $u'_x(x, 2x) = x^2$, 所以

$$u'_y(x, 2x) = \frac{1 - x^2}{2}.$$

此等式两边再对 x 求导得

$$u''_{yx}(x, 2x) + 2u''_{yy}(x, 2x) = -x, \tag{1}$$

在等式 $u'_x(x, 2x) = x^2$ 中两边对 x 求导, 可得

$$u''_{xx}(x,2x) + 2u''_{xy}(x,2x) = 2x, \tag{2}$$

(1), (2) 与已知条件 $\dfrac{\partial^2 u}{\partial x^2} - \dfrac{\partial^2 u}{\partial y^2} = 0$ 联立, 以及二阶导数的连续性, 由 $u''_{xy} = u''_{yx}$, 可得

$$u''_{xx}(x,2x) = u''_{yy}(x,2x) = -\dfrac{4}{3}x,$$

$$u''_{xy}(x,2x) = u''_{yx}(x,2x) = \dfrac{5}{3}x.$$

例 13 设 $z = u^2v^3, u = \mathrm{e}^{2x}\sin y, v = x^2 + y^3$, 求 $\dfrac{\partial z}{\partial x}, \dfrac{\partial^2 z}{\partial x \partial y}$ 及 $\mathrm{d}z$.

分析 先用全微分的一阶微分形式不变性求出 $\mathrm{d}z$, 同时求出 $\dfrac{\partial z}{\partial x}$, 进而由混合偏导数的定义求出 $\dfrac{\partial^2 z}{\partial x \partial y}$.

解 $\mathrm{d}z = \mathrm{d}\left(u^2 v^3\right) = 2uv^3 \mathrm{d}u + 3u^2v^2 \mathrm{d}v$

$= 2uv^3 \mathrm{d}\left(\mathrm{e}^{2x}\sin y\right) + 3u^2v^2 \mathrm{d}\left(x^2 + y^3\right)$

$= 2uv^3 \left(2\mathrm{e}^{2x}\sin y \mathrm{d}x + \mathrm{e}^{2x}\cos y \mathrm{d}y\right) + 3u^2v^2 \left(2x\mathrm{d}x + 3y^2\mathrm{d}y\right)$

$= \left(4uv^3\mathrm{e}^{2x}\sin y + 6u^2v^2 x\right)\mathrm{d}x + \left(2uv^3\mathrm{e}^{2x}\cos y + 9u^2v^2y^2\right)\mathrm{d}y,$

故 $\dfrac{\partial z}{\partial x} = 4uv^3\mathrm{e}^{2x}\sin y + 6u^2v^2 x.$

$\dfrac{\partial^2 z}{\partial x \partial y} = \dfrac{\partial}{\partial y}\left(\dfrac{\partial z}{\partial x}\right) = \dfrac{\partial}{\partial y}\left(4uv^3\mathrm{e}^{2x}\sin y + 6u^2v^2 x\right)$

$= 4uv^3\mathrm{e}^{2x}\cos y + 4\mathrm{e}^{2x}\sin y \dfrac{\partial}{\partial y}\left(uv^3\right) + 6x\dfrac{\partial}{\partial y}\left(u^2v^2\right)$

$= 4uv^3\mathrm{e}^{2x}\cos y + 4\mathrm{e}^{2x}\sin y \left(v^3\dfrac{\partial u}{\partial y} + 3uv^2\dfrac{\partial v}{\partial y}\right) + 6x\left(2uv^2\dfrac{\partial u}{\partial y} + 2u^2v\dfrac{\partial v}{\partial y}\right)$

$= 4uv^3\mathrm{e}^{2x}\cos y + 4v^3\mathrm{e}^{4x}\sin y \cos y + 36uv^2\mathrm{e}^{2x}y^2\sin y$

$\quad + 12uv^2\mathrm{e}^{2x}\cos y + 36u^2vxy^2.$

例 14 设 $u = f(x,y,z), \varphi(x^2, \mathrm{e}^y, z) = 0, y = \sin x$, 其中 f, φ 都具有一阶连续偏导数, 且 $\dfrac{\partial \varphi}{\partial z} \neq 0$, 求 $\dfrac{\mathrm{d}u}{\mathrm{d}x}$.

解 $\dfrac{\mathrm{d}u}{\mathrm{d}x} = \dfrac{\partial f}{\partial x} + \dfrac{\partial f}{\partial y}\dfrac{\mathrm{d}y}{\mathrm{d}x} + \dfrac{\partial f}{\partial z}\dfrac{\mathrm{d}z}{\mathrm{d}x}.$ \hfill (1)

明显有 $\dfrac{\mathrm{d}y}{\mathrm{d}x} = \cos x$, 下面求 $\dfrac{\mathrm{d}z}{\mathrm{d}x}$. 由题意可知: z 是 x,y 的隐函数, 又由 $y = \sin x$ 可知 y 是 x 的函数, 故最终得 z 是 x 的函数, u 是 x 的函数.

6.3 解 (证) 题方法分析

由 $\varphi\left(x^2, e^y, z\right) = 0$ 两边对 x 求导得

$$2x\varphi_1' + e^y\varphi_2'\frac{dy}{dx} + \varphi_3'\frac{dz}{dx} = 0.$$

解出 $\dfrac{dz}{dx}$ 得

$$\frac{dz}{dx} = -\frac{1}{\varphi_3'}\left(2x\varphi_1' + e^y\varphi_2'\cos x\right).$$

把上式 $y = \sin x$ 和 $\dfrac{dy}{dx} = \cos x$ 一起代入 (1) 式可得

$$\frac{du}{dx} - \frac{\partial f}{\partial x} + \frac{\partial f}{\partial y}\cos y - \frac{\partial f}{\partial z}\frac{1}{\varphi_3'}\left(2x\varphi_1' + e^{\sin x}\varphi_2'\cos x\right).$$

例 15 若偏导数 $f_x'(x,y)$ 在点 (a,b) 处存在, $f_y'(x,y)$ 在 (a,b) 处连续, 证明函数 $f(x,y)$ 在点 (a,b) 处可微.

分析 使用拉格朗日中值定理建立了函数改变量 $f(a+\Delta x, b+\Delta y) - f(a,b)$ 与导数 $f'(x)$ 之间的直接联系, 再由偏导数 $f_x'(x,y)$ 在点 (a,b) 处存在以及有限增量公式, 结论即可得证.

证明
$$f(a+\Delta x, b+\Delta y) - f(a,b)$$
$$= f(a+\Delta x, b+\Delta y) - f(a+\Delta x, b) + f(a+\Delta x, b) - f(a,b). \tag{1}$$

由拉格朗日中值定理公式以及 $f_x'(x,y)$ 在 (a,b) 处连续可得

$$f(a+\Delta x, b+\Delta y) - f(a+\Delta x, b)$$
$$= f_y'\left(a+\Delta x, b+\theta_1\Delta y\right)\Delta y = f_y'(a,b)\Delta y + \varepsilon_1\Delta y.$$

由偏导数 $f_x'(x,y)$ 在点 (a,b) 处存在以及有限增量公式可得

$$f(a+\Delta x, b) - f(a,b) = f_x'(a,b)\Delta x + \varepsilon_2\Delta x,$$

其中 $\varepsilon_1 \to 0\,(\Delta y \to 0), \varepsilon_2 \to 0\,(\Delta x \to 0)$. 因为 $\varepsilon_1\Delta y + \varepsilon_2\Delta x = o\left(\sqrt{\Delta x^2 + \Delta y^2}\right)$, 把这些结果代入 (1), 可知函数 $f(x,y)$ 在点 (a,b) 处可微.

例 16 证明: 若二次函数 f 的偏导数 f_x' 和 f_y' 在区域 D 内存在, 且 $f_x' = f_y' = 0$, 则函数 f 在区域 D 内必为常数函数.

证明 设 P 和 P' 是区域 D 内任意两点. 由于 D 是区域, 可以用一条完全在 D 内的折线连接 PP'. 设 x_1 是折线上的第一个顶点. 在线段 $\overline{Px_1}$ 上每一点 $P_0\left(x_{P_0}, y_{P_0}\right)$, 存在邻域 $U(P_0) \subset D$. 由中值定理得: 对 $U(P_0)$ 内任一点 $M(x_M, y_M)$, 有

$$f(M) - f(P_0) = f_x'(\theta)(x_M - x_{P_0}) + f_y'(\theta)(y_M - y_{P_0}),$$

其中 $\theta \in U(P_0)$(事实上, 在凸区域 $U(P_0)$ 上, 函数 f 的偏导数恒等于零, 从而连续, 故第二个中值定理的条件满足). 由已知条件得: $f(M) = f(P_0)$, 即在 $U(P_0)$ 内函数 f 是常数. 由于在 $\overline{Px_1}$ 上任一点都有这样的邻域 $U(P_0)$, 使得 $f = c$(c 为常数), 由有限覆盖定理, 存在有限个邻域 $U(P_1), U(P_2), \cdots, U(P_n)$ 覆盖了 $\overline{Px_1}$. 所以 $f(P) = f(x_1)$.

同理可证:
$$f(P) = f(x_1) = f(x_2) = \cdots = f(P').$$

由 P 和 P' 是区域 D 内的任意两点, 所以, 在 D 内函数 $f = c$(c 为常数).

说明 二元函数 f 是平面区域 D 上的连续可微函数, 且 $f'_y \equiv 0$, 我们并不能得到函数 f 在区域 D 内与 y 无关. 例如, 设 $E = \{(x,y) \mid x \geqslant 0, y = 0\}$, $D = \{(x,y) \mid R^2 - E\}$. 设函数

$$f(x,y) = \begin{cases} x^3, & x > 0, y > 0, \\ 0, & \text{其他}, \end{cases}$$

可知函数 f 在区域 D 内连续可微, 虽然 $f'_y \equiv 0$, 但是有 $f(1,1) = 1, f(1,-1) = 0$, 即函数 f 的值与 y 相关.

例 17 写出函数 $f(x,y) = \dfrac{x}{y}$ 在点 $(1,1)$ 邻域带佩亚诺型余项的泰勒公式.

解 利用一元函数的泰勒公式有
$$\begin{aligned}
f(x,y) &= \frac{1+(x-1)}{1+(y-1)} = [1+(x-1)][1+(y-1)]^{-1} \\
&= [1+(x-1)]\left[\sum_{k=0}^{n}(-1)^k(y-1)^k + o((y-1)^n)\right] \\
&= 1+(x-1)-(y-1)-(x-1)(y-1)+(y-1)^2+\cdots \\
&\quad + (-1)^{n-1}(x-1)(y-1)^{n-1}+(-1)^n(y-1)^n+o(\rho^n),
\end{aligned}$$

其中 $\rho = \sqrt{(x-1)^2+(y-1)^2}$.

注 二元函数求其泰勒公式的方法, 多数是把其化为一元函数的泰勒公式处理.

练 习 题 6

1. 选择题.

(1) 已知 $f\left(\dfrac{1}{y}, \dfrac{1}{x}\right) = \dfrac{xy-x^2}{x-2y}$, 则 $f(x,y) = ($　　$)$.

练 习 题 6

(A) $\dfrac{x-y}{xy-2x^2}$; (B) $\dfrac{x-y}{xy-2y^2}$; (C) $\dfrac{y-x}{xy-2x^2}$; (D) $\dfrac{y-x}{xy-2y^2}$.

(2) 如果定义 $f(0,0) = ($ $)$, 则函数 $f(x,y) = \dfrac{2-\sqrt{|x|+|y|+4}}{|x|+|y|}$ 在 $(0,0)$ 处连续.

(A) $\dfrac{1}{4}$; (B) $-\dfrac{1}{4}$; (C) 4; (D) -4.

(3) 设 $f(x,y) = x^2 + xy + y^2 - 3x + 2$, 则 $f(x,y)($ $)$.

(A) 在 $(-1,2)$ 处取得极小值;

(B) 在 $(2,-1)$ 处取得极小值;

(C) 在 $(1,-2)$ 处取得极小值;

(D) 在 $(-1,-2)$ 处取得极小值.

(4) 下列二元函数中, (   ) 在 $(0,0)$ 处取得极小值.

(A) $z = |x| + |y|$; (B) $z = |x|y$; (C) $z = x|y|$; (D) $z = xy$.

2. 证明: 若 $f_x(x,y)$ 在 (x_0,y_0) 连续, $f_y(x_0,y_0)$ 存在, 则 $f(x,y)$ 在 (x_0,y_0) 可微.

3. 设 $u = \varphi\left(\dfrac{y}{x}\right) + x\psi\left(\dfrac{y}{x}\right)$, 证明:

$$x^2 \dfrac{\partial^2 u}{\partial x^2} + 2xy \dfrac{\partial^2 u}{\partial x \partial y} + y^2 \dfrac{\partial^2 u}{\partial y^2} = 0.$$

4. (1) 若函数 $f(x,y)$ 在 $D = [a,b] \times [c,d]$ 上有定义, f 对 y 在 $[c,d]$ 上处处连续, f 对 x 在 $[a,b]$ 上处处连续且关于 y 是一致的 (即连续的 "ε-δ" 定义中的 δ 与 y 无关), 则函数 f 在 D 上连续;

(2) 若函数 f 在凸域 G 内可微, 且 f_x, f_y 在 G 内有界, 则函数 f 在 G 内一致连续;

(3) 若函数 f_x, f_y 在 $D = (a,b) \times (c,d)$ 上有界, 则函数 f 在 D 内一致连续;

(4) 若将 (2) 中的可微条件去掉, 是否仍有 f 在 G 内一致连续?

5. 设 $u = f(x,y)$ 在有界闭域 D 上连续, $\dfrac{\partial u}{\partial x}, \dfrac{\partial u}{\partial y}$ 存在且 $\dfrac{\partial u}{\partial x} + \dfrac{\partial u}{\partial y} = u$, 又 $u = f(x,y)$ 在 D 的边界上取零值. 证明在 D 上 $u \equiv 0$.

6. 求函数 $z = x^2 - xy + y^2$ 在 $G = \{(x,y) \mid |x|+|y| \leqslant 1\}$ 上的最大值和最小值.

7. 设

$$f(x,y) = \begin{cases} x^2 + y^2 - 2x^2 y - \dfrac{4x^6 y^2}{(x^2+y^2)^2}, & (x,y) \neq (0,0), \\ 0, & (x,y) = (0,0), \end{cases}$$

对任意 $\theta \in [0, 2\pi], t \in (-\infty, +\infty)$, 定义

$$g_\theta(t) = f(t\cos\theta, t\sin\theta),$$

证明: 对任意 $\theta \in [0, 2\pi]$, $g_\theta(t)$ 在点 $t = 0$ 处达到极小值.

8. $f(x), g(x)$ 为定义在 $\mathbf{R}$ 上的函数. 若 $\forall x, y \in \mathbf{R}$ 恒有 $f(x+y) + f(x-y) = 2f(x)g(y)$, $f(x) \not\equiv 0$, 且 $\forall x \in \mathbf{R}$ 有 $|f(x)| \leqslant 1$. 试证明: $\forall y \in \mathbf{R}$, 均有 $|g(y)| \leqslant 1$.

9. 函数 $f(x,y) = \begin{cases} \dfrac{2xy^2}{x^2+y^4}, & (x,y) \neq (0,0), \\ 0, & (x,y) = (0,0) \end{cases}$ 在点 $(0,0)$ 处是否有偏导数? 是否任何方向都有方向导数? 是否可微?

10. (1) 设 $z = f\left(\sqrt{xy}, \sqrt{\dfrac{x}{y}}\right)$, 求 $\dfrac{\partial^2 z}{\partial x \partial y}$;

(2) 设 $u = f\left(\dfrac{y}{x}, \dfrac{z}{y}, \dfrac{x}{z}\right)$, 求 $\dfrac{\partial^2 z}{\partial x^2}$, 其中函数 f 有二阶连续偏导数.

11. 设 $f(x,y)$ 在 $P_0(x_0, y_0)$ 连续, $g(x,y)$ 在 P_0 可微, 且 $g(x_0, y_0) = 0$. 证明 $z = f(x,y)g(x,y)$ 在 P_0 可微.

12. 证明: 如果 $z = f(x,y)$ 满足拉普拉斯方程 $\dfrac{\partial^2 z}{\partial x^2} + \dfrac{\partial^2 z}{\partial y^2} = 0$, 又如果 $u(x,y), v(x,y)$ 满足柯西-黎曼方程
$$\frac{\partial u}{\partial x} = \frac{\partial v}{\partial y}, \quad \frac{\partial u}{\partial y} = -\frac{\partial v}{\partial x},$$
那么函数 u, v 及 $\varphi(x,y) = f(u(x,y), v(x,y))$ 也是拉普拉斯方程的解.

13. 求函数 $f(x,y) = x^3 - 4x^2 + 2xy - y^2$ 在 $D = [-5, 5] \times [-1, 1]$ 上的最大值与最小值.

14. 设 D 为 $\mathbf{R}^2$ 中的有界闭区域, 其边界为一条简单闭曲线 L. 若 $f(x,y)$ 在 D 上连续, 且有连续的二阶偏导数, 又如 $f(x,y)$ 在 L 上及 D 的某一个内点处为零, 则存在一点 $(\xi, \eta) \in \text{Int} D$, 使在该点上有 $\dfrac{\partial^2 f}{\partial x^2} + \dfrac{\partial^2 f}{\partial y^2} = 0$.

15. 设 $x = x(y,z), y = y(x,z), z = (x,y)$ 为由方程 $F(x,y,z) = 0$ 所确定的隐函数. 证明 $\dfrac{\partial x}{\partial y} \dfrac{\partial y}{\partial z} \dfrac{\partial z}{\partial x} = -1$.

16. 求方程组 $\begin{cases} u^3 + xv = y, \\ v^3 + yu = x \end{cases}$ 所确定的隐函数 $u(x,y), v(x,y)$ 的偏导数 $\dfrac{\partial u}{\partial x}$ 和 $\dfrac{\partial v}{\partial x}$.

第7讲 多元函数积分学

7.1 知识结构

$$\text{重积分}\begin{cases} \text{二重积分}\begin{cases} \text{概念 (分割、近似求和、取极限)} \\ \text{计算}\begin{cases} \text{化为累次积分} \\ \text{换元法}\begin{cases} \text{极坐标变换} \\ \text{一般变换} \end{cases} \end{cases} \end{cases} \\ \text{三重积分}\begin{cases} \text{概念 (分割、近似求和、取极限)} \\ \text{计算}\begin{cases} \text{化为累次积分} \\ \text{换元法: 柱坐标变换、球坐标变换、一般变换} \end{cases} \end{cases} \\ \text{应用}\begin{cases} \text{几何方面: 体积} \\ \text{物理方面: 重心、转动惯量、引力} \end{cases} \end{cases}$$

$$\text{曲线积分}\begin{cases} \text{第一型曲线积分}\begin{cases} \text{概念} \\ \text{计算 (化为定积分). 设 } l: x=\varphi(t), y=\psi(t), t\in[\alpha,\beta], \\ \text{则 } \int_l f(x,y)\mathrm{d}s = \int_\alpha^\beta f[\varphi(t),\psi(t)]\sqrt{\varphi'^2(t)+\psi'^2(t)}\mathrm{d}t \end{cases} \\ \text{第二型曲线积分}\begin{cases} \text{概念} \\ \text{计算 (化为定积分). 设 } l: x=\varphi(t), y=\psi(t), \\ t\in[\alpha,\beta], \text{则} \\ \int_l P(x,y)\mathrm{d}x + Q(x,y)\mathrm{d}y \\ = \int_\alpha^\beta \{P[\varphi(t),\psi(t)]\varphi'(t)+Q[\varphi(t),\psi(t)]\psi'(t)\}\mathrm{d}t \end{cases} \\ \text{格林公式}: \iint_D \left(\frac{\partial Q}{\partial x}-\frac{\partial P}{\partial y}\right)\mathrm{d}x\mathrm{d}y = \oint_l P\mathrm{d}x+Q\mathrm{d}y, l \text{ 为 } D \text{ 的边界曲线} \end{cases}$$

$$\text{曲面积分}\begin{cases}\text{第一型曲面积分}\begin{cases}\text{概念}\\ \text{计算 (化为二重积分). 设 } S: z = z(x,y),\\ (x,y) \in D, \text{ 则}\\ \iint\limits_S f(x,y,z)\mathrm{d}s\\ =\iint\limits_D f(x,y,z(x,y))\sqrt{1+z_x^2+z_y^2}\mathrm{d}x\mathrm{d}y\end{cases}\\ \text{第二型曲面积分}\begin{cases}\text{概念}\\ \text{计算 (化为二重积分). 设 } S: z = z(x,y),\\ (x,y) \in D_{xy}, \text{则}\\ \iint\limits_S R(x,y,z)\mathrm{d}x\mathrm{d}y = \iint\limits_{D_{xy}} R(x,y,z(x,y))\mathrm{d}x\mathrm{d}y\end{cases}\\ \text{奥-高公式}: \iiint\limits_V\left(\dfrac{\partial P}{\partial x}+\dfrac{\partial Q}{\partial y}+\dfrac{\partial R}{\partial z}\right)\mathrm{d}x\mathrm{d}y\mathrm{d}z = \oiint\limits_S P\mathrm{d}y\mathrm{d}z + Q\mathrm{d}z\mathrm{d}x +\\ R\mathrm{d}x\mathrm{d}y(\text{空间区域 } V \text{ 由分片光滑的双侧封闭曲面 } S \text{ 围成})\\ \text{斯托克斯 (Stokes) 公式}:\\ \iint\limits_S\left(\dfrac{\partial R}{\partial y}-\dfrac{\partial Q}{\partial z}\right)\mathrm{d}y\mathrm{d}z + \left(\dfrac{\partial P}{\partial z}-\dfrac{\partial R}{\partial x}\right)\mathrm{d}z\mathrm{d}x + \left(\dfrac{\partial Q}{\partial x}-\dfrac{\partial P}{\partial z}\right)\mathrm{d}x\mathrm{d}y\\ =\oint\limits_l P\mathrm{d}x + Q\mathrm{d}y + R\mathrm{d}z(\text{其中 } S \text{ 与 } l \text{ 的方向按右手法则})\end{cases}$$

7.2 内容精析

1. 二重积分的定义.

设 D 为 xOy 平面上可求面积的有界闭区域, $f(x,y)$ 为定义在 D 上的有界函数, 用任意曲线族把 D 分成 n 个可求面积的小区域 $\sigma_i(i=1,2,3,\cdots,n)$, 以 $\Delta\sigma_i$ 表示小区域 σ_i 的面积, 于是这些小区域构成 D 的一个分割 T, 以 d_i 表示小区域 σ_i 的直径, 称 $\|T\| = \max\limits_{1\leqslant i\leqslant n} d_i$ 为分割 T 的细度, 在每个 σ_i 中取一点 (ξ_i,η_i), 作和式 $S_n = \sum\limits_{i=1}^n f(\xi_i,\mu_i)\Delta\sigma_i$, 若当 $\|T\|\to 0$ 时, S_n 趋于定数 J, 则称此 J 为函数在 D 上的二重积分.

2. 二重积分可积的充要条件.

记 $M_i = \sup\limits_{(x,y)\in\sigma_i} f(x,y)$, $m_i = \inf\limits_{(x,y)\in\sigma_i} f(x,y)$, $\varpi_i = M_i - m_i$, $S(T) = \sum\limits_{i=1}^n M_i \Delta b_i$, $s(T) = \sum\limits_{i=1}^n m_i \Delta b_i$. 有界函数 $f(x,y)$ 在可求面积的平面区域 D 上可积的充要条件是 $\lim\limits_{||T||\to 0}(S(T) - s(T)) = 0$, 或对 $\forall \varepsilon > 0$, 存在区域 D 的一个分割 T, 使得 $\sum\limits_T \varpi_i \Delta \sigma_i < \varepsilon$.

3. 二重积分可积的充分条件.

若函数 $f(x,y)$ 在有界闭区域 D 上连续, 则 $f(x,y)$ 在 D 上可积.

若函数 $f(x,y)$ 在有界闭区域 D 上有界, 且不连续点都落在有限条光滑曲线上, 则 $f(x,y)$ 在 D 上可积.

4. 二重积分的计算.

化为累次积分. 若函数 $f(x,y)$ 在平面 x 型区域 $D = \{(x,y) \mid y_1(x) \leqslant y \leqslant y_2(x), a \leqslant x \leqslant b\}$ 上连续, 其中 $y_1(x)$ 与 $y_2(x)$ 在区间 $[a,b]$ 连续, 则有

$$\iint\limits_D f(x,y)\mathrm{d}x\mathrm{d}y = \int_a^b \mathrm{d}x \int_{y_1(x)}^{y_2(x)} f(x,y)\mathrm{d}y.$$

变量变换公式. 设 $f(x,y)$ 在有界闭区域 D 上可积, 变换 $T: x = x(u,v), y = y(u,v)$ 把平面上有按段光滑封闭曲线所围成的闭区域 D_1 一对一地映射成平面上的有界闭区域 D, 函数 $x(u,v)$ 和 $y(u,v)$ 在 D_1 内有一阶连续偏导数, 且它们的函数行列式

$$J(u,v) = \frac{\partial(x,y)}{\partial(u,v)} \neq 0, \quad (u,v) \in D_1,$$

则有

$$\iint\limits_D f(x,y)\mathrm{d}x\mathrm{d}y = \iint\limits_{D_1} f(x(u,v), y(u,v)) \mid J(u,v) \mid \mathrm{d}u\mathrm{d}v.$$

特别地, 当变换 $T: x = r\cos\theta, y = r\sin\theta$, 就有

$$\iint\limits_D f(x,y)\mathrm{d}x\mathrm{d}y = \iint\limits_{D_1} f(r\cos\theta, r\sin\theta) r \mathrm{d}r\mathrm{d}\theta.$$

5. 三重积分换元法.

柱面坐标变换. 设变换 $T: x = r\cos\theta, y = r\sin\theta, z = z$, 其中 $0 \leqslant r < +\infty, 0 \leqslant \theta \leqslant 2\pi, -\infty < z < +\infty$, 则有

$$\iiint\limits_V f(x,y,z)\mathrm{d}x\mathrm{d}y\mathrm{d}z = \iiint\limits_{V_1} f(r\cos\theta, r\sin\theta, z)\, \mathrm{d}r\mathrm{d}\theta\mathrm{d}z.$$

球面坐标变换. 设变换 $T: x = r\sin\varphi\cos\theta, y = r\sin\varphi\sin\theta, z = r\cos\varphi$, 其中 $0 \leqslant r < +\infty, 0 \leqslant \varphi \leqslant \pi, 0 < \theta \leqslant 2\pi, -\infty < z < +\infty$, 则有

$$\iiint\limits_{V} f(x,y,z)\mathrm{d}x\mathrm{d}y\mathrm{d}z = \iiint\limits_{V_1} f(r\sin\varphi\cos\theta, r\sin\varphi\sin\theta, r\cos\varphi)r^2\sin\varphi \mathrm{d}r\mathrm{d}\varphi\mathrm{d}\theta.$$

6. 第一型曲线积分的概念、性质与计算.

设 L 是平面上可求长的曲线, 函数 $f(x,y)$ 是 L 上的有界函数. T 是 L 的一个分割, 它把 L 分成 n 个可求长的小曲线段 $L_i(i=1,2,3\cdots)$, L_i 的弧长是 Δs_i. 设 $||T|| = \max\limits_{i}\{\Delta s_i\}$. 在 L_i 上任意取一小点 $(\xi_i, \eta_i)(i=1,2,3,\cdots)$, 若极限 $\lim\limits_{||T||\to 0}\sum\limits_{i=1}^{n}f(\xi_i,\eta_i)\Delta s_i$ 存在, 且分割 T 与 (ξ_i,η_i) 的取法无关, 则称此极限为 $f(x,y)$ 在 L 上的第一型曲线积分.

第一型曲线积分的性质与定积分类似.

第一型曲线积分的计算. 设有光滑曲线 $L: \begin{cases} x = \varphi(t), \\ y = \phi(t), \end{cases} t \in [\alpha, \beta]$, 函数 $f(x,y)$ 在 L 上连续, 则有

$$\int\limits_{L} f(x,y)\mathrm{d}s = \int_{\alpha}^{\beta} f(\varphi(t), \phi(t))\sqrt{\varphi'^2(t) + \phi'^2(t)}\mathrm{d}t,$$

其中 $\alpha \leqslant \beta$.

7. 第一型曲面积分的概念、性质与计算.

设 S 是空间上可求面积的曲面, 函数 $f(x,y,z)$ 是 S 上的有界函数. T 是 S 的一个分割, 它把 S 分成 n 个可求面积的小曲面 $S_i(i=1,2,3,\cdots)$, S_i 的面积是 ΔS_i. 设 $||T|| = \max\limits_{i}\{S_i\text{的直径}\}$. 在 S_i 上任意取一点 $(\xi_i,\eta_i,\varsigma_i)(i=1,2,3,\cdots)$, 若极限 $\lim\limits_{||T||\to 0}\sum\limits_{i=1}^{n}f(\xi_i,\eta_i,\varsigma_i)\Delta S_i$ 存在, 且分割 T 与 $(\xi_i,\eta_i,\varsigma_i)$ 的取法无关, 则称此极限为 $f(x,y,z)$ 在 S 上的第一型曲面积分.

第一型曲面积分的性质与重积分类似.

第一型曲面积分的计算. 设有光滑曲面 $S: z = z(x,y), (x,y) \in D$, 函数 $f(x,y,z)$ 在 S 上连续, 则有

$$\iint\limits_{S} f(x,y,z)\mathrm{d}S = \iint\limits_{D} f(x,y,z(x,y))\sqrt{1 + \left(\frac{\partial z}{\partial x}\right)^2 + \left(\frac{\partial z}{\partial y}\right)^2}\mathrm{d}x\mathrm{d}y.$$

8. 第二型曲线积分的概念、性质与计算.

设 P,Q 是定义在平面上可求长曲线 $L:AB$ 上的函数,T 是 L 的一个分割,它把 L 分割成 n 个小曲线段 $M_{i-1}M_i(i=1,2,3,\cdots,n)$,其中 $M_0=A, M_n=B$. 记小曲线段 $M_{i-1}M_i$ 的长度为 Δs_i, $||T||=\max_i\{\Delta s_i\}$. 又设点 M_i 的坐标为 (x_i,y_i),并记 $\Delta x_i=x_i-x_{i-1}, \Delta y_i=y_i-y_{i-1}$. 在每个小曲线线段 $M_{i-1}M_i$ 上任取一点 (ξ_i,η_i),若极限

$$\lim_{||T||\to 0}\left(\sum_{i=1}^n P(\xi_i,\eta_i)\Delta x_i\right)+\lim_{||T||\to 0}\left(\sum_{i=1}^n Q(\xi_i,\eta_i)\Delta y_i\right)$$

存在,且分割 T 与 (ξ_i,η_i) 的取法无关,则称此极限为函数 $\vec{F}(x,y)=(P(x,y),Q(x,y))$ 在有向曲线 L 上的第二型曲线积分.

第二型曲线积分与第一型曲线积分性质上的差异在于第二型曲线积分有方向性,也就是

$$\int_{AB}P(x,y)\mathrm{d}x+Q(x,y)\mathrm{d}y=-\int_{BA}P(x,y)\mathrm{d}x+Q(x,y)\mathrm{d}y.$$

第二型曲线积分的计算. 设曲线 $L:\begin{cases}x=\varphi(t),\\ y=\phi(t),\end{cases} t\in[\alpha,\beta]$,其中 $\varphi(t),\phi(t)$ 在 $[\alpha,\beta]$ 上有连续的导数,且点 A,B 的坐标分别为 $(\varphi(\alpha),\phi(\alpha))$ 与 $(\varphi(\beta),\phi(\beta))$. 函数 $P(x,y),Q(x,y)$ 在 L 上连续,则沿 L 从 A 到 B 有第二型曲线积分

$$\int_{AB}P(x,y)\mathrm{d}x+Q(x,y)\mathrm{d}y=\int_\alpha^\beta[P(\varphi(t),\phi(t))\varphi'(t)+Q(\varphi(t),\phi(t))\phi'(t)]\,\mathrm{d}t.$$

公式中应该注意的是: 化为定积分后,积分下限对应起点坐标,积分上限对应终点坐标.

9. 两型曲线积分之间的关系.

$$\int_L P\mathrm{d}x+Q\mathrm{d}y=\int_L\left(P\cos(\vec{t},x)+Q\cos(\vec{t},y)\right)\mathrm{d}s,$$

其中 $\vec{t}$ 表示切线的方向,$(\vec{t},x)$ 与 $(\vec{t},y)$ 分别是 $\vec{t}$ 与 x 轴和 y 轴正向的夹角.

若 L 是空间曲线,三维空间上的两型曲线积分也有相应的关系.

10. 格林公式.

若二元函数 P,Q 在平面闭区域 D 上连续,且有一阶连续偏导数,则有

$$\iint_D\left(\frac{\partial Q}{\partial x}-\frac{\partial P}{\partial y}\right)\mathrm{d}x\mathrm{d}y=\oint_L P\mathrm{d}x+Q\mathrm{d}y,$$

其中 L 是区域 D 的边界曲线,并取正方向.

11. 第二型曲面积分的概念、性质与计算.

设 P,Q,R 是定义在双侧曲面 S 上的函数, 在 S 所指定的一侧作分割 T, 它把 S 分成 n 个小曲面 $S_i(i=1,2,3,\cdots)$, 记 $\|T\|=\max\limits_{i}\{S_i\text{的直径}\}$, 以 $\Delta S_{iyz},\Delta S_{izx},\Delta S_{ixy}$ 分别表示 S_i 在三个坐标平面 yz,zx,xy 上的投影区域的面积, 它们的符号由 S_i 的方向来确定. 在各个小曲面 S_i 上任取一点 $(\xi_i,\eta_i,\varsigma_i)$. 若极限

$$\lim_{\|T\|\to 0}\sum_{i=1}^{n}P(\xi_i,\eta_i,\varsigma_i)\Delta S_{iyz}+\lim_{\|T\|\to 0}\sum_{i=1}^{n}Q(\xi_i,\eta_i,\varsigma_i)\Delta S_{izx}+\lim_{\|T\|\to 0}\sum_{i=1}^{n}R(\xi_i,\eta_i,\varsigma_i)\Delta S_{ixy}$$

存在, 且分割 T 与 $(\xi_i,\eta_i,\varsigma_i)$ 的取法无关, 则称此极限为 P,Q,R 在曲面 S 指定一侧的第二型曲面积分.

第二型曲面积分与第一型曲面积分的性质差异在于方向性, 即

$$\iint\limits_{S}Pdydz+Qdzdx+Rdxdy=-\iint\limits_{-S}Pdydz+Qdzdx+Rdxdy.$$

第二型曲面积分的计算. 设 R 是定义在光滑曲面 $S: z=z(x,y),(x,y)\in D_{x,y}$ 上的连续函数, 以 S 的上侧为正侧, 则有

$$\iint\limits_{S}R(x,y,z)\mathrm{d}x\mathrm{d}y=\iint\limits_{D_{xy}}R(x,y,z(x,y))\mathrm{d}x\mathrm{d}y.$$

公式应用中值得注意的是: 计算 $\iint\limits_{S}P(x,y,z)dydz$ 与 $\iint\limits_{S}Q(x,y,z)dzdx$ 时, 分别要把曲面 S 投影到坐标平面 yz 与 zx 上, 还要注意选定一侧的方向.

12. 高斯公式与斯托克斯公式.

高斯公式. 设空间区域 V 由分片光滑的双侧曲面 S 围成, 函数 P,Q,R 在 V 上连续, 且有一阶连续偏导数, 则有

$$\iiint\limits_{V}\left(\frac{\partial P}{\partial x}+\frac{\partial Q}{\partial y}+\frac{\partial R}{\partial z}\right)\mathrm{d}x\mathrm{d}y\mathrm{d}z=\oiint\limits_{S}Pdydz+Qdzdx+Rdxdy,$$

其中 S 取外侧.

斯托克斯公式. 设光滑曲面 S 的边界 L 是按段光滑的连续曲线, 若函数 P,Q,R 在 S(连同 L) 上连续, 且有连续的偏导数, 则有

$$\iint\limits_{S}\begin{vmatrix}\mathrm{d}y\mathrm{d}z & \mathrm{d}z\mathrm{d}x & \mathrm{d}x\mathrm{d}y \\ \dfrac{\partial}{\partial x} & \dfrac{\partial}{\partial y} & \dfrac{\partial}{\partial z} \\ P & Q & R\end{vmatrix}=\oint\limits_{L}P\mathrm{d}x+Q\mathrm{d}y+R\mathrm{d}z,$$

其中 S 的侧与 L 的方向按右手法则确定.

13. 曲线积分与路径无关的条件.

设 Ω 是空间单连通区域, 函数 P, Q, R 在 Ω 上连续, 且有一阶连续偏导数, 则以下四个条件是等价的:

(1) 对于 Ω 内任一段光滑的封闭曲线 L, 有 $\oint_L P\mathrm{d}x + Q\mathrm{d}y + R\mathrm{d}z = 0$;

(2) 对于 Ω 内任一段光滑的封闭曲线 L, 曲线积分 $\int_L P\mathrm{d}x + Q\mathrm{d}y + R\mathrm{d}z$ 与路径无关;

(3) 存在 Ω 内某一函数 u, 使得 $\mathrm{d}u = P\mathrm{d}x + Q\mathrm{d}y + R\mathrm{d}z$;

(4) $\dfrac{\partial P}{\partial y} = \dfrac{\partial Q}{\partial x}, \dfrac{\partial Q}{\partial z} = \dfrac{\partial R}{\partial y}, \dfrac{\partial R}{\partial x} = \dfrac{\partial P}{\partial z}$ 在 Ω 内处处成立.

7.3 解 (证) 题方法分析

1. 重积分的存在性与性质的讨论

例 1 设函数 $f(x, y)$ 定义在平面区域 $D = [0, 1] \times [0, 1]$ 上, 其中

$$f(x,y) = \begin{cases} \dfrac{1}{m} + \dfrac{1}{q}, & (x, y) = \left(\dfrac{n}{m}, \dfrac{p}{q}\right), m 与 n, p 与 q 分别是互质整数, \\ 0, & 其他. \end{cases}$$

证明: $f(x, y)$ 在 D 上二重积分存在, 而累次积分 $\int_0^1 \mathrm{d}x \int_0^1 f(x, y)\mathrm{d}y$ 不存在.

分析 按二重积分可积的充要条件得出 $f(x, y)$ 在 D 上二重积分存在, 再计算累次积分 $\int_0^1 \mathrm{d}x \int_0^1 f(x, y)\mathrm{d}y$.

证明 对任意的正数 ε, 使得 $f(x, y) \geqslant \varepsilon$ 成立, 且在 $[0, 1] \times [0, 1]$ 内的点 (x, y) 只有有限个, 不妨设这有限个点是 $(x_i, y_i)(i = 1, 2, 3, \cdots, n)$. 设 T 是区域 D 的任意一个分割, 满足 $\|T\| < \dfrac{\sqrt{\varepsilon}}{2\sqrt{n}}$, 就有

$$\sum_T \varpi_i \Delta \sigma_i = \sum_{i=1}^n \varpi_i \Delta \sigma_i + \sum_{i=n+1}^m \varpi_i \Delta \sigma_i,$$

其中等号右边第一个和式的每一个小区域 σ_i 中至少包含 $(x_i, y_i)(i - 1, 2, 3, \cdots, n)$ 中的一个点, 而第二个和式中不包含上述点. 于是就有

$$\sum_{i=1}^{n}\varpi_i\Delta\sigma_i < \sum_{i=1}^{n}2\Delta\sigma_i < 2n\|T\|^2 < \frac{\varepsilon}{2},$$

$$\sum_{i=n+1}^{m}\varpi_i\Delta\sigma_i < \sum_{i=n+1}^{m}\frac{\varepsilon}{2}\Delta\sigma_i < \frac{\varepsilon}{2},$$

于是就有

$$\sum_{T}\varpi_i\Delta\sigma_j = \sum_{i=1}^{n}\varpi_i\Delta\sigma_i + \sum_{i=n+1}^{m}\varpi_i\Delta\sigma_i < \varepsilon.$$

由二重积分的充要条件可知: $f(x,y)$ 在 D 上二重积分存在.

在 $[0,1]$ 内任意固定 $x=\dfrac{n}{m}$(有理数), 当 $y\in[0,1]$, 且为有理数 $\dfrac{p}{q}$ 时, 有

$$f(x,y) = \frac{1}{m} + \frac{1}{q} > \frac{1}{m}.$$

于是当 x 固定为有理数 $\dfrac{n}{m}$ 时, $f(x,y)$ 在任何区间上的振幅都大于 $\dfrac{1}{m}$, 由定积分的可积充要条件可知: 定积分 $\displaystyle\int_0^1 f(x,y)\mathrm{d}y$ 不存在. 故累次积分 $\displaystyle\int_0^1 \mathrm{d}x\int_0^1 f(x,y)\mathrm{d}y$ 不存在.

事实上类似可证另一顺序的累次积分也不存在.

例 2 记 $F(x,y) = \displaystyle\iint_{D_{xy}} f(t,s)\mathrm{d}t\mathrm{d}s, D_{xy}=[a,x]\times[c,y]$.

(1) 若 $f(t,s)$ 在矩形 $D=[a,b]\times[c,d]$ 可积, 则 $F(x,y)$ 在 D 上连续;

(2) 若 $f(t,s)$ 在 D 上连续, 则 $F(x,y)$ 在 D 上有二阶混合偏导数, 且 $F_{xy}=F_{yx}=f(x,y)$.

分析 应用积分的性质与函数的连续性.

证明 (1) 设 $(x,y),(x+\Delta x,y+\Delta y)\in D$.

$$|F(x+\Delta x,y+\Delta y)-F(x,y)|$$
$$=\left|\iint_{D_1}f(t,s)\mathrm{d}t\mathrm{d}s + \iint_{D_2}f(t,s)\mathrm{d}t\mathrm{d}s\right|$$
$$\leqslant \iint_{D_1}|f(t,s)|\mathrm{d}t\mathrm{d}s + \iint_{D_2}|f(t,s)|\mathrm{d}t\mathrm{d}s. \qquad (*)$$

因为 f 在 D 上可积, 所以 $\exists M>0, \forall(t,s)\in D$, 有 $|f(t,s)|\leqslant M$, 于是就有

$$(*)\leqslant M[\Delta D_1+\Delta D_2](\Delta D_i 是 D_i(i=1,2)的面积).$$
$$\leqslant M[|\Delta y|(b-a)+|\Delta x|\cdot(d-c)]\to 0, (\Delta x,\Delta y)\to(0,0).$$

即: $\lim\limits_{(\Delta x,\Delta y)\to(0,0)} F(x+\Delta x, y+\Delta y) = F(x,y)$, 所以 $F(x,y)$ 在 D 连续.

(2) 因为 $f(t,s)$ 在 D 连续, 所以就有

$$F(x,y) = \int_a^x \mathrm{d}t \int_c^y f(t,s)\mathrm{d}s,$$

且 $\forall y \in [c,d]$, $I(t) = \int_c^y f(t,s)\mathrm{d}s$ 在 $[a,b]$ 上连续. 于是 $\int_a^x I(t)\mathrm{d}t$ 可导, 且 $F_x(x,y) = I(x) = \int_c^y f(t,s)\mathrm{d}s$.

同样, $\forall x \in [a,b]$, 关于 s 的一元函数 $f(t,s)$ 在 $[c,d]$ 上连续, 于是 $\forall x \in [a,b]$, $\int_c^y f(x,s)\mathrm{d}s$ 可导, 且

$$F_{xy}(x,y) = f(x,y).$$

类似可证: $F_{yx}(x,y) = f(x,y)$.

结论成立.

例 3 设一元函数 $f(x)$ 是 $[a,b]$ 上的正值连续函数, 证明:

$$\iint_D \frac{f(x)}{f(y)} \mathrm{d}x\mathrm{d}y \geqslant (b-a)^2,$$

其中 $D = [a,b] \times [a,b]$.

分析 在区域 D 上有对称性: $\iint_D \frac{f(x)}{f(y)} \mathrm{d}x\mathrm{d}y = \iint_D \frac{f(y)}{f(x)} \mathrm{d}x\mathrm{d}y$, 计算即可.

证明 由于在区域 D 上有

$$\iint_D \frac{f(x)}{f(y)} \mathrm{d}x\mathrm{d}y = \iint_D \frac{f(y)}{f(x)} \mathrm{d}x\mathrm{d}y.$$

因此有

$$\iint_D \frac{f(x)}{f(y)} \mathrm{d}x\mathrm{d}y = \frac{1}{2}\left(\iint_D \frac{f(x)}{f(y)} \mathrm{d}x\mathrm{d}y + \iint_D \frac{f(y)}{f(x)} \mathrm{d}x\mathrm{d}y\right)$$

$$= \frac{1}{2} \iint_D \frac{f^2(x)+f^2(y)}{f(x)f(y)} \mathrm{d}x\mathrm{d}y \geqslant \iint_D \mathrm{d}x\mathrm{d}y = (b-a)^2,$$

结论成立.

2. 重积分的计算

(1) 二重积分的计算是化成二次积分进行的, 关键在于 "定限".

因为二重积分本质上是一个数,故无论化成何种顺序的二次积分,其外层积分限必为定数,且下限小于上限.

例 4 计算二重积分 $I = \iint\limits_{D} |\sin(x+y)| dx dy$, 其中 D 为矩形区域: $0 \leqslant x \leqslant \pi$, $0 \leqslant y \leqslant \pi$.

分析 计算本题的二重积分,首先必须去掉被积函数的绝对值. 对此,需把矩形区域 $D = [0,\pi;0,\pi]$ 分为 D_1, D_2 两部分,即

$$D_1 = \{(x,y) \mid 0 \leqslant x+y \leqslant \pi, (x,y) \in D\},$$
$$D_2 = \{(x,y) \mid \pi \leqslant x+y \leqslant 2\pi, (x,y) \in D\}.$$

在 D_1 中,有 $|\sin(x+y)| = \sin(x+y)$; 在 D_2 中,有 $|\sin(x+y)| = -\sin(x+y)$. 这样,便可把所给的二重积分化为累次积分来计算了.

解 如图 7.1 所示,直线 $x+y = \pi$ 把 D 分成 D_1, D_2 两个部分:

$$D_1 = \{(x,y) \mid 0 \leqslant x+y \leqslant \pi, (x,y) \in D\},$$
$$D_2 = \{(x,y) \mid \pi \leqslant x+y \leqslant 2\pi, (x,y) \in D\}.$$

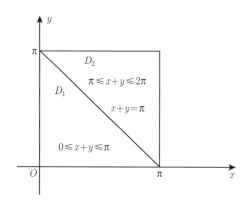

图 7.1

$$\iint\limits_{D_1} |\sin(x+y)| dx dy = \iint\limits_{D_1} \sin(x+y) dx dy$$
$$= \int_0^\pi dx \int_0^{\pi-x} \sin(x+y) dy$$
$$= \int_0^\pi (1+\cos x) dx = \pi,$$

$$\iint\limits_{D_2} |\sin(x+y)| dx dy = -\int_0^\pi dx \int_{\pi-x}^\pi \sin(x+y) dy$$

$$= \int_0^\pi [1 + \cos(\pi + x)] dx$$
$$= \int_0^\pi (1 - \cos x) dx = \pi,$$

于是, 得
$$\iint\limits_D |\sin(x+y)| dxdy = \iint\limits_{D_1+D_2} |\sin(x+y)| dxdy = 2\pi.$$

例 5 计算下列积分:

(1) $\iint\limits_D [x+y] dxdy, D = \{(x,y) \mid 0 \leqslant x \leqslant 2, 0 \leqslant y \leqslant 2\};$

(2) $\iint\limits_D \text{sgn}(x^2 - y^2 + 2) dxdy, D = \{(x,y) \mid x^2 + y^2 \leqslant 4\}.$

分析 运用二重积分的区域可加性即可算出积分.

解 (1) 被积函数
$$[x+y] = \begin{cases} 0, & (x,y) \in D_1, \\ 1, & (x,y) \in D_2, \\ 2, & (x,y) \in D_3, \\ 3, & (x,y) \in D_4, \end{cases}$$
其中 $D_i(i=1,2,3,4)$ 在 D 中且有直线 $x+y=0$ 与直线 $x+y=1$ 所围的部分.

由积分的区域可加性:
$$\text{原式} = \iint\limits_{D_1} 0 dxdy + \iint\limits_{D_2} dxdy + \iint\limits_{D_3} 2 dxdy + \iint\limits_{D_4} 3 dxdy$$
$$= 0 + \frac{3}{2} + 2 \cdot \frac{3}{2} + 3 \cdot \frac{1}{2} = 6.$$

(2) 令: $x^2 - y^2 + 2 = 0 \Leftrightarrow \dfrac{y^2}{(\sqrt{2})^2} - \dfrac{x^2}{(\sqrt{2})^2} = 1,$

被积函数

设 $f = \text{sgn}[x^2 - y^2 + 2] = \begin{cases} 1, & D_1, \\ 0, & x^2 - y^2 + 2 = 0, \\ -1, & D_2 \bigcup D_3, \end{cases}$

$$\text{原式} = \int_{D_1} f + \int_{D_2 \cup D_3} f = \iint\limits_{D_1} dxdy - \iint\limits_{D_2} dxdy - \iint\limits_{D_3} dxdy. \qquad (*)$$

$$\iint\limits_{D_2} \mathrm{d}x\mathrm{d}y = \int_{-1}^{1} \mathrm{d}x \int_{\sqrt{x^2-2}}^{\sqrt{4-x^2}} \mathrm{d}y = \int_{-1}^{1} \left(\sqrt{4-x^2} - \sqrt{x^2-2}\right) \mathrm{d}x = \frac{2}{3}\pi - 2\ln\frac{1+\sqrt{3}}{\sqrt{2}}.$$

所以

$$(*) = \left[4\pi - 2\left(\frac{2}{3}\pi - 2\ln\frac{1+\sqrt{3}}{\sqrt{2}}\right)\right] - 2\left(\frac{2}{3}\pi - 2\ln\frac{1+\sqrt{3}}{\sqrt{2}}\right) = 4\left(\frac{\pi}{3} + \ln\left(2+\sqrt{3}\right)\right).$$

注 本题两个计算都是用了二重积分的区域可加性. 下面的几个例题都是用坐标变换计算积分, 包括二重积分的一般作变换、极坐标变换、三重积分的柱面坐标变换和球面坐标变换.

例 6 设积分区域 $D: x > 0, y > 0, y \leqslant x^2 \leqslant 2y, x \leqslant y^2 \leqslant 2x$, 求二重积分 $I = \iint\limits_{D} xy\mathrm{d}x\mathrm{d}y$.

分析 根据所给积分区域 D 的特点, 可以作变换

$$u = \frac{x^2}{y}, \quad v = \frac{y^2}{x}.$$

在此变换下, xy 平面上的积分区域 D 变成 uv 平面上的区域 $G: 1 \leqslant u \leqslant 2, 1 \leqslant v \leqslant 2$, 而且 $uv = xy$, 这样, 根据二重积分的一般变换定理即可简捷地计算所给的二重积分.

解 作变换

$$u = \frac{x^2}{y}, \quad v = \frac{y^2}{x},$$

在此变换下, D 变成 uv 平面上的区域 $G: 1 \leqslant u \leqslant 2, 1 \leqslant v \leqslant 2$, 并且

$$\frac{\partial(u,v)}{\partial(x,y)} = \begin{vmatrix} \dfrac{2x}{y} & -\dfrac{x^2}{y^2} \\ -\dfrac{y^2}{x^2} & \dfrac{2y}{x} \end{vmatrix} = 4 - 1 = 3,$$

由此即得

$$\iint\limits_{D} xy\mathrm{d}x\mathrm{d}y = \iint\limits_{G} uv\left|\frac{\partial(x,y)}{\partial(u,v)}\right| \mathrm{d}u\mathrm{d}v = \frac{1}{3}\iint\limits_{G} uv\mathrm{d}u\mathrm{d}v = \frac{1}{3}\int_{1}^{2} u\mathrm{d}u \int_{1}^{2} v\mathrm{d}v = \frac{3}{4}.$$

例 7 计算 $\iint\limits_{D} \mathrm{e}^{\frac{x-y}{x+y}} \mathrm{d}x\mathrm{d}y$, 其中 D 为 $x = 0, y = 0$ 与 $x + y = 1$ 所围成的区域.

分析 为了把所给的二重积分化为累次积分来计算,根据本题被积函数的具体情况,作变换

$$u = x + y, \quad v = x - y,$$

即

$$x = \frac{1}{2}(u+v), \quad y = \frac{1}{2}(u-v),$$

这样就不难把所给的二重积分化为累次积分来计算了.

解 作变换 (图 7.2)

$$u = x + y, \quad v = x - y,$$

即

$$x = \frac{1}{2}(u+v), \quad y = \frac{1}{2}(u-v),$$

$$|J| = \frac{1}{2} \neq 0.$$

这时 xy 平面上的积分区域 D 变为 uv 平面上的积分区域 $D': u = -v, u = v$ 与 $u = 1$.

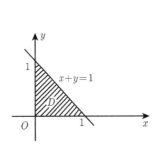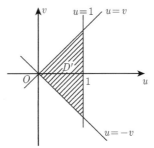

图 7.2

由此,得

$$\iint\limits_{D} e^{\frac{x-y}{x+y}} dxdy = \frac{1}{2} \iint\limits_{D'} e^{\frac{v}{u}} dudv = \frac{1}{2} \int_0^1 du \int_{-u}^{u} e^{\frac{v}{u}} dv = \frac{1}{2} \int_0^1 u(e - e^{-1})du = \frac{1}{4}(e - e^{-1}).$$

注 根据所给积分区域 D 的特点,例 6 和例 7 作的变换各不相同,这些变换的技巧值得注意.

例 8 求 $I = \iint\limits_{D} xydxdy$ 其中区域 $D = \{(x,y) \mid y \geqslant 0, x^2 + y^2 \geqslant 1, x^2 + y^2 - 2x \leqslant 0\}$.

分析 一般地,若积分区域 D 与圆域有关,或被积函数形如 $f(x^2 + y^2)$ 时,可考虑采用极坐标变换.这里区域 D 与圆域有关,可采用极坐标变换,这时 $0 \leqslant \theta \leqslant \dfrac{\pi}{3}$, $1 \leqslant r \leqslant 2\cos\theta$,由此即可求得所给二重积分的值.

解 作出积分区域 D(图 7.3), 采用极坐标变换, 得

$$I = \iint_D xy\mathrm{d}x\mathrm{d}y = \int_0^{\frac{\pi}{3}} \mathrm{d}\theta \int_1^{2\cos\theta} r^2 \sin\theta\cos\theta \cdot r\mathrm{d}r = \frac{9}{16}.$$

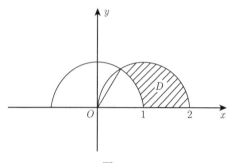

图 7.3

例 9 计算: $\iint_D \sqrt{x}\mathrm{d}x\mathrm{d}y, D = \{(x,y) \mid x^2 + y^2 \leqslant x\}$.

解 令 $x = r\cos\theta, y = r\sin\theta$.
D 的边界曲线: $r^2 < r\cos\theta, r < \cos\theta$.

$$\iint_D \sqrt{x}\mathrm{d}x\mathrm{d}y = \int_{-\frac{\pi}{2}}^{\frac{\pi}{2}} \mathrm{d}\theta \int_0^{\cos\theta} \sqrt{r\cos\theta}\, r\mathrm{d}r$$

$$= \int_{-\frac{\pi}{2}}^{\frac{\pi}{2}} \sqrt{\cos\theta}\frac{2}{5}r^{\frac{5}{2}}\bigg|_0^{\cos\theta} \mathrm{d}\theta = \int_{-\frac{\pi}{2}}^{\frac{\pi}{2}} \frac{2}{5}\cos^3\theta \mathrm{d}\theta$$

$$= \frac{4}{5}\int_0^{\frac{\pi}{2}} (1 - \sin^2\theta)\mathrm{d}\sin\theta = \frac{8}{15}.$$

例 10 当 $f(x,y)$ 连续时, 讨论 $F(t) = \iint_{x^2+y^2 \leqslant t^2} f(x,y)\mathrm{d}x\mathrm{d}y$ 的可微性.

解 作极坐标变换, $x = r\cos\theta, y = r\sin\theta$, 于是

$$F(t) = \int_0^{2\pi} \mathrm{d}\theta \int_0^t f(r\cos\theta, r\sin\theta) r\mathrm{d}r.$$

令 $g(t,\theta) = \int_0^t f(r\cos\theta, r\sin\theta) r\mathrm{d}r$, 由 $g_t(t,\theta) = f(t\cos\theta, t\sin\theta)t$ 及 $g(t,\theta)$ 的连续性, 知 $F(t)$ 可导, 且

$$F'(t) = \int_0^{2\pi} f(t\cos\theta, t\sin\theta) t\mathrm{d}\theta.$$

常用的三重积分变换:

(1) 柱坐标变换

$$\begin{cases} x = r\cos\theta, \\ y = r\sin\theta, \\ z = z, \end{cases}$$

其中 $0 \leqslant r < +\infty, 0 \leqslant \theta \leqslant 2\pi, -\infty < z < +\infty$.

这时 $J = \dfrac{\partial(x,y,z)}{\partial(r,\theta,z)} = r$.

$$\iiint\limits_V f(x,y,z)\mathrm{d}x\mathrm{d}y\mathrm{d}z = \iiint\limits_{V'} f(r\cos\theta, r\sin\theta, z) r \mathrm{d}r\mathrm{d}\theta\mathrm{d}z,$$

这里 V' 为 V 在柱坐标变换下的像.

(2) 球坐标变换

$$\begin{cases} x = r\sin\varphi\cos\theta, \\ y = r\sin\varphi\sin\theta, \\ z = r\cos\varphi, \end{cases}$$

其中 $0 \leqslant r < +\infty, 0 \leqslant \varphi \leqslant \pi, 0 \leqslant \theta \leqslant 2\pi$.

这时 $|J| = r^2 \sin\varphi$.

$$\iiint\limits_V f(x,y,z)\mathrm{d}x\mathrm{d}y\mathrm{d}z$$
$$= \iiint\limits_{V'} f(r\sin\varphi\cos\theta, r\sin\varphi\sin\theta, r\cos\varphi) \cdot r^2 \sin\varphi \mathrm{d}r\mathrm{d}\varphi\mathrm{d}\theta,$$

这里 V' 为 V 在球坐标变换下的像.

例 11 计算 $I = \iiint\limits_V \dfrac{1}{1-2x}\mathrm{d}x\mathrm{d}y\mathrm{d}z$, 其中 V 由三个坐标面及平面 $2x+y+z=1$ 围成.

分析 计算三重积分, 关键在于定限, 把所给的三重积分化为累次积分, 对此, 作出 V 的草图 (图 7.4) 便知, V 是 xy-型区域, D 是 x-型区域:

$$0 \leqslant x \leqslant \frac{1}{2}, \quad 0 \leqslant y \leqslant 1-2x, \quad z_1(x,y) = 0, \quad z_2(x,y) = 1-2x-y.$$

由此即可算得所给三重积分的值.

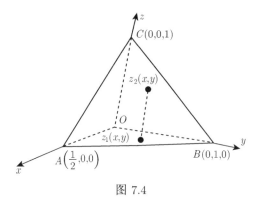

图 7.4

解
$$I = \int_0^{\frac{1}{2}} dx \int_0^{1-2x} dy \int_0^{1-2x-y} \frac{1}{1-2x} dz$$
$$= \int_0^{\frac{1}{2}} \frac{dx}{1-2x} \int_0^{1-2x} (1-2x-y) dy$$
$$= \frac{1}{2} \int_0^{\frac{1}{2}} (1-2x) dx = \frac{1}{8}.$$

例 12 计算 $I = \iiint_V z \, dx dy dz$,其中 V 为球面 $x^2 + y^2 + z^2 = 4$ 和抛物面 $x^2 + y^2 = 3z$ 所围的立体.

分析 作出 V 的草图 (图 7.5),采用柱坐标定出积分限
$$0 \leqslant \theta \leqslant 2\pi, \quad 0 \leqslant r \leqslant \sqrt{3}, \quad \frac{r^2}{3} \leqslant z \leqslant \sqrt{4-r^2}.$$
把所给的三重积分化为累次积分.

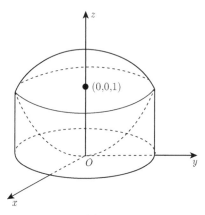

图 7.5

解 采用柱坐标, 得
$$I = \int_0^{2\pi} d\theta \int_0^{\sqrt{3}} dr \int_{\frac{r^2}{3}}^{\sqrt{4-r^2}} zr dz = \frac{13}{4}\pi.$$

例 13 计算 $I = \iiint\limits_{\Omega} (x+z)e^{-(x^2+y^2+z^2)} dxdydz$, 其中 $\Omega : 1 \leqslant x^2+y^2+z^2 \leqslant 4, x \geqslant 0, y \geqslant 0, z \geqslant 0$.

分析 因为被积函数中含 $(x^2+y^2+z^2)$ 项, 积分区域与球有关, 故本题宜采用球坐标.

解 因为
$$\int_1^2 r^3 e^{-r^2} dr = \frac{1}{2} \int_1^2 r^2 e^{-r^2} dr^2 = \frac{1}{2} \int_1^4 t e^{-t} dt = \frac{1}{2e^4}(2e^3 - 5),$$

所以在球坐标系下, 有
$$I_1 = \iiint\limits_{\Omega} xe^{-(x^2+y^2+z^2)} dxdydz$$
$$= \int_0^{\frac{\pi}{2}} \cos\theta d\theta \int_0^{\frac{\pi}{2}} \sin^2\varphi d\varphi \int_1^2 r^3 e^{-r^2} dr = \frac{\pi}{8e^4} \cdot (2e^3 - 5),$$
$$I_2 = \iiint\limits_{\Omega} ze^{-(x^2+y^2+z^2)} dxdydz$$
$$= \int_0^{\frac{\pi}{2}} d\theta \int_0^{\frac{\pi}{2}} \cos\varphi \sin\varphi d\varphi \int_1^2 r^3 e^{-r^2} dr = \frac{\pi}{8e^4}(2e^3 - 5),$$

于是
$$I = I_1 + I_2 = \frac{\pi}{4e^4}(2e^3 - 5).$$

例 14 设函数 $f(u)$ 具有连续的导数, 试求:
$$L = \lim_{t \to 0^+} \frac{1}{\pi t^4} \iiint\limits_{V} f\left(\sqrt{x^2+y^2+z^2}\right) dxdydz,$$

其中 $V = \{(x,y,z) \mid x^2+y^2+z^2 \leqslant t^2, t \geqslant 0\}$.

分析 因为被积函数中含 $(x^2+y^2+z^2)$ 项, 积分区域与球有关, 故本题宜采用球坐标, 再利用洛必达法则和导数的定义求解.

解 作变换: $x = r\sin\varphi\cos\theta, y = r\sin\varphi\sin\theta, z = r\cos\varphi, |J| = r^2\sin\varphi$, 就有
$$\iiint\limits_{V} f\left(\sqrt{x^2+y^2+z^2}\right) dxdydz = \int_0^{2\pi} d\theta \int_0^{\pi} d\varphi \int_0^t f(r) r^2 \sin\varphi dr = 4\pi \int_0^t r^2 f(r) dr.$$

从而就有

$$L = \lim_{t\to 0^+} \frac{1}{\pi t^4} \cdot 4\pi \int_0^t r^2 f(r)\mathrm{d}r = \lim_{t\to 0^+} \frac{4t^2 f(t)}{4t^3} = \lim_{t\to 0^+} \frac{f(t)}{t}.$$

由导数的定义可以得到: 若 $f(0) = 0$, 那么 $L = f'(0) = 0$; 若 $f(0) \neq 0$, 那么 $L = \infty$.

3. 曲线积分

例 15 计算曲线积分

$$\int_{ABO} (\mathrm{e}^x \sin y - my)\mathrm{d}x + (\mathrm{e}^x \cos y - m)\mathrm{d}y,$$

其中 ABO 为由点 $A(a,0)$ 至点 $O(0,0)$ 的上半圆周 $x^2 + y^2 = ax$.

分析 为了利用格林公式计算所给的曲线积分, 在 Ox 轴上连接点 O 和点 A, 构成封闭的半圆周 $ABOA$ (图 7.6).

由于在 OA 上, $y = 0$, 所以有

$$\int_{OA} (\mathrm{e}^x \sin y - my)\mathrm{d}x + (\mathrm{e}^x \cos y - m)\mathrm{d}y = 0.$$

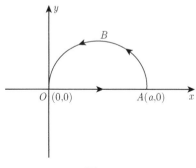

图 7.6

因此

$$\int_{ABO} (\mathrm{e}^x \sin y - my)\mathrm{d}x + (\mathrm{e}^x \cos y - m)\mathrm{d}y$$
$$= \oint_{ABOA} (\mathrm{e}^x \sin y - my)\mathrm{d}x + (\mathrm{e}^x \cos y - m)\mathrm{d}y.$$

这样, 就可以利用格林公式把所给的曲线积分化为计算积分区域为 $x^2 + y^2 \leqslant ax$ 的上半圆的二重积分.

解 在 Ox 轴上连接点 O 和点 A 构成封闭的半圆周 $ABOA$, 同时注意到, 在 OA 上, $y = 0$, 于是

$$\int_{OA} (e^x \sin y - my)dx + (e^x \cos y - m)dy = 0.$$

由此式及格林公式, 得

$$\int_{ABO} (e^x \sin y - my)dx + (e^x \cos y - m)dy$$

$$= \oint_{ABOA} (e^x \sin y - my)dx + (e^x \cos y - m)dy$$

$$= \iint_{x^2+y^2 \leqslant ax} \left(\frac{\partial Q}{\partial x} - \frac{\partial p}{\partial y} \right) dxdy$$

$$= \iint_{x^2+y^2 \leqslant ax} mdxdy = m \cdot \pi \left(\frac{a}{2} \right)^2 \cdot \frac{1}{2} = \frac{1}{8}m\pi a^2.$$

例 16 计算曲线积分

$$I = \int_L \frac{x-y}{x^2+y^2}dx + \frac{x+y}{x^2+y^2}dy,$$

其中 L 是从点 $A(-a,0)$ 经上半椭圆 $\frac{x^2}{a^2} + \frac{y^2}{b^2} = 1 (y \geqslant 0)$ 到点 $B(a,0)$ 的弧段.

分析 不妨设 $a > b$. 为了使计算简便, 考虑曲线积分

$$\int_C \frac{x-y}{x^2+y^2}dx + \frac{x+y}{x^2+y^2}dy,$$

其中 C 是从点 $A(-a,0)$ 经上半圆 $x^2+y^2 = a^2 (y \geqslant 0)$ 到点 $B(a,0)$ 的弧段 (图 7.7).

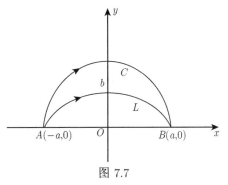

图 7.7

不难看出 $\frac{\partial P}{\partial y} = \frac{\partial Q}{\partial x}$, 这里 $P = \frac{x-y}{x^2+y^2}, Q = \frac{x+y}{x^2+y^2}$. 在 $L + C^{-1}$ 所围成的区域 D 上应用格林公式, 得

$$\int_L \frac{x-y}{x^2+y^2}dx + \frac{x+y}{x^2+y^2}dy = \int_C \frac{x-y}{x^2+y^2}dx + \frac{x+y}{x^2+y^2}dy,$$

这样, 利用 C 的参数方程

$$x = a\cos t, \quad y = a\sin t \quad (0 \leqslant t \leqslant \pi),$$

即可简便地计算曲线积分 $\int_C \dfrac{x-y}{x^2+y^2}\mathrm{d}x + \dfrac{x+y}{x^2+y^2}\mathrm{d}y$, 从而即得所求的曲线积分

$$\int_L \frac{x-y}{x^2+y^2}\mathrm{d}x + \frac{x+y}{x^2+y^2}\mathrm{d}y.$$

解 不妨设 $a > b$, 并设 C 是从点 $A(-a,0)$ 经上半圆 $x^2 + y^2 = a^2(y \geqslant 0)$ 到点 $B(a,0)$ 的弧段. 记

$$P = \frac{x-y}{x^2+y^2}, \quad Q = \frac{x+y}{x^2+y^2}.$$

则有

$$\frac{\partial P}{\partial y} = \frac{\partial Q}{\partial x} = \frac{y^2 - 2xy - x^2}{(x^2+y^2)^2}.$$

于是, 在 $L + C^{-1}$ 所围成的区域 D 上, $P(x,y), Q(x,y)$ 有连续的一阶偏导数, 并且 $\dfrac{\partial Q}{\partial x} = \dfrac{\partial P}{\partial y}$. 应用格林公式得到

$$\int_{L+C^{-1}} \frac{x-y}{x^2+y^2}\mathrm{d}x + \frac{x+y}{x^2+y^2}\mathrm{d}y = \iint_D \left(\frac{\partial Q}{\partial x} - \frac{\partial P}{\partial y}\right)\mathrm{d}x\mathrm{d}y = 0.$$

由此, 得

$$\int_L \frac{x-y}{x^2+y^2}\mathrm{d}x + \frac{x+y}{x^2+y^2}\mathrm{d}y = \int_C \frac{x-y}{x^2+y^2}\mathrm{d}x + \frac{x+y}{x^2+y^2}\mathrm{d}y.$$

利用 C 的参数方程

$$x = a\cos t, \quad y = a\sin t \quad (0 \leqslant t \leqslant \pi),$$

得

$$\int_C \frac{x-y}{x^2+y^2}\mathrm{d}x + \frac{x+y}{x^2+y^2}\mathrm{d}y = \int_\pi^0 [(\cos t - \sin t)(-\sin t) + (\cos t + \sin t)(\cos t)]\mathrm{d}t = -\pi,$$

从而求得曲线积分

$$\int_L \frac{x-y}{x^2+y^2}\mathrm{d}x + \frac{x+y}{x^2+y^2}\mathrm{d}y.$$

7.3 解 (证) 题方法分析

例 17 $I = \oint_L \dfrac{-x\mathrm{d}x + y\mathrm{d}y}{x^2+y^2}$,其中 L 为圆周 $x^2+y^2=a^2$,方向为逆时针方向.

分析 作极坐标变换,$x = a\cos\theta, y = a\sin\theta, 0 \leqslant \theta \leqslant 2\pi$.

解 原式 $= \dfrac{1}{a^2}\int_L -x\mathrm{d}x + y\mathrm{d}y$. 令 $x = a\cos\theta, y = a\sin\theta, 0 \leqslant \theta \leqslant 2\pi$,

$$\text{原式} = \dfrac{1}{a^2}\int_0^{2\pi}(a\cos\theta a\sin\theta + a\sin\theta a\cos\theta)\mathrm{d}\theta$$
$$= 2\int_0^{2\pi}\sin\theta\cos\theta\mathrm{d}\theta = 0.$$

例 18 求 $I = \oint_L [x\cos(\vec{n},x) + y\cos(\vec{n},y)]\mathrm{d}s$,其中 L 是包围有界区域 D 的闭曲线,$\vec{n}$ 为 L 的外法线方向,$(\vec{n},x)$ 与 $(\vec{n},y)$ 分别表示 $\vec{n}$ 与 x 轴和 y 轴的夹角.

解 设 $\vec{t}$ 为切线的切向量,并且沿 L 的正向,$(\vec{t},x)$ 与 $(\vec{t},y)$ 分别表示 $\vec{t}$ 与 x 轴和 y 轴的夹角. 因为 $(\vec{n},x) + \dfrac{\pi}{2} = (\vec{t},x)$ 与 $(\vec{n},y) + (\vec{t},y) = \dfrac{\pi}{2}$,所以有

$$\cos(\vec{t},x) = \cos\left[(\vec{n},x) + \dfrac{\pi}{2}\right] = -\sin(\vec{n},x) = -\cos(\vec{n},y),$$
$$\cos(\vec{t},y) = \cos\left(\dfrac{\pi}{2} - (\vec{n},y)\right) = \sin(\vec{n},y) = \cos(\vec{n},x).$$

于是就有

$$I = \oint_L \left(x\cos(\vec{t},y) - y\cos(\vec{t},x)\right)\mathrm{d}s$$
$$= \oint_L -y\mathrm{d}x + x\mathrm{d}y = \iint_D (1+1)\mathrm{d}x\mathrm{d}y$$
$$= 2\Delta D.$$

例 19 计算 $I = \oint_L \dfrac{x\mathrm{d}y - y\mathrm{d}x}{4x^2+y^2}$,其中 L 是以点 $(1,0)$ 为中心,以 $R(R\neq 1)$ 为半径的圆周曲线,方向为逆时针方向.

分析 应用格林公式即可.

解 在积分 $I = \oint_L \dfrac{x\mathrm{d}y - y\mathrm{d}x}{4x^2+y^2}$ 中 $P = \dfrac{-y}{4x^2+y^2}, Q = \dfrac{x}{4x^2+y^2}$,因为

$$\dfrac{\partial Q}{\partial x} = \dfrac{y^2 - 4x^2}{(4x^2+y^2)^2}, \quad \dfrac{\partial P}{\partial y} = \dfrac{y^2 - 4x^2}{(4x^2+y^2)^2},$$

所以当 $R < 1$ 时,由格林公式

$$I = \oint_L \dfrac{x\mathrm{d}y - y\mathrm{d}x}{4x^2+y^2} = \iint_D \left(\dfrac{\partial Q}{\partial x} - \dfrac{\partial P}{\partial y}\right)\mathrm{d}x\mathrm{d}y = 0.$$

当 $R>1$ 时, 闭曲线 L 包含原点在其内部, 以原点为中心, 以充分小的 $\delta>0$ 作一椭圆 D_1, 椭圆圆周为 L_1, 使小椭圆 D_1 包含于 D 内, 方向为顺时针方向.

$$L_1:\begin{cases} x=\dfrac{1}{2}\delta\cos\theta, \\ y=\delta\sin\theta, \end{cases} 0\leqslant\theta\leqslant 2\pi.$$

由格林公式

$$\oint_{L+L_1}\frac{x\mathrm{d}y-y\mathrm{d}x}{4x^2+y^2}=\iint_{D-D_1}0\mathrm{d}x\mathrm{d}y=0,$$

即 $\oint_L+\oint_{L_1}=0$. 所以得到

$$\begin{aligned}I&=-\oint_{L_1}\frac{x\mathrm{d}y-y\mathrm{d}x}{4x^2+y^2}\\ &=\int_{-L_1}\frac{x\mathrm{d}y-y\mathrm{d}x}{4x^2+y^2}=\frac{1}{2}\int_0^{2\pi}\frac{\delta^2\cos^2\theta+\delta^2\sin^2\theta}{\delta^2}\cdot\mathrm{d}\theta=\pi.\end{aligned}$$

故有 $I=\pi$.

例 20 计算 $I=\displaystyle\int_{AMB}[\varphi(y)\mathrm{e}^x-my]\mathrm{d}x+[\varphi'(y)\mathrm{e}^x-m]\mathrm{d}y$, 其中 $\varphi(y)$ 与 $\varphi'(y)$ 为连续函数, AMB 为连接点 $A(x_1,y_1)$ 和点 $B(x_2,y_2)$ 的任何路线, 但与线段 AB 围成大小为 S 的面积.

解 设曲线 AMB 如图 7.8, 那么

$$\int_{AMB}+\int_{BA}=\oint_{AMBA}=\iint_D(\varphi'(y)\mathrm{e}^x-\varphi(y)'\mathrm{e}^x+m)\mathrm{d}x\mathrm{d}y=m\iint_D\mathrm{d}x\mathrm{d}y=mS.$$

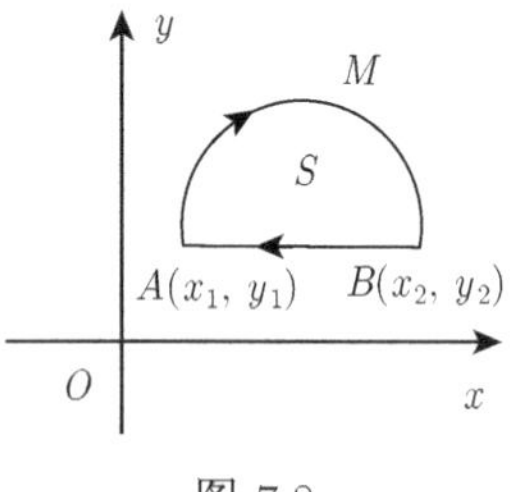

图 7.8

而

$$\begin{aligned}&\int_{BA}[\varphi(y)\mathrm{e}^x-my]\,\mathrm{d}x+[\varphi'(y)\mathrm{e}^x-m]\,\mathrm{d}y\\ &=\int_{BA}[\varphi(y)\mathrm{e}^x]\,\mathrm{d}x+[\varphi'(y)\mathrm{e}^x]\,\mathrm{d}y-m\left(\int_{BA}y\mathrm{d}x+\mathrm{d}y\right)\\ &=\varphi(y)\mathrm{e}^x\Big|_{(x_2,y_2)}^{(x_1,y_1)}-\frac{m}{2}(x_2-x_1)(y_1+y_2)-m(y_2-y_1),\end{aligned}$$

所以

$$\int_{AMB}=mS-\varphi(y_1)\mathrm{e}^{x_1}+\varphi(y_2)\mathrm{e}^{x_2}+\frac{m}{2}(x_2-x_1)(y_1+y_2)+m(y_2-y_1).$$

若 AMB 在 AB 的另一侧, 那么上述结果中, 只有第一项 mS, 改变符号 $-mS$,

其他都不变. 式中第一项运用了下列结果: 若 $u(x,y)$ 是 $Pdx+Qdy$ 的原函数 $\left(P=\dfrac{\partial u}{\partial x}; Q=\dfrac{\partial u}{\partial y}\right)$, 那么

$$\int_{AB} Pdx + Qdy = u(x,y)\big|_B^A.$$

说明 一般来说, 若已知 L 是满足某些条件的任意一条曲线, 计算 $\int_L Pdx+Qdy$ 往往要用格林公式. 例 19 和例 20 是用格林公式计算曲线积分. 下面, 我们应用格林公式, 在已知积分性质时, 推导出函数或函数微分的性质.

例 21 设二元函数 P,Q 有连续的偏导数, 且对任意的点 $P_0(x_0, y_0)$ 为中心, 以任意的正数 r 为半径的上半圆 $L: x=x_0+r\cos\theta, y=y_0+r\sin\theta (0\leqslant\theta\leqslant\pi)$ 恒有 $\int_L Pdx+Qdy=0$, 证明: $P(x,y)\equiv 0, \dfrac{\partial Q}{\partial y}\equiv 0$.

证明 以任意一点 $P_0(x_0, y_0)$ 为中心, 以任意正数 r 为半径作一上半圆域 D, 记上半圆的半圆周为 L, 直径为 AB. 运用已知条件, 恒有 $\int_L Pdx+Qdy=0$ 可得

$$\begin{aligned}
&\int_{AB} Pdx+Qdy \\
&= \oint_{L+AB} Pdx+Qdy \\
&= \iint_D \left(\frac{\partial Q}{\partial x} - \frac{\partial P}{\partial y}\right) dxdy \quad \text{(用重积分的中值定理)} \\
&= \left(\frac{\partial Q}{\partial x} - \frac{\partial P}{\partial y}\right)\bigg|_{(a,b)} \iint_D dxdy \quad \text{(其中 (a,b) 是 D 中的某一点)} \\
&= \left(\frac{\partial Q}{\partial x} - \frac{\partial P}{\partial y}\right)\bigg|_{(a,b)} \frac{\pi r^2}{2}.
\end{aligned}$$

另一方面, 由第一型曲线积分的计算公式可得

$$\begin{aligned}
&\int_{AB} Pdx+Qdy \\
&= \int_{AB} P(x,y)dx \quad \text{(因为 $dy=0$)} \\
&= \int_{x_0-r}^{x_0+r} P(x,y_0)dx = P(\xi, y_0)\int_{x_0-r}^{x_0+r} dx \quad \text{(定积分的中值定理得)} \\
&= P(\xi, y_0)2r \quad \text{(其中 ξ 在 x_0-r 与 x_0+r 之间).}
\end{aligned}$$

比较两式的结果可得: 对任意的正数 r, 有

$$\left(\frac{\partial Q}{\partial x} - \frac{\partial P}{\partial y}\right)\bigg|_{(a,b)} \frac{\pi r^2}{2} = 2P(\xi, y_0).$$

在上式中令 $r \to 0^+$, 有 $\xi \to x_0$, 从而得到 $P(x_0, y_0) = 0$. 由 $P_0(x_0, y_0)$ 的任意性可得到 $P(x, y) \equiv 0$. 把 $P(x, y) \equiv 0$ 代入到上式中可得

$$\frac{\partial Q}{\partial x}\bigg|_{(a,b)} = 0,$$

其中令 $r \to 0^+$ 得 $\dfrac{\partial Q}{\partial x}\bigg|_{(x_0, y_0)} = 0$. 同样, 由 $P_0(x_0, y_0)$ 的任意性可得到 $\dfrac{\partial Q}{\partial x} \equiv 0$.

4. 曲面积分

例 22 计算曲面积分

$$I = \iint\limits_S x^3 \mathrm{d}y\mathrm{d}z + x^2 y \mathrm{d}z\mathrm{d}x + zx^2 \mathrm{d}x\mathrm{d}y,$$

其中 S 为曲面: $z = 0, z = b(b > 0), x^2 + y^2 = a^2$ 的外侧.

分析 易知, 由曲面 S 所围成的立体 V 是一个圆柱体, 利用奥-高公式即可将所给的曲面积分化为积分区域为 V 的三重积分, 再利用柱坐标变换即得结果.

解 由奥-高公式, 得

$$\begin{aligned}I &= \iint\limits_S x^3 \mathrm{d}y\mathrm{d}z + x^2 y \mathrm{d}z\mathrm{d}x + zx^2 \mathrm{d}x\mathrm{d}y \\ &= \iiint\limits_V (3x^2 + x^2 + x^2) \mathrm{d}x\mathrm{d}y\mathrm{d}z = 5\iiint\limits_V x^2 \mathrm{d}x\mathrm{d}y\mathrm{d}z,\end{aligned}$$

其中 V 为曲面 S 所围成的立方体.

作柱坐标变换 $x = r\cos\theta, y = r\sin\theta, z = z$, 得

$$\begin{aligned}I &= 5\int_0^{2\pi} \mathrm{d}\theta \int_0^a r\mathrm{d}r \int_0^b r^2 \cos^2\theta \mathrm{d}z \\ &= 5b \int_0^{2\pi} \frac{1 + \cos 2\theta}{2} \mathrm{d}\theta \int_0^a r^3 \mathrm{d}r \\ &= 5b \cdot \pi \cdot \frac{a^4}{4} = \frac{5}{4} a^4 b\pi.\end{aligned}$$

例 23 计算曲面积分

$$\iint\limits_\Sigma (x - y + z)\mathrm{d}y\mathrm{d}z + (y - z + x)\mathrm{d}z\mathrm{d}x + (z - x + y)\mathrm{d}x\mathrm{d}y,$$

其中 Σ 为 $x^2+y^2=z^2$ 界于 $z=0$ 和 $z=1$ 之间部分的外侧.

分析 本题利用奥-高公式来计算即可.

解 记平面 $z=1$ 与锥面 $x^2+y^2=z^2$ 相截部分为 Σ_1, 并取上侧. 设由 Σ 与 Σ_1 围成的立方体为 V, 由奥-高公式, 得

$$\oiint_{\Sigma_1+\Sigma}(x-y+z)\mathrm{d}y\mathrm{d}z+(y-z+x)\mathrm{d}z\mathrm{d}x+(z-x+y)\mathrm{d}x\mathrm{d}y$$

$$=\iiint_V\left(\frac{\partial P}{\partial x}+\frac{\partial Q}{\partial y}+\frac{\partial R}{\partial z}\right)\mathrm{d}x\mathrm{d}y\mathrm{d}z$$

$$-3\iiint_V \mathrm{d}x\mathrm{d}y\mathrm{d}z=\pi,$$

而 $\iint_{\Sigma_1}=\iint_D(1-x+y)\mathrm{d}x\mathrm{d}y$, 其中 D 为 Σ_1 在 xOy 平面上的投影区域. 取极坐标变换 $x=r\cos\theta, y=r\sin\theta$, 则

$$\iint_{\Sigma_1}=\iint_{D'}(1-r\cos\theta+r\sin\theta)r\mathrm{d}r\mathrm{d}\theta$$

$$=\int_0^{2\pi}\mathrm{d}\theta\int_0^1(r-r^2\cos\theta+r^2\sin\theta)\mathrm{d}r$$

$$=\int_0^{2\pi}\left(\frac{1}{2}-\frac{1}{3}\cos\theta+\frac{1}{3}\sin\theta\right)\mathrm{d}\theta=\pi,$$

故得

$$\iint_\Sigma(x-y+z)\mathrm{d}y\mathrm{d}z+(y-z+x)\mathrm{d}z\mathrm{d}x+(z-x+y)\mathrm{d}x\mathrm{d}y=\iiint_V-\iint_{\Sigma_1}=\pi-\pi=0.$$

例 24 求曲面积分

$$I=\iint_S xz^2\mathrm{d}y\mathrm{d}z+yx^2\mathrm{d}z\mathrm{d}x+zy^2\mathrm{d}x\mathrm{d}y,$$

其中 S 为椭球面 $\dfrac{x^2}{a^2}+\dfrac{y^2}{b^2}+\dfrac{z^2}{c^2}=1$ 的外侧.

分析 本题利用奥-高公式来计算即可.

解 由奥-高公式得

$$I=\iint_S xz^2\mathrm{d}y\mathrm{d}z+yx^2\mathrm{d}z\mathrm{d}x+zy^2\mathrm{d}x\mathrm{d}y=\iiint_V(z^2+x^2+y^2)\mathrm{d}x\mathrm{d}y\mathrm{d}z,$$

其中 V 为 S 所界的立方体.

作变换 $\begin{cases} x = a\rho\cos\theta\cdot\sin\varphi, \\ y = b\rho\sin\theta\cdot\sin\varphi, \\ z = c\rho\cos\varphi, \end{cases}$ 则

$$\begin{aligned} I &= abc\int_0^{2\pi}\mathrm{d}\theta\int_0^{\pi}\mathrm{d}\varphi\int_0^1 \rho^2(a^2\cos^2\theta\sin^2\varphi + b^2\sin^2\theta\sin^2\varphi + c^2\cos^2\varphi)\rho^2\sin\varphi\mathrm{d}\rho \\ &= \frac{1}{5}abc\int_0^{2\pi}\mathrm{d}\theta\int_0^{\pi}\left(a^2\cos^2\theta\sin^3\varphi + b^2\sin^2\theta\sin^3\varphi + c^2\cos^2\varphi\sin\varphi\right)\mathrm{d}\varphi \\ &= \frac{1}{5}abc\int_0^{2\pi}\left[\frac{4}{3}(a^2\cos^2\theta + b^2\sin^2\theta) + \frac{2}{3}c^2\right]\mathrm{d}\theta \\ &= \frac{4}{15}\pi abc(a^2 + b^2 + c^2). \end{aligned}$$

说明 我们发现,有关曲面积分的研究生入学试题,大多为利用奥-高公式来计算,在此提醒考研的读者注意.

例 25 计算 $\iint\limits_S (x+y+z)\mathrm{d}S$,其中 S 为曲面 $x^2+y^2+z^2 = a^2 (z \geqslant 0)$.

解 由题知
$$z = \sqrt{a^2 - x^2 - y^2},$$
所以
$$\frac{\partial z}{\partial x} = \frac{-x}{\sqrt{a^2 - x^2 - y^2}}, \quad \frac{\partial z}{\partial y} = \frac{-y}{\sqrt{a^2 - x^2 - y^2}},$$

$$\iint\limits_S (x+y+z)\mathrm{d}S = \iint\limits_\sigma x + y + \sqrt{a^2-x^2-y^2}\sqrt{\frac{(a^2-x^2-y^2)+x^2+y^2}{a^2-x^2-y^2}}\mathrm{d}\sigma$$
$$= \iint\limits_\sigma \left(x+y+\sqrt{a^2-x^2-y^2}\right)\frac{a^2}{\sqrt{a^2-x^2-y^2}}\mathrm{d}\sigma.$$

σ 是 xy 平面上以原点为中心,半径为 a 的圆,化为极坐标

$$\iint\limits_S (x+y+z)\mathrm{d}S = \int_0^a\left[\int_0^{2\pi}\left(r\cos\theta + r\sin\theta + \sqrt{a^2-r^2}\right)\frac{a}{\sqrt{a^2-r^2}}\mathrm{d}\theta\right]r\mathrm{d}r$$
$$= \int_0^a 2\pi ar\mathrm{d}r = \pi a^3.$$

练 习 题 7

1. 化重积分 $\iint_D f(x,y)\mathrm{d}x\mathrm{d}y$ 为不同顺序的累次积分, 其中 D 是由圆 $x^2+y^2=r^2$, 直线 $x=0$ 及抛物线 $y=rx-x^2$ 在第一象限部分所围区域.

2. 计算二重积分 $I=\iint_D |3x+4y|\mathrm{d}x\mathrm{d}y$, 其中 D 是圆 $x^2+y^2=1$ 所围的区域.

3. 求曲面 $z=xy$ 与平面 $z=0$ 及 $x+y=1$ 所围立方体 V 之体积 ΔV.

4. 计算.

(1) $I=\iiint_V \dfrac{\mathrm{d}x\mathrm{d}y\mathrm{d}z}{y^2+z^2}$, 其中 V 是棱台, 顶点为 $A(0,0,1), B(0,1,1), C(1,1,1), A'(0,0,2), B'(0,2,2), C'(2,2,2)$;

(2) $I=\iiint_V (x+y+z)\mathrm{d}x\mathrm{d}y\mathrm{d}z$, 其中 V 是由曲面 $2z=x^2+y^2$ 与 $x^2+y^2+z^2=3$ 所围成的区域;

(3) $I=\iiint_V \sqrt{x^2+y^2}\mathrm{d}x\mathrm{d}y\mathrm{d}z$, 其中 V 是由 $x^2+y^2=z^2$ 与 $z=1$ 所围的区域;

(4) $I=\iiint_V \sqrt{x^2+y^2+z^2}\mathrm{d}x\mathrm{d}y\mathrm{d}z$, 其中 V 是由 $x^2+y^2+z^2=z$ 所围成的区域;

(5) $I=\iiint_V \sqrt{1-\dfrac{x^2}{a^2}-\dfrac{y^2}{b^2}-\dfrac{z^2}{c^2}}\mathrm{d}x\mathrm{d}y\mathrm{d}z$, 其中 V 是由椭球面 $\dfrac{x^2}{a^2}+\dfrac{y^2}{b^2}+\dfrac{z^2}{c^2}=1$ 所围成的区域.

5. 求曲线积分 $\displaystyle\int_L \dfrac{x\mathrm{d}y-y\mathrm{d}x}{x^2+y^2}$, 其中 L 为一条无重点、分段光滑且不经过原点的连续闭曲线, 其方向为逆时针方向.

6. 化重积分 $\iint_D f\left(\dfrac{y}{x}\right)\mathrm{d}x\mathrm{d}y$ 为定积分, 其中积分区域 D 是曲线 $L:x^2+y^2=x$ 所围的区域.

7. 设 $f(x,y,z)$ 在 $V=[a,b]\times[c,d]\times[e,h]$ 可积, 且对任意 $(y,z)\in D=[c,d]\times[e,h]$, 定积分 $F(y,z)=\int_a^b f(x,y,z)\mathrm{d}x$ 存在, 证明: $\iint_D F(y,z)\mathrm{d}y\mathrm{d}z=\iiint_V f(x,y,z)\mathrm{d}x\mathrm{d}y\mathrm{d}z$.

8. 设 $f(x,y)$ 在 $D=[0,1]\times[0,1]$ 上的定义为 $f(x,y)=\begin{cases}1, & x,y\text{都是有理数},\\ 0, & x,y\text{至少有一个为无理数}.\end{cases}$ 证明: $f(x,y)$ 在 D 上不可积.

9. 设二元函数 f,g 在 $D=[a,b]\times[c,d]$ 上可积, 证明: 其乘积 fg 也在 D 上可积.

10. 用二重积分性质证明.

(1) 若 $f(x)$ 在 $[a,b]$ 上连续且恒大于零, 则 $\int_a^b f(x)\mathrm{d}x \int_a^b \dfrac{1}{f(x)}\mathrm{d}x \geqslant (b-a)^2$;

(2) 若 $f(x)$ 在 $[a,b]$ 上连续且非负, $g(x)$ 与 $h(x)$ 在 $[a,b]$ 上连续且递增, 则

$$\int_a^b f(x)g(x)\mathrm{d}x \int_a^b f(x)h(x)\mathrm{d}x \leqslant \int_a^b f(x)\mathrm{d}x \int_a^b f(x)g(x)h(x)\mathrm{d}x.$$

11. 计算下列各题.

(1) $\iint\limits_D (x+y)\mathrm{d}x\mathrm{d}y$, D 由 $x=0, x=3, y=0, y=\dfrac{1}{x+1}$ 围成;

(2) $\iint\limits_D \cos\left(\pi\sqrt{x^2+y^2}\right)\mathrm{d}x\mathrm{d}y$, $D: x^2+y^2 \leqslant 1$;

(3) $\iint\limits_D (a|x|+b|y|)\mathrm{d}x\mathrm{d}y$, $D: |x|+|y| \leqslant 1$;

(4) $\iint\limits_D |x-\alpha||y-\beta|\mathrm{d}x\mathrm{d}y$, $D=[a,b]\times[c,d], a<\alpha<b, c<\beta<d$;

(5) $\int_0^1 \mathrm{d}x \int_1^{x^2} \dfrac{x\sin y}{y}\mathrm{d}y.$

12. 将 $I = \iint\limits_D (x-y)^n f(y)\mathrm{d}x\mathrm{d}y$ 化成累次积分, 其中 D 由 $y=0, y=x, x=t(t>0)$ 围成, $n\in N$. 并证明: $\int_0^t (t-y)^n f(y)\mathrm{d}y = n!\int_0^t \mathrm{d}t_n \int_0^{t_n}\mathrm{d}t_{n-1}\cdots\int_0^{t_1} f(y)\mathrm{d}y.$

13. 改变积分 $\int_a^b \mathrm{d}x \int_a^x \mathrm{d}y \int_a^y f(x,y,z)\mathrm{d}z$ 的积分顺序 $(x,y,z\in[a,b])$, 并导出公式 $\int_0^t \mathrm{d}x \int_0^x \mathrm{d}y \int_0^y f(z)\mathrm{d}z = \dfrac{1}{2}\int_0^t (t-z)^2 f(z)\mathrm{d}z (x,y,z\in[0,t]).$

14. 设 $F(t) = \iiint\limits_{x^2+y^2+z^2\leqslant t^2} f(x^2+y^2+z^2)\mathrm{d}x\mathrm{d}y\mathrm{d}z(t>0)$, f 在 $[0,+\infty)$ 上连续, 求 $F'(t)$.

15. 计算下列三重积分.

(1) $\iiint\limits_V (x^2+y^2)^2 \mathrm{d}x\mathrm{d}y\mathrm{d}z$, V 由 $z=x^2+y^2, z=1, z=2$ 围成;

(2) $\iiint\limits_V x^3 yz\mathrm{d}x\mathrm{d}y\mathrm{d}z$, V 由 $x^2+y^2+z^2\leqslant 1, x\geqslant 0, y\geqslant 0, z\geqslant 0$ 确定;

(3) $\iiint\limits_V \cos(x+y+z)\mathrm{d}x\mathrm{d}y\mathrm{d}z$, $V: x^2+y^2+z^2 \leqslant 1.$

16. 求立方体: $x^2+z^2 \leqslant R^2, y^2+z^2 \leqslant R^2$ 的表面积.

17. 解下列各题.

(1) 求在 $D: \left||x|+|y|-\dfrac{3}{2}\right| \leqslant \dfrac{1}{2}$ 上曲顶为 $z=x^2+y^2$ 的曲顶柱体的体积;

(2) 求曲面 $z=xy, x^2+y^2=a^2, z=0$ 所围成立方体的体积;

(3) 设立方体 V 由 $x^2+y^2\leqslant r^2, 0\leqslant z\leqslant r, z\geqslant y$ 确定, 求 V 的体积.

第8讲　含参量积分

8.1　知 识 结 构

含参量积分 $\begin{cases} 概念 \begin{cases} I(x) = \int_c^d f(x,y)\mathrm{d}y, x \in [a,b] \\ F(x) = \int_{c(x)}^{d(x)} f(x,y)\mathrm{d}y, x \in [a,b] \end{cases} \\ 性质 \begin{cases} (1)\ 连续性 \\ (2)\ 可微性 \\ (3)\ 可积性 \end{cases} \end{cases}$

含参量非正常积分 $\begin{cases} (1)\ 含参量 x 的无穷限非正常积分 \\ I(x) = \int_c^{+\infty} f(x,y)\mathrm{d}y, x \in [a,b] \\ 一致收敛的判别法: \\ ① \int_c^{+\infty} f(x,y)\mathrm{d}y 一致收敛的柯西准则 \\ ② \int_c^{+\infty} f(x,y)\mathrm{d}y 在 [a,b] 上一致收敛的充要条件 \\ ③ 魏尔斯特拉斯 M 判别法 \\ ④ 狄利克雷判别法 \\ ⑤ 阿贝尔判别法 \\ (2)\ 含参量 x 的无界函数非正常积分 (其一致收敛及判别 \\ 法可转化为含参量 x 的无穷限非正常积分讨论) \\ (3)\ 性质: 连续性、可微性、可积性 \end{cases}$

欧拉积分 $\begin{cases} (1)\ 定义: 伽马函数 \Gamma(s) = \int_0^\infty x^{s-1}\mathrm{e}^{-x}\mathrm{d}x, s > 0, \\ 贝塔函数 B(p,q) = \int_0^1 x^{p-1}(1-x)^{q-1}\mathrm{d}x, p > 0, q > 0, \\ 统称为欧拉积分. \\ (2)\ 伽马 (Gamma) 函数的性质 \\ (3)\ 贝塔 (Beta) 函数的性质 \\ (4)\ \Gamma 函数与 B 函数的关系 B(p,q) = \dfrac{\Gamma(p)\Gamma(q)}{\Gamma(p+q)} \end{cases}$

8.2 内容精析

1. 含参量积分的概念.

二元函数 $f(x,y)$ 在平面区域 $D = \{(x,y)|a \leqslant x \leqslant b, c \leqslant y \leqslant d\}$ 上有定义,若对于任意固定的 $x \in [a,b]$,一元函数 $f(x,y)$ 在区间 $[c,d]$ 上可积,那么积分 $\int_c^d f(x,y)\,\mathrm{d}y$ 是 x 的函数,称 $I(x) = \int_c^d f(x,y)\,\mathrm{d}y$ 为含参量积分;当 c,d 都是有限数时,称其为含参量正常积分;当 c,d 至少有一个是无限数时,称 $I(x) = \int_c^{+\infty} f(x,y)\,\mathrm{d}y$ 或 $I(x) = \int_{-\infty}^d f(x,y)\,\mathrm{d}y$ 为含参量非正常积分.

2. 含参量正常积分的性质.

连续性与可积性: 二元函数 $f(x,y)$ 在平面矩形区域 $D = \{(x,y)|a \leqslant x \leqslant b, c \leqslant y \leqslant d\}$ 上连续,则

(1) $I(x) = \int_c^d f(x,y)\,\mathrm{d}y$ 在区间 $[a,b]$ 上连续;

(2) $I(x) = \int_c^d f(x,y)\,\mathrm{d}y$ 在区间 $[a,b]$ 上可积,且有

$$\int_a^b \mathrm{d}x \int_c^d f(x,y)\,\mathrm{d}y = \int_c^d \mathrm{d}y \int_a^b f(x,y)\,\mathrm{d}x.$$

可微性: 二元函数 $f(x,y)$ 与 $f_x(x,y)$ 在平面矩形 $D = \{(x,y)|a \leqslant x \leqslant b, c \leqslant y \leqslant d\}$ 上连续,则 $I(x) = \int_c^d f(x,y)\,\mathrm{d}y$ 在区间 $[a,b]$ 上可导,且有 $I'(x) = \int_c^d f_x(x,y)\,\mathrm{d}y$.

3. 含参量非正常积分的一致收敛性.

一致收敛的定义: 设函数 $f(x,y)$ 在 $[a,b] \times [c,+\infty)$ 上有定义,对任意 $x \in [a,b]$,非正常积分 $I(x) = \int_c^{+\infty} f(x,y)\,\mathrm{d}y$ 收敛,若对任意的正数 ε,存在大于 c 的正数 N,使得当 $M > N$ 时,对一切 $[a,b]$ 中的 x 有 $\left|\int_M^{+\infty} f(x,y)\,\mathrm{d}y\right| < \varepsilon$,则称含参量非正常积分 $I(x)$ 在 $[a,b]$ 上一致收敛.

4. 含参量非正常积分一致收敛的条件.

柯西准则(充要条件) 含参量非正常积分 $I(x) = \int_c^{+\infty} f(x,y)\,\mathrm{d}y$ 在区间 $[a,b]$ 上

一致收敛的充要条件是对任意的正数 ε, 存在大于 c 的正数 N, 使得当 $A_1, A_2 > N$ 时, 对一切 $[a,b]$ 中的 x 有 $\left|\int_{A_1}^{A_2} f(x,y)\,\mathrm{d}y\right| < \varepsilon$.

魏尔斯特拉斯 M 判别法(充分条件) 设有定义在区间 $[c,+\infty)$ 上的函数 $g(y)$, 使得当 $(x,y) \in [a,b] \times [c,+\infty)$ 时有 $|f(x,y)| \leqslant g(y)$, 而积分 $\int_c^{+\infty} g(y)\,\mathrm{d}y$ 收敛, 则含参量非正常积分 $I(x) = \int_c^{+\infty} f(x,y)\,\mathrm{d}y$ 在区间 $[a,b]$ 上一致收敛.

狄利克雷判别法(充分条件) 对一切实数 $A > c$, 含参量积分 $\int_c^A f(x,y)\,\mathrm{d}y$ 对参量 x 一致有界; 对 $[a,b]$ 内的每一个 x, 函数 $g(x,y)$ 关于 y 是递减的, 且当 $y \to +\infty$ 时, 对参量 x, $g(x,y)$ 已知趋于零, 则含参量非正常积分 $\int_c^{+\infty} f(x,y)g(x,y)\,\mathrm{d}y$ 在区间 $[a,b]$ 上一致收敛.

阿贝尔判别法(充分条件) 含参量非正常积分 $\int_c^{+\infty} f(x,y)\,\mathrm{d}y$ 关于 x 在区间 $[a,b]$ 上一致收敛; 对 $[a,b]$ 内的每一个 x, $g(x,y)$ 为关于 y 的单调函数, 且关于参量 x 一致有界, 则含参量非正常积分 $\int_c^{+\infty} f(x,y)g(x,y)\,\mathrm{d}y$ 在区间 $[a,b]$ 上一致收敛.

5. 含参量非正常积分的性质.

连续性与可积性. 二元函数 $f(x,y)$ 在区域 $D = \{(x,y) | a \leqslant x \leqslant b, c \leqslant y \leqslant +\infty\}$ 上连续, 若含参量非正常积分 $I(x) = \int_c^{+\infty} f(x,y)\,\mathrm{d}y$ 在区间 $[a,b]$ 上一致收敛, 则

(1) $I(x) = \int_c^d f(x,y)\,\mathrm{d}y$ 在区间 $[a,b]$ 上连续;

(2) $I(x) = \int_c^d f(x,y)\,\mathrm{d}y$ 在区间 $[a,b]$ 上可积, 且有

$$\int_a^b \mathrm{d}x \int_c^{+\infty} f(x,y)\,\mathrm{d}y = \int_c^{+\infty} \mathrm{d}y \int_a^b f(x,y)\,\mathrm{d}x.$$

可微性: 二元函数 $f(x,y)$ 与 $f_x(x,y)$ 在区域 $D = \{(x,y) | a \leqslant x \leqslant b, c \leqslant y \leqslant +\infty\}$ 上连续, 若含参数非正常积分 $I(x) = \int_c^{+\infty} f(x,y)\,\mathrm{d}y$ 在区间 $[a,b]$ 上收敛, 含参量非正常积分 $\int_c^{+\infty} f_x(x,y)\,\mathrm{d}y$ 在区间 $[a,b]$ 上一致收敛, 则 $I(x) = \int_c^{+\infty} f(x,y)\,\mathrm{d}y$ 在区间 $[a,b]$ 上可导, 且有 $I'(x) = \int_c^{+\infty} f_x(x,y)\,\mathrm{d}y$.

8.3 解 (证) 题方法分析

例 1 试求累次积分
$$\int_0^1 dx \int_0^1 \frac{x^2-y^2}{(x^2+y^2)^2}dy \text{ 与 } \int_0^1 dy \int_0^1 \frac{x^2-y^2}{(x^2+y^2)^2}dx,$$
并指出它们不相等与含参量积分的可积性定理并不矛盾.

解 因为 $\dfrac{x^2-y^2}{(x^2+y^2)^2} = -\dfrac{\partial}{\partial x}\left(\dfrac{x}{x^2+y^2}\right)$, $\dfrac{x^2-y^2}{(x^2+y^2)^2} = \dfrac{\partial}{\partial y}\left(\dfrac{y}{x^2+y^2}\right)$.
故有
$$\int_0^1 dx \int_0^1 \frac{x^2-y^2}{(x^2+y^2)^2}dy = \int_0^1 \left(\frac{y}{x^2+y^2}\bigg|_0^1\right)dx = \int_0^1 \frac{1}{1+x^2}dx = \arctan x\big|_0^1 = \frac{\pi}{4},$$
$$\int_0^1 dy \int_0^1 \frac{x^2-y^2}{(x^2+y^2)^2}dx = \int_0^1 \left(\frac{-x}{x^2+y^2}\bigg|_0^1\right)dy = -\int_0^1 \frac{1}{1+y^2}dy = -\arctan y\big|_0^1 = -\frac{\pi}{4}.$$
两者不相等, 因为函数
$$f(x,y) = \frac{x^2-y^2}{(x^2+y^2)^2}$$
在点 $(0,0)$ 处不连续, 不满足含参量积分的可积性定理的条件.

例 2 $\displaystyle\int_0^\infty e^{-xy^2} y\cos y^2 dy$ 在 $(0,+\infty)$ 上一致收敛吗?

解 $I(x) = \displaystyle\int_0^\infty e^{-xy^2} y\cos y^2 dy$, $I(0) = \displaystyle\int_0^\infty y\cos y^2 dy$, 因为
$$\int_0^A y\cos y^2 dy = \frac{1}{2}\sin A^2,$$
当 $A \to \infty$ 时极限不存在, 所以 $I(0)$ 发散, 因此 $\displaystyle\int_0^\infty e^{-xy^2} y\cos y^2 dy$ 在 $(0,+\infty)$ 上非一致收敛.

例 3 试用两种方法①含参数无穷限非正常积分一致收敛的定义,②魏尔斯特拉斯 M 判别法证明: $\displaystyle\int_0^\infty xe^{-xy}dy$ 在区间 $[a,b](a>0)$ 上一致收敛.

解 (1) 用定义证.
先将 x 看作常量, 计算非正常积分 $\displaystyle\int_A^\infty xe^{-xy}dy$, 令 $xy = u$, 则
$$dy = \frac{1}{x}du,$$

所以 $\int_A^\infty x\mathrm{e}^{-xy}\mathrm{d}y = \int_{Ax}^\infty \mathrm{e}^{-u}\mathrm{d}u = \mathrm{e}^{-Ax}$, 由于我们仅在区间 $[a,b](a>0)$ 上考虑, 于是

$$\left|\int_A^\infty x\mathrm{e}^{-xy}\mathrm{d}y\right| = \mathrm{e}^{-Ax} \leqslant \mathrm{e}^{-Aa},$$

故对任给的 $\varepsilon > 0$ (不妨设 $\varepsilon < 1$), 取 $A_0 = -\dfrac{1}{a}\ln\varepsilon = \dfrac{1}{a}\ln\dfrac{1}{\varepsilon}$. 当 $A > A_0$ 时, 总有

$$\left|\int_A^\infty x\mathrm{e}^{-xy}\mathrm{d}y\right| < \varepsilon.$$

因为 A_0 与参变量 x 无关, 由定义知, $\int_0^\infty x\mathrm{e}^{-xy}\mathrm{d}y$ 在 $[a,b](a>0)$ 上一致收敛.

(2) 用魏尔斯特拉斯 M 判别法证.

因为 $|x\mathrm{e}^{-xy}| \leqslant b\mathrm{e}^{-ay}$, 又 $\int_0^\infty b\mathrm{e}^{-ay}\mathrm{d}y$ 收敛, 由魏尔斯特拉斯 M 判别法知, $\int_0^\infty x\mathrm{e}^{-xy}\mathrm{d}y$ 在 $0 < a \leqslant x \leqslant b$ 上一致收敛.

例 4 求 $I(a,b) = \int_0^{+\infty} \mathrm{e}^{-ax^2}\cos 2bx\,\mathrm{d}x$, 其中 a 是正实数, b 是任意实数.

分析 先验证 $I(a,b)$ 满足在积分号求导的条件, 求得

$$\frac{\mathrm{d}I}{\mathrm{d}b} = -\frac{2b}{a}I.$$

并注意到: $I(1,0) = \int_0^\infty \mathrm{e}^{-x^2}\mathrm{d}x = \dfrac{\sqrt{\pi}}{2}$.

这样, 本题就化归为解微分方程

$$\begin{cases} \dfrac{\mathrm{d}I}{\mathrm{d}b} = -\dfrac{2b}{a}I, \\ I(1,0) = \dfrac{\sqrt{\pi}}{2}. \end{cases}$$

解 令 $f(x,b) = \mathrm{e}^{-ax^2}\cos 2bx$, 则 $f(x,b)$ 和 $f_b'(x,b) = -2x\mathrm{e}^{-ax^2}\sin 2bx$ 均在 $[0,+\infty) \times (-\infty,+\infty)$ 上连续.

因为 $|f(x,b)| \leqslant \mathrm{e}^{-ax^2}$, $|f_b'(x,b)| \leqslant 2x\mathrm{e}^{-ax^2}$, 而 $\int_0^{+\infty} \mathrm{e}^{-ax^2}\mathrm{d}x$ 和 $\int_0^{+\infty} 2x\mathrm{e}^{-ax^2}\mathrm{d}x$ 均收敛, 故 $\int_0^{+\infty} f(x,b)\mathrm{d}x$ 和 $\int_0^{+\infty} f_b'(x,b)\mathrm{d}x$ 关于 $b \in (-\infty,+\infty)$ 一致收敛. 从而 $I(a,b)$ 可在积分号下求导

$$\frac{\mathrm{d}I}{\mathrm{d}b} = \int_0^{+\infty} -2x\mathrm{e}^{ax^2}\sin 2bx\,\mathrm{d}x = \frac{1}{a}\int_0^{+\infty}\sin 2bx\,\mathrm{d}\left(\mathrm{e}^{-ax^2}\right)$$

$$= \frac{1}{a}\left\{(\sin 2bx)\mathrm{e}^{-ax^2}\Big|_0^{+\infty} - 2b\int_0^{+\infty}\mathrm{e}^{-ax^2}\cos 2bx\mathrm{d}x\right\} = -\frac{2b}{a}I.$$

注意到: $I(1,0) = \int_0^{+\infty}\mathrm{e}^{-x^2}\mathrm{d}x = \frac{\sqrt{\pi}}{2}$，解微分方程

$$\begin{cases}\dfrac{\mathrm{d}I}{\mathrm{d}b} = -\dfrac{2b}{a}I,\\ I(1,0) = \dfrac{\sqrt{\pi}}{2},\end{cases}$$

即得

$$I(a,b) = \int_0^{+\infty}\mathrm{e}^{-ax^2}\cos 2bx\mathrm{d}x = \frac{\sqrt{\pi}}{2}\mathrm{e}^{-\frac{b^2}{a}}.$$

例 5 求极限 $\lim\limits_{\alpha\to 0}\int_{-1}^1\sqrt{x^2+\alpha^2}\mathrm{d}x$.

分析 利用含参量积分的连续性，定义在矩形域上的连续函数，可交换其极限运算与积分运算的顺序，由此即可得解.

解 因为函数 $f(x,\alpha) = \sqrt{x^2+\alpha^2}$ 在矩形域 $-1\leqslant x\leqslant 1,-1\leqslant \alpha\leqslant 1$ 上连续，由此即得

$$\lim_{\alpha\to 0}\int_{-1}^1\sqrt{x^2+\alpha^2}\mathrm{d}x = \int_{-1}^1\lim_{\alpha\to 0}\sqrt{x^2+\alpha^2}\mathrm{d}x$$

$$= \int_{-1}^1|x|\mathrm{d}x = \int_{-1}^0(-x)\mathrm{d}x + \int_0^1 x\mathrm{d}x = 1.$$

例 6 求下列含参量积分的导数 $F(x) = \int_x^{x^2}\dfrac{\sin xy}{y}\mathrm{d}y(x>0)$，求 $F'(x)$.

分析 先验证含参量积分可微性定理的条件，然后利用含参量积分的求导公式即得解.

解 对任何 $x\in(0,+\infty)$，总存在闭区间 $[a,b]$，使得 $x\in[a,b]\subset(0,+\infty)$，在有界闭区域 $R[a,b;p,q]$（其中 $p\leqslant\min(a,a^2),q>\max(b,b^2)$) 上，函数

$$f(x,y) = \frac{\sin xy}{y}, \quad f'_x(x,y) = \cos xy,$$
$$c(x) = x, \quad c'(x) = 1, \quad d(x) = x^2, \quad d'(x) = 2x$$

都连续，由此，得

$$F'(x) = \int_x^{x^2}\cos xy\mathrm{d}y + 2x\frac{\sin x^3}{x^2} - \frac{\sin x^2}{x}$$

$$=\frac{1}{x}\sin xy\Big|_x^{x^2}+\frac{2\sin x^3-\sin x^2}{x}$$

$$=\frac{3\sin x^3-2\sin x^2}{x},\quad x\in[a,b]\subset(0,+\infty).$$

由 x 及 $[a,b]$ 的任意性, 得

$$F'(x)=\frac{3\sin x^3-2\sin x^2}{x},\quad x>0.$$

例 7 计算 $F'(\alpha)$, 假设:(1) $F(\alpha)=\int_0^\alpha f(x+\alpha,x-\alpha)\mathrm{d}x$, 其中 $f(u,v)$ 具有连续偏导数;(2)$F(\alpha)=\int_0^{\alpha^2}\mathrm{d}x\int_{x-\alpha}^{x+\alpha}\sin(x^2+y^2-\alpha^2)\,\mathrm{d}y$.

解 (1) 由于函数 $(u,v)\mapsto f(u,v)$ 具有连续偏导数, 其中 $u=x+\alpha,v=x-\alpha$, 根据莱布尼茨公式, 有

$$F'(\alpha)=f(2\alpha,0)+\int_0^\alpha(f'_u(u,v)-f'_v(u,v))\mathrm{d}x.$$

注意到 $\dfrac{\mathrm{d}f}{\mathrm{d}x}=f'_u+f'_v$, 可以改写

$$\int_0^\alpha(f'_u-f'_v)\mathrm{d}x=2\int_0^\alpha f'_u\mathrm{d}x-f(2\alpha,0)+f(\alpha,-\alpha).$$

从而, $F'(\alpha)=f(\alpha,-\alpha)+2\int_0^\alpha f'_u\mathrm{d}x$.

(2) 记 $f(x,\alpha)=\int_{x-\alpha}^{x+\alpha}\sin(x^2+y^2-\alpha^2)\mathrm{d}y$, 则有

$$F'(\alpha)=2f(\alpha^2,\alpha)\alpha+\int_0^{\alpha^2}f'_\alpha(x,\alpha)\mathrm{d}x,$$

$$f'_\alpha=\sin(x^2+(x+\alpha)^2-\alpha^2)+\sin(x^2+(x-\alpha)^2-\alpha^2)$$

$$-2\alpha\int_{x-\alpha}^{x+\alpha}\cos(x^2+y^2-\alpha^2)\mathrm{d}y.$$

因此有

$$F'(\alpha)=2\alpha\int_{\alpha^2-\alpha}^{\alpha^2+\alpha}\sin(y^2+\alpha^4-\alpha^2)\mathrm{d}y+2\int_0^{\alpha^2}\sin 2x^2\cos 2\alpha x\mathrm{d}x$$

$$-2\alpha\int_0^{\alpha^2}\mathrm{d}x\int_{x-\alpha}^{x+\alpha}\cos(x^2+y^2-\alpha^2)\mathrm{d}y.$$

例 8 $I(a) = \int_0^\pi \ln\left(1 - 2a\cos x + a^2\right) dx$.

注 定理 如果 f, f_y' 在 π 上连续, 则函数 F 在区间 $[b, B]$ 上可微, 且其导数可由莱布尼茨公式求得

$$\frac{d}{dy}\int_a^A f(x, y)dx = \int_a^A f_y'(x, y)dx.$$

解 假设 $||a| - 1| \geqslant \varepsilon > 0$. 此时函数 $f(x, a) = \ln(1 - 2a\cos x + a^2)$, $f_a'(x, a) = \dfrac{2(a - \cos x)}{1 - 2a\cos x + a^2}$ 在矩形 $\Pi = \{(x, a) \mid 0 \leqslant x \leqslant \pi, ||a| - 1| \geqslant \varepsilon > 0\}$ 内连续, 利用定理 1, 可以对积分号下的参数 a 求导, 这时有

$$I'(a) = 2\int_0^\pi \frac{a - \cos x}{1 - 2a\cos x + a^2}dx.$$

作代换 $t = \tan\dfrac{x}{2}$, 积分化为

$$I'(a) = 4\int_0^\infty \frac{a - 1 + (a - 1)t^2}{(1 + t^2)((1 - a^2) + (1 + a^2)t^2)}dt.$$

利用有理数的待定系数法及牛顿 – 莱布尼茨公式, 得

$$I'(a) = \begin{cases} \dfrac{\pi}{2a}, & |a| \geqslant 1 + \varepsilon, \\ 0, & |a| \leqslant 1 - \varepsilon. \end{cases}$$

从而

$$I(a) = \begin{cases} \dfrac{\pi}{2}\ln|a| + C_1, & |a| \geqslant 1 - \varepsilon, \\ C_2, & |a| \leqslant 1 - \varepsilon, \end{cases}$$

其中 C_1, C_2 为任意常数.

由于所得结论对任意小的 $\varepsilon > 0$ 成立, 故有

$$I(a) = \begin{cases} \dfrac{\pi}{2}\ln|a| + C_1, & |a| > 1, \\ C_2, & |a| < 1. \end{cases} \tag{1}$$

在计算 $I(\pm 1)$ 时, 直接从原式出发, 可得

$$I(\pm 1) = \int_0^\pi \ln(2(1 \pm \cos x))dx = 2\pi\ln 2 + 4\int_0^{\frac{\pi}{2}} \ln\sin t\, dt = 0. \tag{2}$$

由于 $I(0) = 0$, 故 $C_2 = 0$. 此外, 同样由式 (1) 得 $\lim\limits_{|a| \to 1-0} I(a) = 0$, 因此, 由恒等式

(2) 可得, 函数 I 在 $a=1, a=-1$ 分别左连续和右连续.

注意到
$$I\left(\frac{1}{a}\right) = \int_0^\pi \ln\left(\frac{1}{a^2}(a^2-2a\cos x+1)\right)dx = -2\pi\ln|a| + I(a), \quad a\neq 0, \qquad (3)$$

可得, 函数 I 在所考虑的点既左连续, 也右连续. 事实上, 此时由 (3) 可得

$$\lim_{|a|\to 1+0} I(0) = 2\pi \lim_{|a|\to 1+0}\ln|a| + \lim_{|a|\to 1+0} I\left(\frac{1}{a}\right) = \lim_{|a|\to 1-0} I(a) = 0.$$

总之, 函数 I 对所有 a 均连续, 因此, $C_1 = 0$, 故有

$$I(a) = \begin{cases} \dfrac{\pi}{2}\ln|a|, & |a|>1, \\ 0, & |a|\leqslant 1. \end{cases}$$

注 例 7、例 8 都利用了莱布尼茨公式, 所以要熟练掌握该公式.

例 9 证明: 如果①积分 $\displaystyle\int_a^{+\infty} f(x,y)\,dx$ 在 (y_1, y_2) 上一致收敛, 且②函数 φ 有界且对 x 单调, 则积分

$$\int_a^{+\infty} f(x,y)\varphi(x,y)dx \qquad (1)$$

在 (y_1, y_2) 上一致收敛.

分析 利用第二中值定理和柯西准则证明.

证明 任给 $\varepsilon > 0$, 由条件 (1), 根据柯西准则知, $\exists B(\varepsilon)$, 使得 $\forall b', \xi, b'' > B(\varepsilon)$ 不依赖于 $y \in (y_1, y_2)$, 成立不等式

$$\left|\int_{b'}^{\xi} f(x,y)dx < \frac{\varepsilon}{2M}\right|, \quad \left|\int_{\xi}^{b''} f(x,y)dx < \frac{\varepsilon}{2M}\right|, \qquad (2)$$

其中 $M = \sup\limits_{x,y}|\varphi(x,y)| \neq 0$ (当 $M=0$ 时命题显然成立).

进一步, 由于函数 φ 对 x 单调, 而函数 f 可积, 由第二中值定理, 有

$$\int_{b'}^{b''} f(x,y)\varphi(x,y)dx \leqslant \varphi(b'+0, y)\int_{b'}^{\xi} f(x,y)dx + \varphi(b''-0, y)\int_{\xi}^{b''} f(x,y)dx,$$

其中 $b' \leqslant \zeta \leqslant b''$. 因此, 将不等式 (2) 代入, 对 $\forall y \in (y_1, y_2)$, 可得估计

$$\left|\int_{b'}^{b''} f(x,y)\varphi(x,y)dx\right| \leqslant |\varphi(b'+0, y)|\left|\int_{b'}^{\zeta} f(x,y)dx\right|$$

$$+ \left|\varphi(b'' - 0, y)\right| \left| \int_\xi^{b''} f(x,y) \mathrm{d}x \right| < \varepsilon.$$

至此, 根据柯西准则可知积分(1) 在所给区域上一致收敛.

例 10 证明狄利克雷积分
$$I = \int_0^{+\infty} \frac{\sin \alpha x}{x} \mathrm{d}x$$

(1) 在任一不包含 $\alpha=0$ 的区间 $[a,b]$ 上一致收敛;

(2) 在任一包含 $\alpha = 0$ 的区间 $[a,b]$ 上不一致收敛.

证明 对第一种情况可由例 9 得出. 这里函数 $\varphi: x \to \dfrac{1}{x}$, 当 $x \to +\infty$ 时单调趋于零 (关于 α 一致). 原像
$$\int_a^x \sin \alpha t \mathrm{d}t = \frac{1}{\alpha}(\cos \alpha a - \cos \alpha x)$$

有界 $\dfrac{2}{\min(|a|,|b|)}$. 因此, 由例 9 知, 原积分一致收敛.

在第二种情况下, 令 $\alpha x = t, \alpha > 0 \wedge t > 0$, 则有
$$\int_B^{+\infty} \frac{\sin \alpha x}{x} \mathrm{d}x = \int_{B_\alpha}^{+\infty} \frac{\sin t}{t} \mathrm{d}t.$$

由此可知, $\forall B > 0, \exists \alpha \in [a,b]$, 使得
$$\left|\int_B^{+\infty} \frac{\sin \alpha x}{x} \mathrm{d}x\right| > \varepsilon, \quad 0 < \varepsilon < \int_{0.1}^{+\infty} \frac{\sin t}{t} \mathrm{d}t.$$

事实上, 只要取 $\alpha \leqslant \dfrac{0.1}{B}$ 即可.

对于 $\alpha < 0$, 只要令 $\alpha x = -t$, 可以得到同样的结论. 由此, 此时积分不一致收敛.

例 11 用积分号下求导的方法计算积分 $I(a,b) = \displaystyle\int_0^1 \frac{x^b - x^a}{\ln x} \mathrm{d}x \, (a, b > 0)$.

解 把 b 看作参数, 对 b 求导就有
$$I'_b(a,b) = \int_0^1 x^b \mathrm{d}x = \frac{1}{1+b}.$$

由此可得
$$I(a,b) = \ln(1+b) + C(a),$$

而
$$I'_a(a,b) = C'(a).$$

但原积分对 a 求导有

$$I'_a(a,b) = \int_0^1 (-x^a)\,\mathrm{d}x = -\frac{1}{1+a}.$$

比较两个 $I'_a(a,b)$ 的表达式, 可以得到

$$-\frac{1}{1+a} = C'(a),$$

所以

$$C(a) = \ln\frac{1}{1+a} + C_1,$$

代入 $I(a,b) = \ln(1+b) + C(a)$, 可得

$$I(a,b) = \ln(1+b) + \ln\frac{1}{1+a} + C_1.$$

在原积分中令 $a = b$ 可知 $C_1 = 0$, 于是就有

$$I(a,b) = \ln(1+b) + \ln\frac{1}{1+a} = \ln\frac{1+b}{1+a}.$$

例 12 用积分号下求积分的方法计算 $I = \int_0^{\frac{\pi}{2}} \left(\ln\frac{1+a\cos x}{1-a\cos x}\right)\frac{1}{\cos x}\mathrm{d}x$, 其中 $|a| < 1$.

解 已知 $\int \frac{\mathrm{d}x}{1-x^2} = \frac{1}{2}\ln\frac{1+x}{1-x} + C$, 从而

$$\frac{1}{\cos x}\ln\frac{1+a\cos x}{1-a\cos x} = 2a\int_0^1 \frac{\mathrm{d}y}{1-(a^2\cos^2 x)y^2}, \quad 0 \leqslant x < \frac{\pi}{2}, |a| < 1,$$

由此可得

$$\begin{aligned}
\int_0^{\frac{\pi}{2}} \left(\ln\frac{1+a\cos x}{1-a\cos x}\right)\frac{1}{\cos x}\mathrm{d}x &= 2a\int_0^{\frac{\pi}{2}} \mathrm{d}x \int_0^1 \frac{\mathrm{d}y}{1-(a^2\cos^2 x)y^2} \\
&= 2a\int_0^1 \mathrm{d}y \int_0^{\frac{\pi}{2}} \frac{\mathrm{d}x}{1-(a^2\cos^2 x)y^2} \\
&= a\int_0^1 \frac{\pi\mathrm{d}y}{\sqrt{1-a^2y^2}} = \pi\arcsin(ay)\Big|_0^1 = \pi\arcsin a.
\end{aligned}$$

说明 第二个等式中用到了交换积分顺序, 条件请读者自己验证.

例 13 若函数 f 在 $[a,b] \times [c,+\infty)$ 上连续, 含参数积分 $I(x) = \int_c^{+\infty} f(x,y)\,\mathrm{d}y$

在 $[a,b)$ 上收敛,但在 $x=b$ 发散,则 $I(x)$ 在 $[a,b)$ 上不一致收敛.

分析 应用非正常积分的柯西收敛准则进行判断.

证明 若 $I(x)$ 在 $[a,b)$ 上一致收敛,则:$\forall \varepsilon>0, \exists M>c$,当 $A_1>A_2>M$, $\forall x \in [a,b)$,有

$$\left|\int_{A_1}^{A_2} f(x,y)\,\mathrm{d}y\right|<\varepsilon.$$

因为 $f(x,y)$ 在 $[a,b] \times [A_1,A_2]$ 上连续,含参量积分 $\int_{A_1}^{A_2} f(x,y)\,\mathrm{d}y$ 在 $[a,b]$ 上连续,于是令 $x \to b^-$,得

$$\left|\int_{A_1}^{A_2} f(b,y)\,\mathrm{d}y\right| \leqslant \varepsilon.$$

由非正常积分的柯西收敛准则知:$\int_c^{+\infty} f(b,y)\,\mathrm{d}y$ 收敛,与已知矛盾,故 $I(x)=\int_c^{+\infty} f(x,y)\,\mathrm{d}y$ 在 $[a,b)$ 上不一致收敛.

注 运用柯西准则证明一致收敛或不一致收敛,其优越性在于使用无穷区间上的积分转化为有限区间上的积分,从而可以使用含参量正常积分的性质,使得问题迎刃而解.

例 14 计算 $I=\int_0^{+\infty} \mathrm{e}^{-px} \dfrac{\sin bx - \sin ax}{x}\,\mathrm{d}x, \quad p>0, b>a$.

解 因为 $\dfrac{\sin bx - \sin ax}{x} = \int_a^b \cos xy\,\mathrm{d}y$,所以

$$I=\int_0^{+\infty} \mathrm{e}^{-px}\dfrac{\sin bx - \sin ax}{x}\,\mathrm{d}x = \int_0^{+\infty}\mathrm{d}x \int_a^b \mathrm{e}^{-px}\cos xy\,\mathrm{d}y.$$

由于 $|\mathrm{e}^{-px}\cos xy| \leqslant \mathrm{e}^{-px}, (x,y)\in[0,+\infty)\times[a,b]=D$,而 $\int_0^{+\infty}\mathrm{e}^{-px}\,\mathrm{d}x$ 收敛,所以 $\int_0^{+\infty}\mathrm{e}^{-px}\cos xy\,\mathrm{d}x$ 在 $[a,b]$ 上一致收敛.

又因为,$\mathrm{e}^{-px}\cos xy$ 在 $D=[0,+\infty)\times[a,b]$ 上连续,所以交换积分顺序可得

$$I=\int_a^b \mathrm{d}y \int_0^{+\infty}\mathrm{e}^{-px}\cos xy\,\mathrm{d}x = \int_a^b \dfrac{p}{p^2+y^2}\,\mathrm{d}y$$
$$=\arctan\dfrac{b}{p}-\arctan\dfrac{a}{p}.$$

特别地, 当 $a=0$ 时, 就有: $\int_0^{+\infty} e^{-px} \dfrac{\sin bx}{x} dx = \arctan \dfrac{b}{p}$, 由连续性定理, 令 $p \to 0^+$ 得

$$\int_0^{+\infty} \frac{\sin bx}{x} dx = \begin{cases} \dfrac{\pi}{2}, & b > 0, \\ 0, & b = 0, \\ -\dfrac{\pi}{2}, & b < 0, \end{cases}$$

即 $\int_0^{+\infty} \dfrac{\sin bx}{x} dx = \dfrac{\pi}{2} \operatorname{sgn} b$.

由此可知, $F(y) = \int_0^{+\infty} \dfrac{\sin\left[(1-y^2)x\right]}{x} dx$ 在 $y = \pm 1$ 处不连续.

例 15 利用欧拉积分计算积分

$$\int_0^1 \frac{1}{\sqrt{1-x^{\frac{1}{4}}}} dx.$$

分析 通过作变换 $t = x^{\frac{1}{4}}$, 把原来的积分化为 B 函数即可.

解 设 $t = x^{\frac{1}{4}}$, 则

$$\int_0^1 \frac{dx}{\sqrt{1-x^{\frac{1}{4}}}} = \int_0^1 4t^3 (1-t)^{-\frac{1}{2}} dt = 4B\left(4, \frac{1}{2}\right)$$

$$= 4 \cdot \frac{\Gamma(4)\Gamma\left(\dfrac{1}{2}\right)}{\Gamma\left(4+\dfrac{1}{2}\right)} = \frac{4 \cdot 3! \Gamma\left(\dfrac{1}{2}\right)}{\dfrac{7}{2} \cdot \dfrac{5}{2} \cdot \dfrac{3}{2} \cdot \dfrac{1}{2} \Gamma\left(\dfrac{1}{2}\right)} = \frac{128}{35}.$$

例 16 证明: $\int_0^{\infty} \dfrac{x^{\alpha-1}}{1+x} dx = \Gamma(\alpha)\Gamma(1-\alpha), 0 < \alpha < 1$.

分析 先把被积函数写成

$$\frac{x^{\alpha-1}}{(1+x)^{\alpha+1-\alpha}},$$

由 B 函数的另一种形式

$$B(p,q) = \int_0^{\infty} \frac{y^{p-1}}{(1+y)^{p+q}} dy.$$

令 $p = \alpha, q = 1-\alpha$ 得

$$\int_0^{\infty} \frac{x^{\alpha-1}}{1+x} dx = B(\alpha, 1-\alpha).$$

然后利用 B 函数与 Γ 函数之间的关系即可得证.

证明

$$\int_0^\infty \frac{x^{\alpha-1}}{1+x}dx = \int_0^\infty \frac{x^{\alpha-1}}{(1+x)^{\alpha+1-\alpha}}dx = B(\alpha, 1-\alpha)$$
$$= \frac{\Gamma(\alpha)\Gamma(1-\alpha)}{\Gamma(1)} = \Gamma(\alpha)\Gamma(1-\alpha), \quad 0 < \alpha < 1.$$

练 习 题 8

1. 研究函数 $F(y) = \int_0^1 \frac{yf(x)}{x^2+y^2}dx$ 的连续性, 其中 $f(x)$ 在闭区间 $[0,1]$ 上是正的连续函数.

2. 计算 $\lim\limits_{a\to 0}\int_a^{a+1} \frac{dx}{1+a^2+x^2}$.

3. 设 $F(x) = \int_x^{x^2} f(xt)\,dt$, f 为可微函数, 求 $F'(x)$.

4. 证明: $\int_0^{+\infty} e^{-yx^2}dx$ 在 $(0,a]$ 上不一致收敛.

5. 计算 $I(a) = \int_0^\pi \ln(1+a\cos x)\,dx\,(|a|<1)$.

6. 证明: 若 $f(x,y)$ 为 $[a,b] \times [c,+\infty)$ 上连续的函数, 含参量非正常积分

$$I(x) = \int_c^{+\infty} f(x,y)\,dy$$

在 $[a,b)$ 上收敛, 在 $x=b$ 发散, 则 $I(x)$ 在 $[a,b)$ 上不一致连续.

7. 设 $f(x)$ 在 $[a,b]$ 上连续, 证明下列函数满足 $y'' + k^2 y = f(x)$.

$$y(x) = \frac{1}{k}\int_a^x f(t)\sin k(x-t)\,dt \quad (x \in [a,b]).$$

8. 证明下列含参数非正常积分在指定区间的一致收敛性.

(1) $\int_0^{+\infty} \frac{\cos xy}{x^2+y^2}dx$ 在 $[a,+\infty)(a>0)$ 上一致收敛;

(2) $\int_1^{+\infty} x^y e^{-x}dx$ 在 $[a,b]$ 上一致收敛;

(3) $\int_0^{+\infty} x^y e^{-x}dx$ 在 $[a,b]\,(a>-1)$ 上一致收敛.

9. 计算.

(1) $\int_0^{+\infty} \frac{1-\cos ax}{x}e^{-2x}dx$;

(2) $\int_0^{+\infty} \frac{\cos ax - \cos bx}{x^2}dx\,(a,b>0)$;

(3) $\int_0^{+\infty} \dfrac{\cos ax - \cos bx}{x} \mathrm{d}x \, (a, b > 0)$;

(4) $\int_0^1 \dfrac{\arctan x}{x\sqrt{1-x^2}} \mathrm{d}x$.

10. 用欧拉积分计算下列积分.

(1) $\int_0^{+\infty} \dfrac{\mathrm{d}\varphi}{\sqrt{3-\cos\varphi}}$;

(2) $\int_0^{+\infty} \dfrac{x^m \mathrm{d}x}{(a+bx^n)^p} \, (a, b, n > 0)$;

(3) $\int_0^{+\infty} \mathrm{e}^{-x^n} \, (n > 0)$.

11. 证明: $I(y) = \int_0^{+\infty} \dfrac{\sin xy}{x} \mathrm{d}x$ 在 $y \neq 0$ 时可导, 但不能在积分号下求导.

12. 若 $f(x, y)$ 在 $(a, b] \times (c, d)$ 连续, 是否必有 $\int_a^b \mathrm{d}x \int_c^d f(x, y) \mathrm{d}y = \int_c^d \mathrm{d}y \int_a^b f(x, y) \mathrm{d}x$? 考虑 $f(x, y) = \dfrac{x^2 - y^2}{(x^2 + y^2)^2}, (x, y) \in (0, 1] \times (0, 1]$.

13. 设 (1) 在 $D = [a, +\infty) \times (c, d)$ 上 $|f(x, y)| \leqslant F(x)$ 且 $\int_a^{+\infty} F(x) \mathrm{d}x$ 收敛; (2) 在任一有限区间 $[a, b] \subset [a, +\infty)$ 上一致地有 $\lim\limits_{y \to y_0} f(x, y) = f(x, y_0)$. 证明:

$$\lim_{y \to y_0} \int_a^{+\infty} f(x, y) \mathrm{d}x = \int_a^{+\infty} f(x, y_0) \mathrm{d}x.$$

部分练习答案或提示

第 1 讲 极 限

1. (1) C; (2) A; (3) A; (4) B; (5) D; (6) D; (7) C.

2. (1) $1 - \dfrac{1}{k^2} = \dfrac{k-1}{k} \dfrac{k+1}{k}$, 答案: $\dfrac{1}{2}$; (2) $\dfrac{1}{3}$; (3) $\dfrac{1}{2}$; (4) 先证 $n! < \sum\limits_{p=1}^{n} p! < 2(n-1)! + n!$, 答案: 1; (5) $\dfrac{2}{3}$; (6) $\dfrac{1}{2}$; (7) -4; (8) e^{-2}; (9) 1.

3. 对 $a = 0$ 和 $a \neq 0$ 分别讨论. 当 $a \neq 0$ 时由保号性得: $\exists N > 0$, 当 $n > N$ 时, 有 $aa_n > 0$, 所以
$$\left| \sqrt[3]{a_n} - \sqrt[3]{a} \right| = \dfrac{|a_n - a|}{\sqrt[3]{a_n^2} + \sqrt[3]{aa_n} + \sqrt[3]{a^2}} \leqslant \dfrac{|a_n - a|}{\sqrt[3]{a^2}}.$$

4. $0 \leqslant y_n - a \leqslant y_n - x_n$.

5. 用夹挤定理.

6. 用单调有界定理.

7. 先证 $\{x_{2n}\}$ 有上界 $\sqrt{2} - 1$, 且递增, $\{x_{2n-1}\}$ 有下界 $\sqrt{2} - 1$, 且递减. 再求 $\lim\limits_{n \to \infty} x_{2n} = a$, $\lim\limits_{n \to \infty} x_{2n-1} = b, a = b = \sqrt{2} - 1$.

8. 用柯西收敛准则.

9. 用柯西收敛准则.

10. $\dfrac{1}{n}(a_1 b_n + a_2 b_{n-1} + \cdots + a_n b_1)$
$= \dfrac{1}{n}[(a_1 - a)b_n + (a_2 - a)b_{n-1} + \cdots + (a_n - a)b_1]$
$+ \dfrac{a}{n}(b_1 + b_2 + \cdots + b_n) = X_n + Y_n,$

再证 $\lim\limits_{n \to \infty} X_n = 0$ (注意使用绝对值不等式及 $\{b_n\}$ 有界), 及 $\lim\limits_{n \to \infty} Y_n = ab$ (用已知结论).

11. (3) 注意 $1 = \tan \dfrac{\pi}{4}$.

12. 由保号性, $\exists U°(x_0, \delta)$, 当 $x \in U°(x_0, \delta)$ 时 $f(x) > \dfrac{A}{2}$.

13. 用归结原则.

14. 反证法, 利用 $f(2x) = f(x)$ 及归结原则.

15. (1) 分段处理 $\dfrac{a_1 + a_2 + \cdots + a_n}{n}$;

(2) 利用 $\sqrt[n]{a_1 a_2 \cdots a_n} \geqslant \dfrac{n}{\dfrac{1}{a_1}+\cdots+\dfrac{1}{a_n}}.$

第 2 讲　连　续　函　数

1. (1) A, D; (2) A, D; (3) A, B, C, D; (4) A, B, C; (5) A, B, D; (6) A, B, C.
2. $f(x)$ 在点 $x_0 \neq 0$ 处连续, 在 $x = 0$ 处不连续.
3. (1)0, 第一类; (2)0, $\pm\dfrac{1}{n}(n=1,2,\cdots)$,0 为第二类, $\pm\dfrac{1}{n}(n=1,2,\cdots)$ 为第一类.
4. $x = 0$ 处连续, 用定义. $x \neq 0$ 处不连续, 用反证法, 并用保号性及有理数的稠密性.
5. 对 $F(x) = x^3 - 3x - 1$ 在 $[1,2]$ 上用根的存在性定理.
6. 利用 $\lim\limits_{x \to a^+} f(x) = A < 0$ 及保号性, $\exists x_1 \in (a,b)$ 使 $f(x_1) < 0$.
7. 注意当 $0 < \lambda \leqslant 1, 0 < \alpha \leqslant 1$ 时有

$$\lambda^\alpha + (1-\lambda)^\alpha \geqslant \lambda + (1-\lambda) = 1.$$

用上述不等式导出: 对任意 $x_1, x_2, 0 \leqslant x_1 < x_2$, 有 $0 < x_2^\alpha - x_1^\alpha \leqslant (x_2-x_1)^\alpha$ $\left(\text{试令}\lambda = \dfrac{x_1}{x_2}\right).$

8. 分别为一致连续、一致连续、不一致连续.
9. 先证: 对 $x_0 \in [a,b)$, 存在 $\delta > 0$, 使对任意的 $x \in (b-\delta, b)$ 时有 $f(x) > f(x_0)$.
10. 考虑 $F(x) = f(x) - f(x+L), x \in [0, 1-L]$. 用根的存在性定理.

第 3 讲　一元函数微分学

1. (1) B; (2) B, D; (3) A, B, D; (4) B; (5) A, B, C, D; (6) D; (7) A; (8) C.
2. $\dfrac{-2}{\mathrm{e}^t(\sin t + \cos t)^3}.$
3. (1) $y' = \sqrt[5]{\dfrac{x+1}{x-1}}(x+2)^3(x-7)^{\frac{5}{2}}\left(x+\dfrac{1}{2}\right)^{\frac{2}{3}}\left[\dfrac{2}{5(1-x^2)}+\dfrac{3}{x+2}+\dfrac{5}{2(x-7)}+\dfrac{2}{3\left(x+\dfrac{1}{2}\right)}\right];$

(2) $y' = x^{x^a+a-1}(a\ln x + 1).$

4. 设法用根的存在性定理.
5. 对任意的 $x \in [0,2]$, 写出泰勒公式 $f(x) = f(x) + f'(x)(t-x) + \dfrac{f''(\xi)}{2}(t-x)^2$, 令 $t = 0$ 与 $t = 2$ 并将两式相减, 然后再估计 $|f'(x)|$.
6. $x \neq 0$ 时用求导公式, $x = 0$ 时用导数定义.
7. 对任意固定的正数 β, 当 $\alpha > 1$ 时, $f(x)$ 在 $x = 0$ 可导, $f'(0) = 0$; 当 $\alpha \leqslant 1$ 时, $f(x)$ 在 $x = 0$ 不可导.
8. 用导数的定义.
9. $f'(x) = x^2.$
10. 用定义, $f'(x) = f'(0) + 2x.$
11. $2\sqrt{2}\mathrm{e}^{-x}\sin\left(x+\dfrac{\pi}{4}\right)\mathrm{d}x^3.$

12. $\dfrac{(-1)^n n!}{x^{n+1}}\left(\ln x - \sum_{k=1}^{n}\dfrac{1}{k}\right)$.

13. $n \geqslant 4$ 时, 才有 $f''(0)$ 存在, 且 $f''(0) = 0$.

14. 用导数的定义.

15. 用反证法. 将等式微分 (求导), 并注意 $f(0) = g(0)(= 0)$ 的条件.

16. 用数学归纳法, 先归纳出 $(f \circ g)^{(k)}(a)$ 的各被加项具有的形式.

17. 用反证法 (或用凸函数性质).

18. 考虑 $F(x) = f(x)\mathrm{e}^{-kx}$.

19. $f(x) = f(x_0) + f'(x_0)(x - x_0) + o(x - x_0)(x \to x_0)$.

20. 把 $f\left(\dfrac{a+b}{2}\right)$ 分别在点 $x = a$ 与 $x = b$ 展成泰勒公式 (到二阶), 并将两式作差.

第 4 讲 一元函数积分学

1. (1) C; (2) C; (3) B; (4) B.

2. (1) A, B, C, D; (2) A, C; (3) C, D.

3. (1) $\dfrac{1}{2}\ln^2 x + \dfrac{1}{2}\ln^2(2x) + C$; (2) $\tan x - \sec x + C$; (3) $\arctan \mathrm{e}^x + C$.

4. (1) $-6x^{\frac{1}{6}} - 2x^{\frac{1}{2}} - \dfrac{6}{5}x^{\frac{5}{6}} - \dfrac{6}{7}x^{\frac{7}{6}} + 3\ln\left|\dfrac{1+x^{\frac{1}{6}}}{1-x^{\frac{1}{6}}}\right| + C$;

   (2) $\ln\left|\dfrac{\sqrt{1+x^2}-1}{x}\right| + C$; (3) $-\dfrac{1}{3}(1-x^2)^{\frac{3}{2}} + \dfrac{1}{5}(1-x^2)^{\frac{5}{2}} + C$.

5. (1) $\dfrac{x}{2}\sqrt{a^2+x^2} + \dfrac{a^2}{2}\ln(x+\sqrt{a^2+x^2}) + C$; (2) $x\ln(x+\sqrt{x^2+1}) - \sqrt{1+x^2} + C$;

   (3) $x\sum_{k=0}^{n}(-1)^k k! \mathrm{C}_n^k (\ln x)^{n-k}$.

6. (1) $\dfrac{1}{3}\left[(x+1)^{\frac{3}{2}} - (x-1)^{\frac{3}{2}}\right] + C$; (2) $-\dfrac{1}{2}(1+\cos^2 x) + \dfrac{1}{2}\ln(1+\cos^2 x) + C$;

   (3) $4\sqrt{1+\sqrt{x}} + C$; (4) $6\ln\dfrac{\sqrt[6]{x}}{1+\sqrt[6]{x}} + C$; (5) $\sin x - \arctan \sin x + C$;

   (6) $\dfrac{1}{3}\tan^3 x + C$; (7) $\left(\dfrac{1}{2} + \dfrac{1}{5}\sin 2x + \dfrac{1}{10}\cos 2x\right)\mathrm{e}^x + C$;

   (8) $\mathrm{sgn}\, x \ln\left|\sqrt{\left(x-\dfrac{1}{x}\right)^2 + 2} + x - \dfrac{1}{x}\right| + C$;

   (9) $2\arctan\sqrt{\dfrac{1-\mathrm{e}^x}{1+\mathrm{e}^x}} + \ln\left|\dfrac{\sqrt{1-\mathrm{e}^x} - \sqrt{1+\mathrm{e}^x}}{\sqrt{1-\mathrm{e}^x} + \sqrt{1+\mathrm{e}^x}}\right| + C$;

(10) $-\arcsin\dfrac{1}{x} - \sqrt{1 - \left(\dfrac{1}{x}\right)^2} + C$;

(11) $\dfrac{1}{6}\ln\dfrac{(\tan x - 1)^3}{\tan^3 x - 1} - \dfrac{1}{\sqrt{3}}\arctan\left(\dfrac{2\tan x + 1}{\sqrt{3}}\right) + C$.

7. $\displaystyle\int \dfrac{\mathrm{e}^x}{\mathrm{e}^{100x} + \mathrm{e}^x + 1}\mathrm{d}x \xlongequal{\mathrm{e}^x = t} \int \dfrac{\mathrm{d}t}{t^{100} + t + 1}, \cdots$. 注意, 不要去计算上式右端积分, 而用有理函数的原函数为初等函数这一结果进行论证.

8. 用反证法.

9. (1) 23; (2) $12 - 4e$; (3) $2(e - 2)$; (4) $\dfrac{1}{2}\ln 2$; (5) $\dfrac{5}{3}$.

10. 用反证法.

11. $\displaystyle\int_a^{a+T} f(x)\mathrm{d}x = \int_a^T f(x)\mathrm{d}x + \int_T^{a+T} f(x)\mathrm{d}x$, 再用换元法证明 $\displaystyle\int_T^{a+T} f(x)\mathrm{d}x = \int_0^a f(x)\mathrm{d}x$.

12. 提示: 存在 $\xi \in [0, 1]$ 使 $|f(\xi)| = \displaystyle\int_0^1 |f(t)|\mathrm{d}t$, 然后估计 $\left|\displaystyle\int_\xi^x f'(t)\mathrm{d}t\right|$.

13. 令 $t = \sqrt{y}$, 用积分第二中值定理 (或分部积分法).

14. 提示: 取 $0 < \delta < 1$, 使 $|x| < \delta$(充分小) 时, $|f(x) - f(0)| < \varepsilon$(任意小). 再证 $h \to 0^+$ 时, $\displaystyle\int_{-1}^{-\delta} \dfrac{h}{h^2 + x^2} f(x)\mathrm{d}x \to 0$, $\displaystyle\int_\delta^1 \dfrac{h}{h^2 + x^2} f(x)\mathrm{d}x \to 0$, $\displaystyle\int_{-\delta}^\delta \dfrac{h}{h^2 + x^2} f(x)\mathrm{d}x \to 0$.

15. (1) 当且仅当 $n > 1$ 时收敛; (2) 当且仅当 $p = 1$ 时收敛; (3) 收敛; (4) 发散.

16. 令 $\dfrac{x}{a} = \dfrac{a}{t}$.

17. 利用柯西收敛准则及分部积分法.

18. $x = a$.

19. $\sqrt{2}\left(\mathrm{e}^{\frac{\pi}{2}} - 1\right)$.

20. 2.

21. $\dfrac{8}{15}$.

第 5 讲 级 数

1. (1) A, D; (2) C.

2. (1) 收敛; (2) $\dfrac{(-1)^n}{\sqrt{n} + (-1)^n} = \dfrac{(-1)^n\sqrt{n}}{n - 1} - \dfrac{1}{n - 1}$. 发散; (3) 利用莱布尼茨判别法. 注意有不等式: $u_n = \dfrac{2}{3} \cdot \dfrac{4}{5} \cdot \dfrac{6}{7} \cdots \dfrac{2n}{2n + 1} \leqslant \dfrac{3}{4} \cdot \dfrac{5}{6} \cdots \dfrac{2n - 1}{2n} \cdot \dfrac{2n + 1}{2n + 2} = \dfrac{1}{u_n(n + 1)}$. (4) 收敛; (5) $a \neq 0$ 发散, $a = 0$ 收敛; (6) $a \geqslant 1$ 发散 $a < 1$ 收敛; (7) $\left(\sqrt{n + 1} - \sqrt{n}\right)^p \cdot \ln\dfrac{n - 1}{n - 1} = \dfrac{\ln\left(1 - \dfrac{2}{n - 1}\right)}{\left(\sqrt{n + 1} + \sqrt{n}\right)^p} \cdot p > 0$ 收敛, $p \leqslant 0$ 发散.

3. 问题相当于要证 $\sum_{n=1}^{\infty} a_n$ 收敛的充要条件是 $\sum_{n=1}^{\infty} \dfrac{a_n}{S_n}$ 收敛.

4. 当 $x \in (-e, e)$ 时级数绝对收敛, 当 $x \notin (-e, e)$ 时, 原级数发散.

7. 收敛半径 $R = 1$, 和函数
$$f(x) = \begin{cases} \dfrac{1-x}{x}\ln(1-x) + 1, & x \in [-1, 1), 且 x \ne 0, \\ 0, & x = 0, \\ 1, & x = 1. \end{cases}$$

8. (1) $\dfrac{\sqrt{a_n}}{n^a} \leqslant \dfrac{1}{2}\left(a_n + \dfrac{1}{n^{2\alpha}}\right)$; (2) 用极限形式的比较原则.

9. (1) 由 $\ln \dfrac{1}{a_n} \geqslant p \ln n$ 有 $a_n \leqslant \left(\dfrac{1}{n}\right)^p$; (2) 由 $\ln \dfrac{1}{a_n} \leqslant \ln n$ 有 $a_n \geqslant \dfrac{1}{n}$.

10. 利用 $a_{2n+1} \leqslant a_{2n}$ 及 $\sum(a_{2n} + a_{2n-1}) = \sum a_n$.

13. $f(x) = \dfrac{1}{\pi} + \dfrac{1}{2}\cos\dfrac{\pi x}{l} + \dfrac{1}{\pi}\sum_{n=2}^{\infty}\left[\dfrac{1}{n-1}\sin(n-1)\dfrac{\pi}{2} + \dfrac{1}{n+1}\sin(n+1)\dfrac{\pi}{2}\right]\cos\dfrac{n\pi x}{l}, x \in [-l, l]$.

14. (1)(i) 不一致收敛, (ii) 一致收敛; (2) M 判别法; (3) 狄利克雷判别法; (4) M 判别法.

16. 类似于极限函数连续性定理的证明.

18. (1) $(-2, 2)$; (2) $(0, 2)$; (3) $\left(-\dfrac{1}{\sqrt{2}}, \dfrac{1}{\sqrt{2}}\right)$; (4) $\left(-\dfrac{1}{e}, \dfrac{1}{e}\right)$.

19. (1) $\left(\dfrac{x}{2} + 1\right)e^{\frac{x}{2}} - 1, x \in (-\infty, +\infty)$; (2) $-\ln 2 - \ln(1-x), x \in [0, 1)$; (3) $\dfrac{1}{2}(1-x^2)\ln(1+x) - \dfrac{x}{2} + \dfrac{x^2}{4}, x \in [-1, 1]$.

20. 先求 $\sum_{n=0}^{\infty} \dfrac{u^{2n+1}}{2n+1}$ 之和.

第 6 讲 多元函数微分学

1. (1) D; (2) B; (3) B; (4) A.

2. 用一元函数中值定理.

5. 反证法.

6. 最大值为 1, 最小值为 0.

8. 由确界原理知 $\sup\limits_{x \in \mathbf{R}} |f(x)|$ 存在, 设为 η, 易知 $\eta > 0$. 由于对任意 $x, y \in \mathbf{R}$ 有
$$f(x+y) + f(x-y) = 2f(x)g(y),$$
所以 $|g(y)|2\eta \leqslant 2\eta \Rightarrow |g(y)| \leqslant 1$.

9. 偏导数为 0; 方向导数为 $f_l(0,0) = \begin{cases} \dfrac{2\sin^2\theta}{\cos\theta}, & \cos\theta \neq 0, \\ 0, & \cos\theta = 0 \end{cases}$ (θ 为 l 与 x 轴正向夹角); 不连续因而不可微.

10. (1) $\dfrac{1}{4}\left[f_{11} - \dfrac{1}{y^2}f_{22} + \dfrac{1}{\sqrt{xy}}f_1 - \dfrac{1}{y\sqrt{xy}}f_2\right]$;

(2) $\dfrac{2y}{x^3}f_1 + \dfrac{y^2}{x^4}f_{11} - \dfrac{2y}{x^2z}f_{13} + \dfrac{1}{z^2}f_{33}$.

11. $\Delta z = [f(P_a) + \Delta f]\Delta g$, 验可微条件.

13. 最大值 34, 最小值. -236.

14. 令 $F(x,y) = \dfrac{\partial^2 f}{\partial x^2} + \dfrac{\partial^2 f}{\partial y^2}$, 则 $F(x,y)$ 在 D 上连续. 又 $f(x,y)$ 沿 L 及 D 的某一个内点为零, 从而 $f(x,y)$ 的最大值与最小值都可以在 D 的内部达到. 设 f 在 D 内的最大值、最小值点为 $(x_1, y_1), (x_2, y_2)$, 则 $F(x_1, y_1) \leqslant 0, F(x_2, y_2) \geqslant 0$. 由连续函数的介值定理即可得到欲证的结论.

15. 利用隐函数定理先求出 $\dfrac{\partial z}{\partial x}, \dfrac{\partial y}{\partial z}, \dfrac{\partial x}{\partial y}$.

16. $\dfrac{\partial u}{\partial x} = \dfrac{x + 3v^3}{xy - 9u^2v^3}; \dfrac{\partial v}{\partial x} = \dfrac{3u^2 + vy}{xy - 9u^2v^2}$.

第 7 讲 多元函数积分学

2. $\dfrac{20}{3}$.

3. $\dfrac{1}{24}$.

4. (1) $\dfrac{1}{2}\ln 2$; (2) $\dfrac{5\pi}{3}$; (3) $\dfrac{\pi}{6}$; (4) $\dfrac{\pi}{10}$; (5) $\dfrac{1}{4}abc\pi^2$.

9. 在 D 的分割小块 σ_i 上可证振幅有关系 $\omega_i^{fg} \leqslant M(\omega_i^f + \omega_i^g)$.

11. (1) $\dfrac{27}{8} - 2\ln 2$; (2) $-\dfrac{4}{\pi}$; (3) $\dfrac{4}{3}\left(a + \dfrac{b}{2}\right)$; (4) $\dfrac{1}{4}\left[(\alpha-a)^2 + (b-\alpha)^2\right]\left[(\beta-c)^2 + (d-\beta)^2\right]$; (5) $\dfrac{1}{2}(\cos 1 - 1)$.

12. 设法递推.

13. $\displaystyle\int_a^b dx \int_a^x dy \int_a^y f dz$
$= \displaystyle\int_a^b dy \int_y^b dx \int_a^y f dz = \int_a^b dy \int_a^y dz \int_y^b f dx$
$= \displaystyle\int_a^b dz \int_z^b dy \int_y^b f dx = \int_a^b dz \int_z^b dx \int_z^x f dy = \int_a^b dx \int_a^x dz \int_z^x f dy$.

14. $4\pi t^2 f(t^2)$.

15. (1) $\dfrac{5\pi}{4}$; (2) $\dfrac{1}{192}$; (3) $\dfrac{4\pi}{3}\left(\dfrac{1}{\sqrt{3}}\sin\sqrt{3}-\cos\sqrt{3}\right)$.

16. $16R^2$ (曲面 $z=f(x,y),(x,y)\in D$ 的面积为 $\iint\limits_{D}\sqrt{1+f_x^2+f_y^2}\mathrm{d}x\mathrm{d}y$, 按对称性将曲面分块).

17. (1) 10; (2) $\dfrac{a^2}{2}$; (3) $r^3\left(\pi-\dfrac{2}{3}\right)$.

第 8 讲 含参量积分

1. $y\neq 0$ 时,$F(y)$ 连续;$y=0$ 时,$F(y)$ 不连续.

2. $\dfrac{\pi}{4}$.

3. $\displaystyle\int_x^{x^2}f'(xt)t\mathrm{d}t+2xf(x^3)-f(x^2)$.

5. $\pi\ln\dfrac{1+\sqrt{1-a^2}}{2}$.

6. 用反证法.

9.(1)$\ln\sqrt{1+\dfrac{a^2}{4}}$;(2)$\dfrac{1}{2}\pi(b-a)$;(3)$\ln\dfrac{b}{a}$, 被积函数引入因子 e^{-px};(4) 此乃瑕积分, 可考虑 $I(y)=\displaystyle\int_0^1\dfrac{\arctan xy}{x\sqrt{1-x^2}}\mathrm{d}x$, 求 $I(1)$; 或者利用积分号下积分法. 答案为 $\dfrac{\pi}{2}\ln(1+\sqrt{2})$.

10.(1) 令 $\cos\varphi=1-2\sqrt{x}$, 答案为 $\sqrt{\dfrac{\pi}{8}}\dfrac{\Gamma\left(\dfrac{1}{4}\right)}{\Gamma\left(\dfrac{3}{4}\right)}$;

(2) 先令 $\dfrac{b}{a}x^n=t$, 再令 $\dfrac{1}{1+t}=y$, 答案为 $\dfrac{1}{na^p}\left(\dfrac{a}{b}\right)^{\frac{m+1}{n}}B\left(p-\dfrac{m+1}{n},\dfrac{m+1}{n}\right)$;

(3) $\dfrac{1}{n}\Gamma\left(\dfrac{1}{n}\right)$ (令$x^n=t$).

11. 令 $xy=t$, $\displaystyle\int_0^{+\infty}\dfrac{\sin t}{t}\mathrm{d}t=\dfrac{\pi}{2}$.

13. $\displaystyle\int_a^{+\infty}f(x,y)\mathrm{d}y$ 在 (c,d) 上一致收敛;

$$\left|\int_a^{+\infty}f(x,y)\mathrm{d}x-\int_a^{+\infty}f(x,y_0)\mathrm{d}x\right|$$
$$\leqslant\left|\int_a^A f(x,y)\mathrm{d}x-\int_a^A f(x,y_0)\mathrm{d}x\right|+\left|\int_A^{+\infty}f(x,y)\mathrm{d}x\right|+\left|\int_A^{+\infty}f(x,y_0)\mathrm{d}x\right|.$$

参 考 文 献

[1] 王文俪, 董义琳, 李玉华. 数学分析的范例与习作. 昆明: 云南科技出版社, 1995: 1–193.
[2] 利亚什科, 博亚尔丘克, 加伊, 戈洛瓦奇. 高等数学与习题集 (一) 一元微分学. 北京: 清华大学出版社, 2002: 185–195.
[3] 利亚什科, 博亚尔丘克, 加伊, 戈洛瓦奇. 高等数学与习题集 (二) 多元微积分. 北京: 清华大学出版社, 2002: 142–145.
[4] 郑步南. 数学分析典型题选讲. 桂林: 广西师范大学出版社, 2002: 1–198.
[5] 董义琳, 王涛. 数学分析方法选讲. 北京: 科学出版社, 2004: 63–101.
[6] 王式安, 蔡燧林, 胡金德, 程杞元. 考研数学历年真题权威解析 (数学二). 西安: 西安交通大学出版社, 2010: 1–152.